FORTSCHRITTE DER PHYSIKALISCHEN CHEMIE

FORTSCHRITTE DER PHYSIKALISCHEN CHEMIE

HERAUSGEGEBEN VON

PROF. DR. W. JOST · GÖTTINGEN

BAND 3

CHEMISCHE REAKTIONEN IN STOSSWELLEN

DR. DIETRICH STEINKOPFF VERLAG

DARMSTADT 1959

CHEMISCHE REAKTIONEN IN STOSSWELLEN

VON

PROF. DR. E. F. GREENE und DR. J. P. TOENNIES

Metcalf Research Laboratory, Brown University, Providence, R. I.

ÜBERSETZT VON

DR. H. G. WAGNER

Institut für physikalische Chemie der Universität Göttingen

Mit 85 Abbildungen
in 102 Einzeldarstellungen und 15 Tabellen

DR. DIETRICH STEINKOPFF VERLAG

DARMSTADT 1959

ISBN-13: 978-3-7985-0157-7 e-ISBN-13: 978-3-642-45794-4
DOI: 10.1007/978-3-642-45794-4

Zweck und Ziel der Sammlung

Die vorliegende Monographienreihe verdankt ihre Entstehung noch einer Anregung H. ULICHS. Sie wird in anspruchslosen kleinen Bändchen die heutigen Kenntnisse aus verschiedenen Zweigen unseres Faches darstellen. Der in Industrie, Forschung oder Lehre tätige Wissenschaftler kann daraus den neuesten Stand eines Gebietes kennenlernen, der Studierende Ergänzungen über den knappen Rahmen vorhandener Lehrbücher hinaus finden. Auch mag diese Reihe in gewissem Sinne sich zu einem flexiblen Ersatz nicht existierender Handbücher entwickeln.

HERAUSGEBER UND VERLAG

Vorwort

In dieser Monographie wird versucht, die Theorie der Stoßwellen und die experimentellen Methoden zu ihrer Untersuchung zu beschreiben. Das Buch wendet sich besonders an Chemiker und Physiker, die an der Anwendung dieser neuen Methode zur Erforschung der Kinetik schneller Gasreaktionen und zur Bestimmung von Zustandsgrößen und Zustandsgleichungen unter extremen Bedingungen interessiert sind.

Die Stoßwellentechnik wurde erst in den letzten Jahren in größerem Umfang zur Behandlung dieser Probleme herangezogen. Die große Zahl der seitdem veröffentlichten Experimente verspricht auch für die Zukunft weitere interessante Ergebnisse. Da viele der Arbeiten weder allgemein zugänglich sind, noch an anderer Stelle zusammengefaßt wurden, erschien uns jetzt der Zeitpunkt geeignet für die Abfassung dieser Monographie. Wir haben uns bemüht, alle bis zum Sommer 1957 erschienenen Arbeiten heranzuziehen. Wegen unvermeidlicher Fehler, Unklarheiten im Text und nicht berücksichtigter Literatur bitten wir den Leser um Nachsicht.

Der zu behandelnde Stoff wurde in sieben Kapitel unterteilt. Im ersten Kapitel werden die Eigenschaften von Stoßwellen beschrieben. Im zweiten Kapitel werden die hydrodynamischen Gleichungen allgemein abgeleitet und für den stationären Fall eines idealen Gases im Gleichgewicht spezialisiert. In Kapitel III werden die Zustandsgleichungen realer Gase behandelt und in die hydrodynamischen Gleichungen eingesetzt. Das vierte Kapitel behandelt die Theorie der Übergangszone, ausgehend von sehr schnellen kinetischen Vorgängen. Weiter wird dort beschrieben, wie man aus beobachteten Konzentrationsänderungen Geschwindigkeitskonstanten chemischer Reaktionen ermitteln kann. Kapitel V befaßt sich mit der Erzeugung von Stoßwellen im Stoßrohr und deren Abweichungen vom idealen Verhalten. Die experimentellen Methoden zur Messung verschiedener Größen in Stoßwellen sind im sechsten Kapitel zusammengefaßt. Schließlich sind in Kapitel VII Experimente mit Stoßwellen tabelliert und einige ausgewählte Beispiele ausführlich beschrieben.

Wir wählten diese Gliederung, um dem Leser ein kritisches Studium der am Schluß behandelten Experimente zu ermöglichen. Für Leser, die sich weniger für die Einzelheiten physikalischer Vorgänge interessieren und die nur einen Überblick gewinnen wollen, empfehlen wir die folgenden Abschnitte: Kap. I Seite 17–30, Kap. II Seite 42–54, Kap. III Seite 63–76, Kap. IV Seite 82–102 und die Abschnitte von Kap. VII, die speziell interessieren.

Die Abfassung dieser Monographie wurde von Herrn Prof. Dr. W. Jost angeregt, und wir sind ihm sehr dankbar, daß sie als Beitrag in die Reihe: „Fortschritte der physikalischen Chemie" aufgenommen wurde. Den Herren Prof. E. Freedman, Prof. H. B. Palmer, Dr. C. J. S. M. Simpson und Dr. H. Gg. Wagner danken wir dafür, daß sie das Manuskript kritisch gelesen und uns wertvolle Hilfe beim Auffinden von Fehlern und irreführenden Formulierungen geleistet haben. Eine große Hilfe waren uns die vielen Diskussionen mit Mitarbeitern des Metcalf Research Laboratory, von denen wir besonders die Herren Prof. Dr. D. F. Hornig, Dr. H. Andersen, Dr. K. H. Hansen, Dr. G. Turrell, Mr. C. F. Aten und Mr. W. L. Patterson jr. hier nennen möchten. Für die korrekte und sachverständige Übersetzung danken wir Herrn Dr. H. Gg. Wagner.

Dem Verleger, Herrn Dr. D. Steinkopff danken wir für seine Geduld und sein bereitwilliges Eingehen auf Sonderwünsche.

Providence, R. I., November 1958

E. F. Greene

J. P. Toennies

Inhaltsverzeichnis

Liste der Symbole

Symbol	Bedeutung
A	= Maß für die Dicke der Stoßfront; vgl. Abb. 34
$A_{n'n}$	= Einsteinsche Übergangswahrscheinlichkeit
a	= Schallgeschwindigkeit
a	= Konstante für zwischenmolekulare Wechselwirkungskräfte in der van der Waalsschen Gleichung
b	= Konstante für das Eigenvolumen der Moleküle in der van der Waalsschen Gleichung
c	= empirischer Orientierungsfaktor
c_p	= Spezifische Wärme pro Gramm bei konstantem Druck
c_v	= Spezifische Wärme pro Gramm bei konstantem Volumen
D	= Dissoziationsenergie pro Gramm
$\mathfrak{D}$	= Dissoziationsenergie pro Mol
d	= Abstand
E	= Energie pro Gramm
E_{akt}	= Experimentell bestimmte Aktivierungsenergie
$E'_{\mathrm{vib}}(\mathrm{T})$	= Schwingungsenergie im Gleichgewicht bei der Temperatur T
$\mathfrak{E}$	= Energie pro Mol
f	= Funktion
G	= Zustandsgröße des Gases
g	= Statistisches Gewicht
H	= Enthalpie pro Gramm
h	= Plancksche Konstante
I	= Lichtintensität
I	= Ionisierungsenergie pro Gramm
i	= Kennzeichen für eine Substanz
J	= Gesamtdrehimpulsquantenzahl
j	= Zahl der Schwingungsfrequenzen
K	= Gleichgewichtskonstante
K	= Konstante in der Gladstone-Daleschen Beziehung
$\underset{\cdot}{K}$	= Konstante
k	= Boltzmannsche Konstante
k	= Reaktionsgeschwindigkeitskonstante
L	= Dicke der Stoßfront
l	= optische Weglänge
$\bar{l}$	= Maxwellsche mittlere freie Weglänge
M	= Mach-Zahl
M	= Symbol für Molekül
m	= Masse im Volumenelement $\Delta x \Delta y \Delta z$
m	= Molekulargewicht

Symbol		Bedeutung
N	=	Zahl von Zusammenstößen
N_n	=	Zahl der Teilchen im Zustand n
N_{Tot}	=	Gesamtzahl der Zusammenstöße
NTP	=	Normaltemperatur und -druck (0° C, 1 atm)
$\mathfrak{N}$	=	AVOGADROsche Zahl
n	=	Brechungsindex
p	=	Druck
P	=	Reaktionswahrscheinlichkeit
Pr	=	PRANDTLsche Zahl $Pr \equiv \frac{c_p \mu_I}{\lambda}$
Q	=	Zustandssumme
q_x	=	Wärmestrom in x-Richtung
R	=	Gaskonstante pro Gramm
$\mathfrak{R}$	=	Gaskonstante pro Mol
R	=	Optisches Reflexionsvermögen
R'	=	Reduziertes Reflexionsvermögen
Re	=	REYNOLDSsche Zahl $Re = \frac{\varrho u d}{\mu_I}$
r	=	Ortskoordinate
r	=	Hydraulischer Radius
S	=	Entropie pro Gramm
$\mathfrak{S}$	=	Entropie pro Mol
s	=	Parameter, der die Temperaturabhängigkeit der Zähigkeit beschreibt
s	=	Zahl der klassischen Schwingungsfreiheitsgrade in einem Molekül
T	=	Temperatur
t	=	Zeit
u	=	Strömungsgeschwindigkeit
V	=	Volumen pro Gramm
w	=	Strömungsgeschwindigkeit im ruhenden Koordinatensystem
w	=	Breite eines Lichtbündels
x	=	Senkrechter Abstand von der Stoßfront
y	=	Abstand von der Wand des Stoßrohres
Z	=	Verhältnis der Aufenthaltszeit zur Zeit im ruhenden Koordinatensystem
Z	=	$\frac{h\nu}{kT}$
$\frac{d}{dt}$	=	Differentiation längs der Strömung eines Mediums
[ ]	=	Konzentration
α	=	Umsetzungsgrad einer Reaktion
α'	=	Absorptionskoeffizient
β	=	Massenbruch
δ	=	Dicke der Grenzschicht
ζ	=	Konstante

Symbol Bedeutung

η = Grenzschichtparameter
θ = Winkel
$\varkappa'$ = Koeffizient der Kompressionsviskosität („bulk viscosity")
$\varkappa$ = Verhältnis der spezifischen Warmen
Λ = Bahndrehimpulsquantenzahl
λ = Wellenlänge des Lichtes
λ = Wärmeleitfähigkeit
μ = Zähigkeitskonstante
μ_{I} = Koeffizient der Scherviskosität
μ_{II} = Koeffizient der Volumenviskosität
ν = Stöchiometrische Koeffizienten
ν = Schwingungsfrequenz
ξ = Abstand im ruhenden Koordinatensystem
ϱ = Dichte in Gramm pro Volumeneinheit
τ = Schwingungsrelaxationszeit
Φ_e = Energiestrom
Φ_i = Impulsstrom
Φ_m = Massenstrom
χ = Parameter für Energieübertragung

obere Indizes

0 = Einheitlicher Druck
Lab = im Laboratorium fixiertes Koordinatensystem
Stoß = in einem mit der Stoßwelle mitbewegten Koordinatensystem

untere Indizes

0 = Standardzustand
0 = Temperatur 0° K
1 = Gebiet vor der Stoßfront
2 = Gebiet hinter der Stoßfront
4 = Ungestörter Druck auf der Hochdruckseite des Stoßrohres
5 = Gebiet hinter der reflektierten Stoßwelle
a = Aktive Freiheitsgrade
i = Index für Teilchenart
j = Index für Energieniveau
M, A, B = An Dissoziationsreaktion beteiligte Teilchen
R = Reflektierte Stoßwelle
vib = Schwingungsfreiheitsgrade

Kapitel I

Vergleich der Stoßwellenmethode mit anderen Verfahren zur Untersuchung von schnellen chemischen Reaktionen und Erscheinungen bei hohen Temperaturen

A. Die Verwendung von Stoßwellen zur Lösung chemischer Probleme

Die Untersuchung von Erscheinungen bei hohen Temperaturen und von schnell ablaufenden Reaktionen stellt an die Versuchstechnik sehr hohe Anforderungen. Besonders auf dem Gebiet der Verbrennungsvorgänge sind deshalb noch zahlreiche Fragen ungeklärt. Auch lassen sich hohe Temperaturen, wie sie z. B. für die Astronomie von Interesse sind, im Laboratorium unter Gleichgewichtsbedingungen nur schwer erzeugen, weil es keine Materialien gibt, in die man Gase solcher Temperatur einschließen könnte. Weiter gibt es unter extremen Bedingungen viele so schnell verlaufende Reaktionen, daß es schwer ist, diese Bedingungen am Reaktionsbeginn schnell genug definiert herzustellen und dann den Reaktionsablauf oder auch die Relaxationserscheinungen zu verfolgen.

Im folgenden soll geprüft werden, in welchen Fällen die Verwendung von Stoßwellen zur Bearbeitung derartiger Probleme Erfolg verspricht und worin die Vorteile und Grenzen dieser Methode bestehen. Es erscheint zweckmäßig, vorher einen kurzen Überblick über andere Methoden zu geben, die für die Untersuchung ähnlicher Fragen angewandt werden.

B. Andere Methoden zur Untersuchung von schnellen chemischen Reaktionen und von Erscheinungen bei hohen Temperaturen

Hohe Temperaturen bis etwa 2500 °K lassen sich in Öfen herstellen, wobei der Bereich zwischen 1500 und 2500 °K schon einige Schwierigkeiten macht[1]). Öfen haben den Vorteil, daß man zur Untersuchung von Gleichgewichten die Temperatur beliebig lange halten kann. Für Temperaturen über 2500 °K gibt es kaum geeignete Ofenmaterialien. Die Wärmeverluste werden so groß, daß es schwer ist, genug Energie zuzuführen und große Temperaturgradienten zu vermeiden.

Temperaturen von einigen 1000 °K können in Gasen leicht durch elektrische Entladungen erzeugt werden[2]). Dabei treten allerdings große Tempera-

---

[1]) I. E. Campbell, High Temperature Technology (New York 1956).

[2]) H. Griem, Z. Physik **137**, 280 (1954), Temperature, its Measurement and Control in Science and Industry, Bd. I, 720 (New York 1941).

turunterschiede zwischen den einzelnen Teilen der Entladung auf. Wieweit in den heißen Gasen Gleichgewicht eingestellt ist, läßt sich nur schwer abschätzen. Im allgemeinen liegt wohl kein Gleichgewicht vor. Die in der Entladung verfügbare Energie ist meist größer, als es für chemische Probleme interessant ist ($>$ 10–20 eV bzw. 230–460 kcal/Mol).

In Flammen[1]) lassen sich Temperaturen bis etwa 6000 °K erreichen[2]), wenn die Verbrennungsprodukte entsprechend stabil sind. Damit ist der Temperaturbereich für chemische Untersuchungen groß genug, und man hat keine Materialschwierigkeiten wie bei Öfen. Die Auswertung von Messungen an Flammen wird jedoch durch den im allgemeinen dreidimensionalen Ablauf der Verbrennung und durch den Umstand erschwert, daß der chemische Umsatz nicht nur von den kinetischen Daten, sondern auch durch Transportgrößen bestimmt wird. Mit besonderen Brennertypen[3]) kann diese Schwierigkeit überwunden werden, es bleibt jedoch der für viele Messungen störende Einfluß der kälteren Außenzonen. Deshalb ist z. B. bei der Auswertung von Absorptionsmessungen besondere Vorsicht geboten[4]).

Die Reaktionen in der Flamme verlaufen so schnell, daß der Temperaturverlauf längs einer Stromlinie durch die Brennzone räumlich schwer aufzulösen ist. Man kann diese Zone in Niederdruckflammen vergrößern und dabei eine räumliche Auflösung erreichen, die einer Reaktionszeit von 10^{-3} sec entspricht. Eine weitere Verbesserung wäre erwünscht.

Die meisten Flammen, ausgenommen die Flammen reiner Stoffe, wie z. B. C_2H_2[5]), brennen mit Brennstoff und Oxydationsmittel. Dadurch wird in den häufigsten Fällen die Reaktion komplizierter, als wünschenswert ist. Die Anwesenheit von O_2 erschwert z. B. die Untersuchung von Zerfallsreaktionen erheblich[6]).

Temperaturen bis zu 5000 °K erreicht man durch schnelle (fast adiabatische) Kompression eines Gases mit einem ballistischen Kolben[7]). Die Endtemperatur kann aus der Bewegung des Kolbens und den Daten des Gases berechnet werden. Die Dauer der Erhitzung liegt in der Größe von 10^{-3} sec und mit dem Verfahren können z. B. Pyrolysevorgänge untersucht werden. Eine Frage ist dabei, wieweit in dem komprimierten Gas Gleichgewicht und Homogenität besteht. Durch den Kolben können nämlich Stoßwellen und damit Inhomogenitäten erzeugt werden.

---

[1]) A. G. Gaydon und H. G. Wolfhard, Flames (London 1953).
[2]) A. D. Kirshenbaum und A. V. Grosse, J. Amer. Chem. Soc. 78, 2020 (1956).
[3]) H. G. Wolfhard u. W. G. Parker, Proc. Phys. Soc. (London) **62** A, 722 (1949).
[4]) B. H. Elliott und S. S. Penner, J. Chem. Phys. **22**, 101 (1954).
[5]) W. E. Prout und R. C. Anderson, Fuel, **3**, 125 (1954).
[6]) A. F. Trotman-Dickenson, Gas Kinetics (London 1955).
[7]) H. Schardin, Z. Elektrochem. **61**, 600 (1957). — W. Jost, u. Mitarb., z. B. Third Symposium on Combustion, Flames and Explosions (New York 1949), S. 424.

Ein weiteres Verfahren, das sich sowohl zur Erzeugung hoher Temperaturen als auch zur Untersuchung schneller Reaktionen eignet, ist die sogenannte „flash photolysis"[1]). Zur Photolyse eines Gasgemisches dient ein kurzer sehr intensiver Lichtblitz, der durch Entladung eines Kondensators mit einer Energie bis zu 10^4 Joule über eine Blitzlampe erzeugt wird. Die Blitzdauer liegt in der Größenordnung von Mikrosekunden. Auf diese Weise kann z. B. die Temperatur von NO_2 und seinen Zersetzungsprodukten durch Absorption sehr schnell auf einige tausend Grad Kelvin gesteigert werden. Die auftretenden Reaktionen bis zu einer Halbwertszeit von einigen hundertstel Millisekunden lassen sich durch schnell aufeinanderfolgende Aufnahmen von Absorptionsspektren untersuchen[2]). Vorbedingung und oft ein Nachteil dieser Methode ist, daß man eine absorbierende Substanz im Gemisch braucht. Nicht absorbierenden Gasen muß deshalb eine absorbierende „Verunreinigung" zugesetzt werden.

Weiter ist die Frage wichtig, wie und in welcher Zeit die Energie im Gemisch übertragen wird und wie die Temperatursteigerung verläuft. Fast immer wird auch die absorbierende Substanz, die zu untersuchende Reaktion komplizieren. Daneben können nach Beobachtungen von THRUSH[3]) auch Stoß- und Detonationswellen auftreten.

Eine Standardmethode zur Verfolgung schneller Reaktionen ist das Strömungsverfahren[4]). Man verwandelt mit Hilfe einer Strömung die Zeitabhängigkeit einer solchen Reaktion in eine Ortsabhängigkeit und mißt in einem stationären System. Auf diese Weise wurde zum Beispiel die Zusammenlagerung von Bortrifluorid mit Methylamin bei sehr kleinenDrucken untersucht[5]). Die erreichbare Zeitauflösung hängt stark von der erforderlichen Mischungszeit der Ausgangsstoffe ab. Bei Gasen ist man bis zu 10^{-3} sec, bei Flüssigkeiten bis $5 \cdot 10^{-3}$ sec gekommen.

Ein von KANTROWITZ[6]) vorgeschlagenes Verfahren zur Untersuchung vorgemischter Gase benutzt ein PITOT-Rohr. Das aus einem Behälter strömende Gemisch wird in einer Düse beschleunigt und plötzlich vor einem kleinen Rohr gestaut, das konzentrisch zur Strömung steht. Man mißt dabei die Druckdifferenzen zwischen Behälter und diesem Rohr. Das Verfahren ist anwendbar für Reaktionszeiten, die etwa zwischen der Expansionszeit in der Düse und der Kompressionszeit vor dem Staurohr (10^{-6} sec) liegen.

1) R. G. W. NORRISH und B. A. THRUSH, Quart. Rev. (London) **10**, 149 (1956).
2) G. PORTER, Disc. Faraday Soc. **9**, 60 (1950). — D. A. RAMSAY, J. Chem. Phys. **21**, 960 (1953). — R. MARSHALL and N. R. DAVIDSON, J. Chem. Phys. **21**, 2086 (1953).
3) B. A. THRUSH, Proc. Roy. Soc. (London) A **233**, 147 (1955).
4) The Study of Fast Reactions, Disc. Faraday Soc. **17** (1954).
5) J. DAEN und R. A. MARCUS, J. Chem. Phys. **26**, 162 (1957).
6) A. KANTROWITZ, J. Chem. Phys. **10**, 145 (1942).

Ausgedehnte derartige Untersuchungen der Schwingungsrelaxationszeit in Gasen hat GRIFFITH[1]) gemacht. Die Dissoziationsgeschwindigkeit von N_2O_4 wurde von BAUER und GUSTAVSON[2]) gemessen. Derartige Experimente sind manchmal schwer zu interpretieren, und es ist fraglich, ob das Verfahren sich zur Untersuchung chemischer Reaktionen eignet.

Eine enge Beziehung zu Stoßwellen haben Detonationen. Für beide gelten die gleichen theoretischen Überlegungen und für beide kann man dieselben Meßanordnungen verwenden. Detonationsmessungen bieten etwas weniger Möglichkeiten als Stoßwellenversuche, da wie bei Flammen chemische Energie zugeführt werden muß. Man braucht im allgemeinen wiederum Brennstoff- und Oxydationsmittel.

Detonationen haben jedoch den Vorteil, das ihre Ausbreitungsgeschwindigkeit aus thermodynamischen Daten errechnet werden kann, so daß schon eine Messung der Geschwindigkeit nützliche Informationen geben kann. Da Detonationen an anderen Stellen[3]) ausführlich besprochen sind, wollen wir uns hier nicht damit befassen.

Auch die Absorption von Ultraschall wurde zur Untersuchung schneller chemischer Reaktionen herangezogen, so z. B. für die Reaktion $2\,NO_2 \rightleftharpoons N_2O_4$, für die bei der Arbeitstemperatur eine hinreichend hohe Konzentration an Endprodukten vorhanden ist[4]). Hauptsächlich wurde diese Technik zur Messung von Schwingungsrelaxationszeiten verwandt.

Für chemische Relaxationen ist die Interpretation der Ergebnisse allerdings schwierig, da schwer abzuschätzen ist, welchen Beitrag zur Absorption die Relaxationserscheinungen und welchen die chemische Reaktion liefert. Die Experimente wurden im allgemeinen bei oder nahe der Zimmertemperatur ausgeführt.

Die Frage der Brauchbarkeit von Stoßwellen für chemische Untersuchungen muß im Vergleich mit diesen anderen Methoden geprüft werden.

C. Beschreibung von Stoßwellen

Für die Betrachtung einer Stoßwelle ist es nützlich, sich einen einfachen physikalischen Vorgang zu überlegen, der zeigt, wie ein Stoß entsteht. Ein Rohr mit einem beweglichen Kolben sei mit Gas gefüllt. Bewegt man den

---

1) W. GRIFFITH, J. Appl. Phys. **21**, 1319 (1950).

2) S. H. BAUER und M. R. GUSTAFSON, Disc. Faraday Soc. **17**, 69 (1954).

3) W. JOST, Explosions- und Verbrennungsvorgänge in Gasen (Berlin 1939). — B. LEWIS und G. VON ELBE, Combustion, Flames and Explosions of Gases (New York 1951).

4) W. T. RICHARDS und J. A. REID, J. Chem. Phys. **1**, 114 (1933); **1**, 737 (1933). — G. DAMKÖHLER, Z. Elektrochem. **48**, 62 (1942); **48**, 116 (1942).

Kolben mit kleiner Geschwindigkeit in das Gas hinein, dann entsteht eine Verdichtungswelle, die vom Kolben weg mit Schallgeschwindigkeit in das Gas hineinläuft und das Gas erhitzt. Wenn kurz danach der Kolben plötzlich auf eine etwas höhere Geschwindigkeit gebracht wird, läuft eine zweite Verdichtungswelle in das schon etwas aufgeheizte und bewegte Gas, und zwar mit dessen neuer Schallgeschwindigkeit. Eine Folge solcher Beschleunigungen des Kolbens ergibt eine Reihe immer schneller werdender Verdichtungswellen, die einander einholen und schließlich dort, wo alle Verdichtungswellen zusammentreffen, eine plötzliche Änderung der Zustandsgrößen des Gases hervorrufen. Das ist dann eine Stoßwelle, die in das ruhende Gas mit einer Geschwindigkeit hineinläuft, die größer ist als die Schallgeschwindigkeit im Frischgas und auch größer als die Kolbengeschwindigkeit. Abb. 1 zeigt diesen Vorgang.

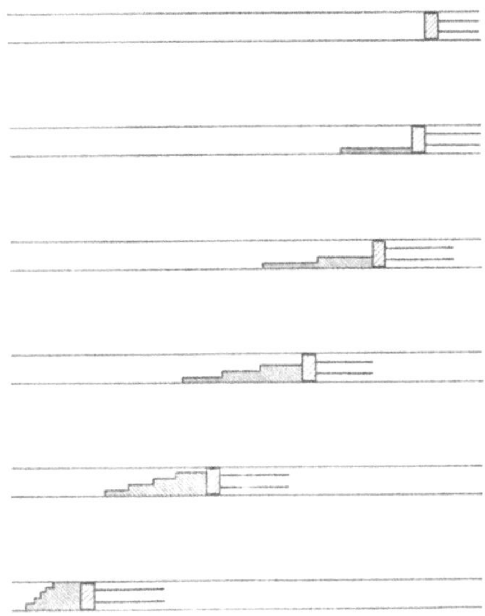

Abb. 1. Erzeugung einer Stoßwelle durch einen beschleunigten Kolben.

Stoßwellen pflanzen sich mit Überschallgeschwindigkeit fort, d. h. die Geschwindigkeit, mit der sie sich in das Frischgas hineinbewegen, ist größer als dessen Schallgeschwindigkeit; vom komprimierten Gas aus gesehen, pflanzen sie sich jedoch mit Unterschallgeschwindigkeit fort; eine kleine Beschleunigung des Kolbens erzeugt eine Verdichtungswelle, welche schließlich den Stoß einholt. Bewegt sich der Kolben mit konstanter Geschwindigkeit, dann stellt sich ein stationärer Zustand ein. Die Zustandsgrößen hinter dem Stoß haben einen bestimmten festen Wert, ebenso natürlich die Zustandsgrößen in dem Gas vor der Stoßwelle.

Kleine Verzögerungen des Kolbens erzeugen Verdünnungswellen, die ebenfalls mit Schallgeschwindigkeit in das heiße Gas hineinlaufen. Diese Expansion kühlt das Gas ab und vermindert die Schallgeschwindigkeit, so daß die durch aufeinanderfolgende Verzögerungen hervorgerufenen Verdünnungswellen immer langsamer werden. Das heißt: Verdünnungswellen erzeugen keine Diskontinuitäten, sondern sie haben die Tendenz, sich immer mehr auseinander zu ziehen.

Wenn einmal eine Stoßwelle erzeugt ist, sei es durch Beschleunigung eines Kolbens oder auf eine andere Weise, dann ist es wichtig, die Änderung der physikalischen Daten zu bestimmen, die auftritt, wenn das Gas vom Stoß erreicht wird. Zu dem Drucksprung kommt ein plötzlicher Anstieg von Dichte und Temperatur. Abb. 2 zeigt eine typische Situation für eine Stoßwelle in Argon, die sich mit der doppelten Schallgeschwindigkeit des Frischgases fortbewegt. Index 1 und 2 beziehen sich auf das kalte bzw. auf das erhitzte Gas. u_1 ist die Stoßwellengeschwindigkeit, u_2 die Geschwindigkeit der Strömung hinter dem Stoß relativ zur Stoßfront. p, ϱ, T sind Druck, Dichte und Temperatur.

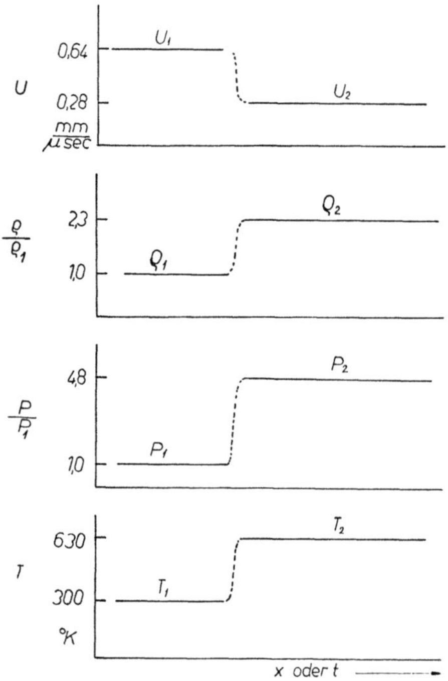

Abb. 2. Änderung von Strömungsgeschwindigkeit, Dichte, Druck und Temperatur durch eine Stoßwelle in Argon ($M_1 = 2$).

Einer der interessantesten Bereiche ist das Gebiet des plötzlichen Überganges in der Stoßfront. Gäbe es in dem betrachteten völlig kontinuierlichen Medium weder Reibung noch Wärmeleitung, so wäre die Stoßfront eine Zone plötzlichen Übergangs von verschwindender Dicke. Auch in Wirklichkeit ist die Dicke der Stoßfront bemerkenswert gering und kann für viele Zwecke vernachlässigt werden. Ein reales Medium ist jedoch nicht völlig kontinuierlich, es hat einen endlichen Reibungskoeffizienten und endliche Wärmeleitfähigkeit. Theoretische Abschätzungen und Messungen der Dicke der Übergangszone für Argon deuten darauf hin, daß außer für sehr schwache Stöße die Front nur wenige freie Weglängen dick ist. So ist zum Beispiel für eine Stoßwelle, die sich in Argon mit 1,4facher Schallgeschwindigkeit in das Frischgas hineinbewegt ($p_1 = 1$ atm) die Dicke der Stoßfront etwa 10^{-4} cm. In einem Koordinatensystem, das sich mit einer Stoßfront konstanter Geschwindigkeit mitbewegt, kann man diese darstellen als eine sehr schmale Übergangszone, die zwei homogene Gebiete verbindet, das Ausgangsgas und das komprimierte, erhitzte Gas.

Die Bedingungen, die man mit einer Stoßwelle erzeugen kann, werden in Kap. III besprochen. Man kann praktisch jede Temperatur zwischen der Ausgangstemperatur und einem maximalen Wert erreichen, der durch die Energie gegeben ist, die man einer Stoßwelle höchstens zuführen kann. Als nützliche Abschätzung für sehr starke Stoßwellen gilt: der Enthalpieanstieg pro Gramm, der zum Aufheizen des Gases verfügbar ist, ist ungefähr gleich der Hälfte des Quadrates der Stoßgeschwindigkeit $\Delta H \approx \frac{1}{2} u_1^2$. Diese Beziehung ist mit einem Fehler von weniger als 10% für Stöße mit einer MACH-Zahl $M > 4$ erfüllt. Sie zeigt, daß die gesamte kinetische Energie des relativ zur Stoßfront strömenden Gases in thermische Energie und Kompressionsarbeit umgewandelt wird. Wird die Stoßwelle von einem geschlossenen Ende reflektiert, so wird die Strömungsgeschwindigkeit 0 und die Enthalpie verdoppelt sich nahezu. In einer gebräuchlichen Laboratoriumsapparatur, einem Stoßrohr, kann man Argon auf etwa 15000 °K, Stickstoff auf etwa 6000 °K, Flüssigkeiten und Festkörper nur ganz wenig erhitzen. Für Stoßwellen, die durch Explosivstoffe hervorgerufen werden, wird über Temperaturen von etwa 1000 °K in Aluminium berichtet[1]).

Der Druckbereich, den man mit Stoßwellen überstreichen kann, ist abhängig von der Art der Erzeugung des Stoßes. Die in einem Stoßrohr einstellbaren Ausgangsdrucke (p_1) im Frischgas liegen zwischen einigen Atmosphären für schwache Stöße (begrenzt durch die Festigkeit der Versuchsapparatur) und niedrigeren Drucken für stärkere Erhitzung. Die Aufheizung nimmt mit steigendem Druckverhältnis zu. Explosivstoffe erzeugen in Gasen Drucke bis zu 10^3 atm, in kondensierten Stoffen bis zu den Drucken in einer Festkörperdetonation, d. h. etwa 10^6 atm. Die Dichteanstiege sind verhältnismäßig klein, in Gasen gewöhnlich nicht mehr als das Zehnfache der Ausgangsdichte.

D. Vorteile von Stoßwellen

Für einen Chemiker bieten Stoßwellen die folgenden Vorteile:

1. Sehr plötzlicher Temperaturanstieg

Die Aufheizzeiten liegen in der Größenordnung einiger weniger Stöße (10^{-10} sec bei Zimmertemperatur und 760 mm Hg Druck). In dieser Hinsicht haben Stoßwellen Vorteile vor den meisten obengenannten anderen Methoden. Natürlich sind in vielen Systemen die Relaxationszeiten viel länger, so daß die Gleichgewichtstemperatur erst viel später erreicht wird. Dieses plötzliche Aufheizen ist ein wirksames Hilfsmittel zur Untersuchung der Kinetik sehr schneller Vorgänge, zum Beispiel von Relaxationseffekten.

---

[1]) J. M. WALSH und R. H CHRISTIAN, Phys. Rev. **97**, 1544 (1955).

2. Sehr hohe Temperaturen

Für starke Stöße wird der größte Teil der kinetischen Energie der Strömung in thermische Energie umgesetzt. Das bedeutet, daß für eine gegebene Geschwindigkeit der Temperaturanstieg von der Wärmekapazität des Systems abhängt. Im allgemeinen steigt die Temperatur mit steigender Stoßstärke schnell an, bis der erste stark endotherme Prozeß, zum Beispiel Dissoziation, merklich wird. In geeigneten experimentellen Anordnungen können jedoch Gase in ihre Atome zerlegt und diese ionisiert werden. Man darf sagen, daß man für Gase alle Temperaturen, die vom chemischen Standpunkt aus von Interesse sind, in einem Stoßrohr herstellen kann. Manchmal muß man die mittlere Wärmekapazität vermindern, indem man ein Gemisch aus der zu untersuchenden Komponente und einen einatomigen Inertgas herstellt.

3. Willkürliche Wahl der Temperatur

Man kann Stoßwellen erzeugen mit jeder Temperatur, die zwischen der Ausgangstemperatur und der höchstmöglichen erreichbaren Temperatur liegt. Das ist einer der entscheidenden Unterschiede zwischen Stoßwellen und Flammen oder Detonationen. Ein Stoß stellt einen Ofen sehr hoher Temperatur mit kurzer Lebensdauer dar.

4. Homogene Aufheizung

Man kann Stöße nahezu eindimensional erzeugen. Damit sind die chemischen Umsetzungen in der Mitte oder nahe der Wand des Stoßrohres die gleichen. Konvektion, die damit verbundenen Verzögerungen und Abweichungen vom Gleichgewicht sind ohne Bedeutung. Die Situation ist hier so wie in Detonationen, bei der „flash photolysis“ und bei Flammen auf geeignet konstruierten Brennern.

5. Aufheizung jedes beliebigen Gases

Da die Energie für die Aufheizung von außen geliefert wird, bedarf es weder exothermer Reaktion, wie in Flammen und Detonationen, noch der Anwesenheit einer lichtabsorbierenden Verunreinigung (flash photolysis). Das bedeutet: Man ist völlig frei in der Wahl der Zusammensetzung des aufzuheizenden Gases.

6. Einfache Versuchsanordnungen

Die zur Erzeugung von Stoßwellen in Gasen benötigten Apparaturen sind leicht zu beschaffen und relativ billig. Ein Stoßrohr kann schnell gebaut werden. Wie bei den meisten anderen diskutierten Methoden sind auch hier die teuersten Teile die Meßinstrumente, die man besonders für Untersuchung sehr schneller Vorgänge benötigt.

E. Nachteile von Stoßwellen

Gegenüber diesen Vorteilen sollte man einige Nachteile erwähnen:

1. Kurze Aufheizzeiten

Die Aufheizzeiten sind sehr kurz, so daß man langsam verlaufende Vorgänge nicht untersuchen kann. Bei den üblichen Untersuchungen ist etwa eine Millisekunde die längste Zeit zur gleichmäßigen Aufheizung des Materials. In einigen Fällen ist die Aufheizzeit aber nur einige Mikrosekunden. Glücklicherweise sind bei den hohen Temperaturen, die häufig in Stoßwellen vorkommen die Reaktionszeiten kurz genug, so daß das Gleichgewicht für eine große Zahl von Reaktionen sich in dieser kurzen Zeit einstellen kann.

2. Komplizierte Meßgeräte

Das schnelle Aufheizen und die kurze Zeitdauer einer Stoßwelle erfordern Meßgeräte mit hoher Zeitauflösung, die entweder auf optischem oder elektrischem Wege arbeiten und oft sehr kompliziert und teuer sind.

3. Nur Gase sind leicht zu untersuchen

Da Laboratoriumseinrichtungen für die Untersuchungen bei hohen Temperaturen benützt werden sollen, ist es praktisch nur möglich, Reaktionen in Gasen zu untersuchen. Die Wärmekapazitäten kondensierter Phasen, vielleicht mit Ausnahme von Nebeln und Dämpfen sind so hoch, daß man in einem Stoßrohr nur geringe Erwärmung erzielt. Kondensierte Phasen wurden erfolgreich mit Stoßwellen untersucht, die durch hochbrisante Sprengstoffe erzeugt wurden. Das hierzu benötigte große Versuchsgelände steht aber den meisten Laboratorien nicht zur Verfügung.

Da Stoßwellen besonders geeignet erscheinen für die Untersuchung von Gasen und da bis heute die meisten Versuche sich auf Gase beziehen, wird sich das vorliegende Buch hauptsächlich mit diesen befassen. Die Versuche mit kondensierten Phasen werden jedoch erwähnt.

4. Wenig Versuchssubstanz

Für Laboratoriumsversuche mit Gasen bei hohen Temperaturen erfordert das Stoßrohr ein hohes Druckverhältnis. Das bedeutet, daß niedrige Drucke des Ausgangsgemisches und damit wenig Versuchsmaterial benutzt werden müssen. Die Drucke vor dem Aufheizen liegen in der Größe von mm Hg, so daß von dem untersuchten Material oft weniger als ein Millimol gebraucht wird. Das kann Messungen sehr erschweren. Andererseits kann das auch ein Vorteil sein, wenn die Substanz besonders teuer ist.

5. *Abweichungen von dem errechneten Verhalten*

Obwohl die Daten der meisten Stoßwellen bemerkenswert gut mit den für ein eindimensionales System berechneten übereinstimmen, gibt es einige Anwendungen, bei denen Grenzschichteffekte auftreten. Diese Frage muß sehr sorgfältig geprüft werden. Man muß dann entweder die Theorie oder das Experiment modifizieren (z. B. auf unendlich großen Rohrdurchmesser extrapolieren).

Man sieht hieraus, daß Stoßwellen für die Untersuchung von Gasen bei sehr hohen Temperaturen und in kurzen Zeiten besonders geeignet sind. Es gibt eine große Zahl von Aufgaben, für die man sie nutzbringend anwenden kann: Sowohl die Erforschung von Gleichgewichtsbedingungen bei Temperaturen, die sonst unzugänglich sind, als auch das Studium sehr schnell verlaufender Reaktionen.

Kapitel II

Die hydrodynamische Theorie der Stoßwellenausbreitung in einem idealen Gas mit konstanter spezifischer Wärme

A. Historischer Überblick über die hydrodynamische Theorie der Stoßwellenausbreitung

POISSON[1]) zeigte im Jahre 1808, daß die Strömungsgeschwindigkeit u hinter einer Druckstörung dargestellt werden kann durch:

$$u = f\{x - (a + u)t\} \quad \text{d. h. als Funktion von } \{x - (a + u)t\}.$$

Dabei ist a die Schallgeschwindigkeit. CHALLIS[2]) und STOKES[3]) wiesen 1848 auf Grund dieser Beziehung nach, daß kleine Druckstörungen unter Umständen eine Druckdiskontinuität hervorrufen können, weil jede nachfolgende Schallwelle in ein Medium hineinläuft, das eine etwas höhere Schallgeschwindigkeit hat. Die genannten Autoren und ebenso EARNSHAW[4]) (im Jahre 1860) vermuteten, daß Wärmeleitung und Viskosität die Ausbildung einer Diskontinuität in einem realen Medium verhindern.

Im Jahre 1860 führte RIEMANN[5]) als erster die Integration der partiellen Differentialgleichungen aus, die eine zeitabhängige Gasströmung beschreiben. Er bediente sich dabei einer genialen mathematischen Methode, die heute als Charakteristiken-Verfahren bekannt ist. Seine Lösung gibt die mathematische Grundlage für das Verständnis der Ausbildung einer Stoßwelle. Irrtümlicherweise nahm RIEMANN an, daß eine einmal ausgebildete Stoßwelle ein isentroper Vorgang sei.

RANKINE[6]) wandte 1870 die Erhaltungssätze für Masse und Impuls und Energie auf eine eindimensionale Stoßwelle mit konstanter Ausbreitungsgeschwindigkeit an. 19 Jahre später gab HUGONIOT[7]) eine umfassende mathematische Behandlung des Problems, in der er auf Grund des Energieerhaltungssatzes zeigte, daß die RIEMANNsche Annahme der Isentropie nicht richtig war.

---

1) S. D. POISSON, J. école polytech. (Paris) **7**, 319 (1808).
2) J. CHALLIS, Phil. Mag. (3) **32**, 494 (1848).
3) G. G. STOKES, Phil. Mag. (3) **33**, 349 (1848).
4) S. EARNSHAW, Trans. Roy. Soc. (London) **150**, 133 (1860).
5) B. RIEMANN, Abhandl. Ges. Wiss. Göttingen, Math.-phys. Klasse **8**, 43 (1860); Gesammelte Mathematische Werke. 2. Aufl. (Leipzig 1892; New York 1953).
6) W. J. M. RANKINE, Trans. Roy. Soc. (London) **160**, 277 (1870).
7) H. HUGONIOT, J. école polytech. (Paris) **38**, 3 (1887); **39**, 3 (1888).

TAYLOR[1]) versuchte als erster die Dicke der Stoßfront zu berechnen.

Später zusammenfassende Darstellungen der hydrodynamischen Theorie von Stoßwellen stammen von HADAMARD[2]), ZEMPLEN[3]), RAYLEIGH[4]) und BECKER[5]). BECKER gelang erstmalig 1922 die Lösung der NAVIER-STOKESschen Gleichungen für die Dicke einer Stoßfront. Er berechnete auch als erster die Daten einer Stoßwelle in Flüssigkeiten. Starken Antrieb bekam die Entwicklung der Theorie von Stoßwellen während des zweiten Weltkrieges. Das Ergebnis war, daß Physiker und Chemiker die Nützlichkeit von Stoßwellen zur Untersuchung physikalischer und chemischer Erscheinungen erkannten. Forschungsergebnisse auf dem Gebiet der mathematischen Theorie von Überschallströmungen und Stoßwellen, die während des Krieges und in den ersten Nachkriegsjahren erzielt wurden, findet man bei COURANT und FRIEDRICHS[6]). Diskussionen der Stoßwellentheorie enthalten auch die Bücher von JOST[7]), COLE[8]), LEWIS und VON ELBE[9]), HIRSCHFELDER, CURTISS und BIRD[10]); und PATTERSON[11]).

B. Einleitende Bemerkungen

Zur Lösung eines hydrodynamischen Problems braucht man die Erhaltungsgleichungen für Masse, Impuls und Energie. Der Zustand auf jeder Seite der Stoßfront ist bestimmt durch Druck, Dichte, Temperatur, Energie und Strömungsgeschwindigkeit. Will man die Zustandsgrößen auf der einen Seite aus denen der anderen Seite errechnen, dann benötigt man zwei weitere Beziehungen. Die thermische Zustandsgleichung $p = p(\varrho, T)$ und eine Gleichung, die die Energie als Funktion von Temperatur und Druck darstellt (kalorische Zustandsgleichung), geben die notwendigen weiteren Informationen.

In Abschnitt C werden die Erhaltungsgleichungen abgeleitet. In Abschnitt D werden die ideale Gasgleichung und eine einfache kalorische Zustandsgleichung in den Energieerhaltungssatz eingesetzt und die Veränderung der thermodynamischen Größen über die Stoßfront berechnet.

---

1) G. I. TAYLOR, Proc. Roy. Soc. (London), A84, 371 (1910).

2) J. HADAMARD, Propagation des Ondes (Paris 1903).

3) G. ZEMPLEN, Encyclopädie der Mathematischen Wissenschaften, Band IV, Art. 19 (Leipzig 1901—1908).

4) LORD RAYLEIGH, Proc. Roy. Soc. (London), A84, 247 (1910).

5) R. BECKER, Z. Physik 8, 321 (1922).

6) R. COURANT und K. O. FRIEDRICHS, Supersonic Flow and Shock Waves (New York 1948).

7) W. JOST, Explosions- und Verbrennungsvorgänge in Gasen (Berlin 1939).

8) R. H. COLE, Underwater Explosions (Princeton 1948).

9) B. LEWIS and G. VON ELBE, Combustion, Flames and Explosions of Gases (New York 1951).

10) J. O. HIRSCHFELDER, C. F. CURTISS and R. B. BIRD, Molecular Theory of Gases and Liquids (New York 1954).

11) G. N. PATTERSON, Molecular Flow of Gases (New York 1956).

Im letzten Abschnitt werden die Stoßwellengleichungen auf senkrecht reflektierte Stoßwellen angewandt. Die theoretischen Überlegungen in diesem und dem nächsten Kapitel beschränken sich auf den Fall eindimensionaler Stoßwellen, da solche Wellen für chemische Untersuchungen besonders wichtig sind.

C. Erhaltungsgleichungen für eindimensionale Strömungen[1])

Die Gleichungen der Hydrodynamik können auf zweierlei Weise dargestellt werden. Nach der LAGRANGEschen Methode wird die Bewegung in Abhängigkeit von einem mit den Teilchen mitbewegten Koordinatensystem beschrieben. Diese Methode wird in der vorliegenden Ableitung der Erhaltungsgleichungen verwendet. Es ist jedoch üblich, später auf die EULERsche Darstellungsweise überzugehen, bei der die Strömung von einem ruhenden Koordinatensystem aus betrachtet wird. Für die Umrechnung von der LAGRANGEschen in die EULERsche Schreibweise gilt die folgende Differentialgleichung

$$\frac{dG}{dt} \equiv \frac{\partial G}{\partial t} + u \cdot \frac{\partial G}{\partial x} \tag{II, 1}$$

wobei G jede Funktion sein kann, die sich für ein bewegtes Teilchen verändert. d/dt bedeutet Differentiation entlang der Strömung. u ist die Strömungsgeschwindigkeit.

Die Massenerhaltungsgleichung kann man einfach schreiben als

$$\frac{dm}{dt} = \frac{d\varrho}{dt} \Delta x \Delta y \Delta z = 0, \tag{II, 2}$$

wobei m die Masse des Volumenelementes $\Delta x \Delta y \Delta z$ bei einer Dichte ϱ darstellt. Ist x die Bewegungsrichtung, dann soll $\Delta y \Delta z$ ein Flächenelement senkrecht dazu darstellen. Man kann zeigen[2]), daß

$$\frac{d}{dt}(\Delta x) = \Delta x \frac{\partial u}{\partial x}. \tag{II, 3}$$

[1]) Dieses und das nächste Kapitel schließen sich an die BECKERsche Diskussion an.

[2]) Am Ort x befinde sich zur Zeit t ein Volumenelement der Dicke $\delta = \Delta x$ und der Flächen eins, das ein Element des strömenden Mediums enthält. In der LAGRANGEschen Darstellungsweise wird die Dicke dieses Volumenelementes zur Zeit $t + \Delta t$

$$\delta(x, t + \Delta t) = \delta(x, t) + u\{x + \delta(x, t),\ t\}\Delta t - u(x, t)\Delta t + \cdots,$$

daraus folgt

$$\frac{d\delta}{dt} = \lim_{\Delta t \to 0} \frac{\delta(x, t + \Delta t) - \delta(x, t)}{\Delta t} = u\{x + \delta(x, t),\ t\} - u(x, t) + \cdots,$$

also bei Vernachlässigung von Thermen höherer Ordnung

$$\frac{d(\Delta x)}{dt} = \frac{\partial u}{\partial x} \Delta x.$$

Differentiation von (II, 2) und Einsetzen von (II, 3) ergibt

$$\varrho \frac{\partial u}{\partial x} + \frac{d\varrho}{dt} = 0. \tag{II, 4}$$

Der Impulserhaltungssatz kann mit der zweiten NEWTONschen Beziehung formuliert werden als

$$\frac{d}{dt}(m \cdot u) = \frac{\partial p_{xx}}{\partial x} \Delta x \Delta y \Delta z. \tag{II, 5}$$

Das Glied auf der rechten Seite stellt die auf das Volumenelement der Dicke Δx wirkende Kraft dar. p_{xx} ist die Normalspannung. Differenzieren der linken Seite ergibt mit (II, 2) und (II, 5)

$$\varrho \frac{du}{dt} = \frac{\partial p_{xx}}{\partial x}. \tag{II, 6}$$

Die zeitliche Änderung der Gesamtenergie eines Strömungselementes muß gleich sein der durch äußere Kräfte in der Zeiteinheit an diesem Element geleisteten Arbeit abzüglich der Energie, die durch Wärmeleitung aus dem Element abgeführt wird. Man kann den Energieerhaltungssatz also schreiben

$$\frac{d}{dt}\left[m\left(E + \frac{u^2}{2}\right)\right] = \frac{\partial p_{xx} u}{\partial x} \Delta x \Delta y \Delta z - \frac{\partial q_x}{\partial x} \Delta x \Delta y \Delta z. \tag{II, 7}$$

Dabei ist E die innere Energie der Masseneinheit, $\frac{m u^2}{2}$ die kinetische Energie eines Elementes der Strömung und q_x der Wärmestrom in x-Richtung. Durch Differentiation der ersten beiden Glieder wird (II, 7) mit (II, 2) und (II, 6)

$$\varrho \frac{dE}{dt} = p_{xx} \frac{\partial u}{\partial x} - \frac{\partial q_x}{\partial x}. \tag{II, 8}$$

Für ein viskoses Medium kann man, wenn die Geschwindigkeitsgradienten nicht zu groß sind, schreiben[1])

$$p_{xx} = -p + (2\mu_{\mathrm{I}} + \mu_{\mathrm{II}}) \frac{\partial u}{\partial x}.$$

p ist der hydrostatische Druck, μ_{I} und μ_{II} sind die Koeffizienten der Scher- bzw. Volumenviskosität. Wenn die Temperaturgradienten nicht zu groß sind, kann man für den Wärmestrom schreiben

$$q_x = -\lambda \frac{\partial T}{\partial x}.$$

Dabei ist λ die Wärmeleitfähigkeit und T die Temperatur.

---

[1]) H. LAMB, Hydrodynamics, 6. Ed. (Cambridge 1932; New York 1945), S. 574.

Die zeitabhängigen Erhaltungsgleichungen mit diesen Ausdrücken für p_{xx} und q_x sind also

$$\frac{d\varrho}{dt} = -\varrho \frac{\partial u}{\partial x}, \tag{II, 9}$$

$$\frac{du}{dt} = -\frac{1}{\varrho}\frac{\partial}{\partial x}\left[p - (2\mu_{\mathrm{I}} + \mu_{\mathrm{II}})\frac{\partial u}{\partial x}\right], \tag{II, 10}$$

$$\frac{dE}{dt} = \left[p - (2\mu_{\mathrm{I}} + \mu_{\mathrm{II}})\frac{\partial u}{\partial x}\right]\cdot\frac{1}{\varrho^2}\frac{d\varrho}{dt} + \frac{1}{\varrho}\frac{\partial}{\partial x}\left(\lambda\frac{\partial T}{\partial x}\right). \tag{II, 11}$$

Diese Gleichungen mit den linearen Gliedern für Viskosität und Wärmeleitfähigkeit oder die entsprechenden Gleichungen für stationäre Strömung werden als die NAVIER-STOKESsche Gleichungen bezeichnet. Treten Änderungen von Geschwindigkeit und Temperatur über Strecken auf, die in der Größenordnung der freien Weglänge liegen, dann müssen Glieder höherer Ordnung in den Ausdrücken für p_{xx} und q_x berücksichtigt werden. In diesem Fall sind *Kreuzeffekte* mit zu betrachten, zum Beispiel Impulstransport auf Grund von Temperaturgradienten und umgekehrt. Einige dieser Glieder höherer Ordnung sind in den BURNETT-Gleichungen[1],[2]) enthalten. Diffusion wird in beiden Gleichungssystemen vernachlässigt.

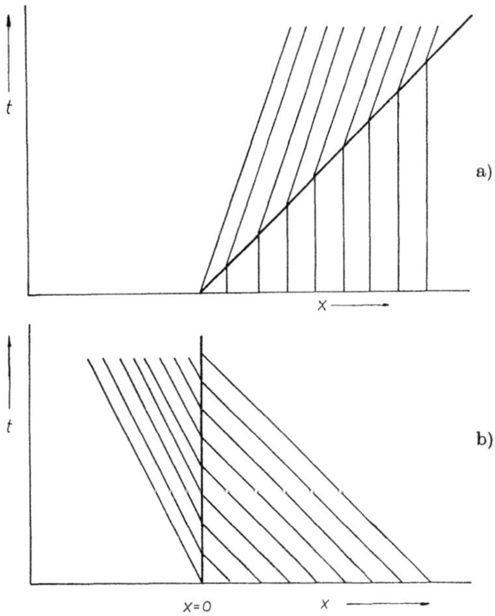

Abb. 3. Zeit-Weg-Diagramm für die Strömung in einer Stoßwelle. a) ruhendes Bezugssystem – b) mit der Stoßfront mitbewegtes Bezugssystem.

Die Gleichungen (II, 4) und (II, 6) lassen sich für den Fall infinitesimaler isentropischer Wellen mit der RIEMANNschen Charakteristiken-Methode lösen. Dadurch ist es möglich,

[1]) Der Zusammenhang der NAVIER-STOKES- und BURNETT-Gleichungen mit den Lösungen der BOLTZMANNschen Gleichung der kinetischen Gastheorie wird in Kap. IV diskutiert.

[2]) Für eine Diskussion der Grenzen der Gültigkeit der BURNETTschen Gleichungen und anderer Näherungen höherer Ordnung vergleiche E. V. LAITONE, J. Aeronaut. Sci. **23**, 846 (1956).

die Ausbildung einer Stoßwelle mathematisch zu beschreiben. Diese Lösung wird aber im Bereich der Stoßwellen ungültig, weil sie nicht isentropisch sind. Die Charakteristiken-Methode ermöglicht es, darüber hinaus jeden Strömungsvorgang mit numerischen Methoden zu berechnen[1]).

Bei fast allen Anwendungen von Stoßwellen zu reaktionskinetischen Untersuchungen haben diese konstante oder fast konstante Geschwindigkeit. Unter diesen Umständen läßt sich der Einfluß der Strömung auf den Reaktionsablauf am leichtesten übersehen. In einem mit Stoßwellengeschwindigkeit mitbewegtem Bezugssystem wird die Strömung stationär und die partiellen Ableitungen nach der Zeit verschwinden. Die Abb. **3a**, **3b** sind x, t-Diagramme, in denen die Bewegung von Volumenelementen vor und nach Durchgang durch die Stoßfront in beiden Koordinatensystemen, dem ruhenden und dem mit der Stoßfront mitbewegten, aufgezeichnet ist. Die Neigung der Linien ist jeweils umgekehrt proportional zur Strömungsgeschwindigkeit. Sind einmal die Erhaltungsgleichungen für eine stationäre Stoßwelle gelöst, dann kann man die Strömungsgeschwindigkeit umrechnen, zum Beispiel auf ein ruhendes Bezugssystem. In diesem Koordinatensystem wird die Gasgeschwindigkeit vor der Stoßwelle 0, die Stoßwellengeschwindigkeit wird u_1 und die Strömungsgeschwindigkeit hinter dem Stoß wird

$$w = u_1 - u_2 .$$

Setzt man Gl. (II, 1) in die Gln. (II, 9), (II, 10) und (II, 11) ein und setzt die partiellen Ableitungen nach der Zeit 0, dann erhält man die Navier-Stokesschen Gleichungen für stationäre Strömung.

$$\frac{\partial}{\partial x}(\varrho u) = 0, \tag{II, 12}$$

$$\varrho u \frac{\partial u}{\partial x} = -\frac{\partial}{\partial x}\left[p - (2\mu_{\mathrm{I}} + \mu_{\mathrm{II}})\frac{\partial u}{\partial x}\right], \tag{II, 13}$$

$$\varrho u \frac{\partial E}{\partial x} = -\left[p - (2\mu_{\mathrm{I}} + \mu_{\mathrm{II}})\frac{\partial u}{\partial x}\right]\frac{\partial u}{\partial x} + \frac{\partial}{\partial x}\left(\lambda\frac{\partial T}{\partial x}\right). \tag{II, 14}$$

Diese Gleichungen kann man leicht einmal integrieren. Dann gilt für alle x

$$\varrho u = \Phi_m , \tag{II, 15}$$

$$\varrho u^2 + p - (2\mu_{\mathrm{I}} + \mu_{\mathrm{II}})\frac{\partial u}{\partial x} = \Phi_i , \tag{II, 16}$$

$$\varrho u\left(\frac{1}{2}u^2 + E + \frac{p}{\varrho}\right) - (2\mu_{\mathrm{I}} + \mu_{\mathrm{II}})u\frac{\partial u}{\partial x} - \lambda\frac{\partial T}{\partial x} = \Phi_e . \tag{II, 17}$$

---

[1]) Eine ausgezeichnete Diskussion der Theorie und der Anwendung der Charakteristiken-Methode gibt K. Oswatitsch, Gasdynamik (Wien 1952).

Dabei sind die Größen Φ_m, Φ_i und Φ_e Massen-, Impuls-, bzw. Energiestrom und aus den Anfangsbedingungen zu berechnen. In Kap. IV wird die Integration dieser Gleichungen ausgeführt, und das Profil der Stoßfront bestimmt.

Betrachtet man nur Gebiete beiderseits der Stoßfront, in denen Gleichgewicht eingestellt ist, dann kann man eine Beziehung zwischen diesen Gleichgewichtszuständen erhalten. p_1, ϱ_1, T_1, E_1, u_1 seien die Daten des Gases vor der Stoßfront. An einer Stelle x_2 hinter der Stoßfront sei wiederum Gleichgewicht eingestellt und p_2, ϱ_2, T_2, E_2, u_2 seien die Gleichgewichtsdaten hinter der Stoßfront. Die Gradienten $\frac{\partial u}{\partial x}$ und $\frac{\partial T}{\partial x}$ verschwinden bei x_2 und die Erhaltungsgleichungen vereinfachen sich zu

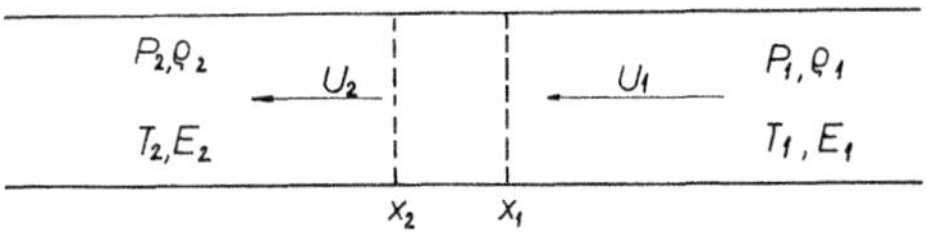

Abb. 4. Strömung in einer Stoßwelle in einem mit der Stoßfront mitbewegtem Bezugssystem.

$$\varrho_1 u_1 = \varrho_2 u_2 = \Phi_m, \tag{II, 18}$$

$$\varrho_1 u_1^2 + p_1 = \varrho_2 u_2^2 + p_2 = \Phi_i \tag{II, 19}$$

$$\frac{1}{2} u_1^2 + E_1 + \frac{p_1}{\varrho_1} = \frac{1}{2} u_2^2 + E_2 + \frac{p_2}{\varrho_2} = \Phi_e, \tag{II, 20a}$$

oder

$$\tfrac{1}{2} u_1^2 + H_1 = \tfrac{1}{2} u_2^2 + H_2 = \Phi_e. \tag{II, 20b}$$

H ist die Enthalpie $H \equiv E + p/\varrho$. Abb. 4 stellt das Strömungsgebiet in einem mit der Stoßwelle mitbewegten Koordinatensystem dar.

Die Erhaltungsgleichungen in dieser Form werden häufig als Rankine-Hugoniot-Gleichungen oder als Hugoniot-Gleichungen bezeichnet. Die erste Gleichung besagt, daß im stationären Zustand eben soviel Masse die Stoßzone verläßt, wie in sie eintritt. Die zweite Gleichung sagt aus, daß die Impulsänderung des Gases pro Zeit- und Masseneinheit durch die Druckdifferenz zu beiden Seiten der Stoßfront hervorgerufen wird. Die letzte Gleichung zeigt, daß die Enthalpiezunahme beim Durchgang durch die Stoßfront hervorgerufen wird durch den Verlust an kinetischer Energie der Strömung.

Mit Hilfe der beiden Gln. (II, 18) und (II, 19) können u_1 und u_2 aus der Gl. (II, 20) eliminiert werden. Letztere kann man dann auf die folgende Form bringen:

$$E_2 - E_1 = \frac{1}{2}(p_1 + p_2)\left(\frac{1}{\varrho_1} - \frac{1}{\varrho_2}\right), \tag{II, 21a}$$

$$H_2 - H_1 = \frac{1}{2}(p_2 - p_1)\left(\frac{1}{\varrho_1} + \frac{1}{\varrho_2}\right). \tag{II, 21b}$$

Diese Gleichung wurde zuerst von HUGONIOT abgeleitet. Sie sagt aus, daß die Änderung der inneren Energie in der Stoßfront hervorgerufen wird durch die Kompressionsarbeit, die ein mittlerer Druck bei der Kompression leistet. Im Grenzfall eines schwachen Stoßes wird die Änderung der inneren Energie, gegeben durch Gln. (II, 21a), gleich der Änderung der inneren Energie bei einem *adiabatischen reversiblen* (isentropen) Vorgang.

$$\Delta E = \int dE = \int p\, d\left(\frac{1}{\varrho}\right) = p \Delta \left(\frac{1}{\varrho}\right).$$

Dieser Ausdruck bezieht sich auf Schallwellen.

Wenn ein ideales Gas mit konstanter spezifischer Wärme zuerst isentropisch vom Ausgangszustand p_1 und ϱ_1 auf die Enddichte ϱ_2 gebracht wird dann erfolgt die gesamte Entropieänderung bei einer reversiblen Wärmezufuhr unter konstantem Volumen zu dem Endzustand p_2, ϱ_2. Für diesen Vorgang gilt

$$S_2 - S_1 = c_v \ln \frac{T_2}{T_1}. \qquad \text{(II, 22)}$$

Dabei ist S die Entropie und c_v die spezifische Wärme. Die Temperatur T_1 kann man aus der Gleichung für isentropische Kompression $p\varrho^{-\varkappa}$ = konstant, der idealen Gasgleichung $p = \varrho R T$ und dem Ausgangszustand errechnen. Aus Gl. (II, 22) wird dann

$$S_2 - S_1 = c_v \ln \left(\frac{p_2}{p_1}\right)\left(\frac{\varrho_1}{\varrho_2}\right)^{\varkappa}. \qquad \text{(II, 23)}$$

Der zweite Hauptsatz der Thermodynamik erfordert, daß $S_2 - S_1 \geqq 0$, das erfordert $\frac{p_2}{p_1}\left(\frac{\varrho_1}{\varrho_2}\right)^{\varkappa} \geqq 1$.

Setzt man die Stoßwellengleichungen (II, 30) und (II, 32) in diesen Ausdruck ein, dann kann man zeigen, daß für Stoßwellen[1]) $\Delta S > 0$, daß der Vorgang also irreversibel ist. Ebenso sieht man, daß Verdünnungswellen[2]) im allgemeinen den zweiten Hauptsatz der Thermodynamik verletzen und daher nicht vorkommen. Diese Entropieerzeugung in Stoßwellen ist den Energie- und Impulstransportvorgängen in der Stoßfront zuzuschreiben.

Durch Einführen der thermischen Zustandsgleichung und der kalorischen Zustandsgleichung in die HUGONIOT-Gleichung (II, 21) ist es möglich, alle die

---

[1]) Werte von $\mathfrak{S}_2 - \mathfrak{S}_1$ fur ein einatomiges ideales Gas ($\varkappa = 1{,}67$) und ein zweiatomiges ideales Gas ($\varkappa = 1{,}40$) für Stoßwellen mit doppelter Schallgeschwindigkeit (bezogen auf den Ausgangszustand) sind 0,57 und 0,38 cal/°K mol. Für eine starke Stoßwelle mit einer Geschwindigkeit, die 10mal so groß ist wie die Schallgeschwindigkeit im Ausgangszustand wird $\mathfrak{S}_2 - \mathfrak{S}_1 = 7{,}69$ bzw. 6,92 cal/°K mol.

[2]) YA. ZEL'DOVICH hat gezeigt, daß unter gewissen speziellen Bedingungen Verdünnungsstöße möglich sind. J. Phys. (U.S.S.R.) **10**, 325 (1946).

Zustände aufzufinden, die für einen Vorgang erreichbar sind, der der HUGONIOT-Gleichung gehorcht. Diese Zustände liegen auf einer Kurve, die als HUGONIOT-Kurve bezeichnet wird. Für ein ideales Gas mit konstanter spezifischer Wärme ist sie in Abb. 5 dargestellt. Die gestrichelte Kurve verbindet Zustände, die mit einem isentropischen Prozeß erreichbar sind.

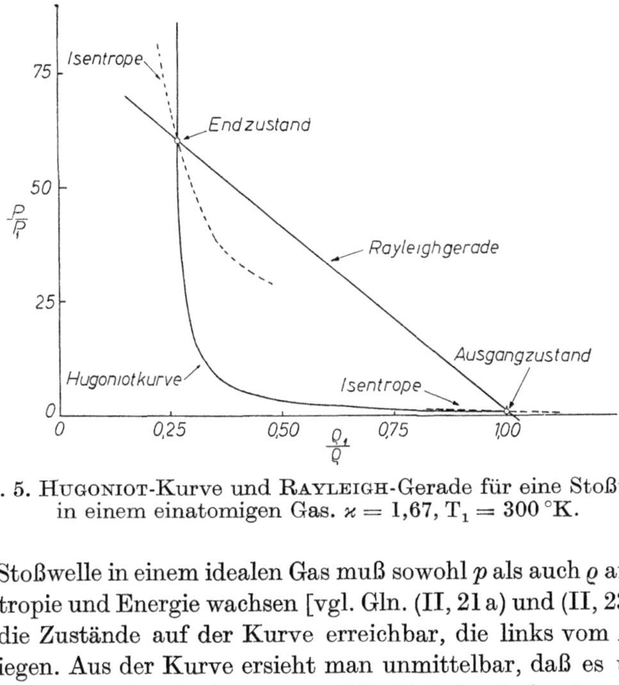

Abb. 5. HUGONIOT-Kurve und RAYLEIGH-Gerade für eine Stoßwelle in einem einatomigen Gas. $\varkappa = 1{,}67$, $T_1 = 300\,°K$.

Für eine Stoßwelle in einem idealen Gas muß sowohl p als auch ϱ anwachsen, damit Entropie und Energie wachsen [vgl. Gln. (II, 21 a) und (II, 23)]. Damit sind nur die Zustände auf der Kurve erreichbar, die links vom Ausgangszustand liegen. Aus der Kurve ersieht man unmittelbar, daß es unmöglich ist, Zustände hinter der Stoßfront ausschließlich durch isentropische Vorgänge zu erreichen.

Aus den ersten beiden RANKINE-HUGONIOT-Gleichungen kann man einen Ausdruck erhalten, der nur hydrodynamische Größen verbindet.

$$\Phi_m^2 = \frac{p_2 - p_1}{\frac{1}{\varrho_1} - \frac{1}{\varrho_2}} = (u_2\varrho_2)^2 = (u_1\varrho_1)^2. \qquad \text{(II, 24)}$$

Diese Gleichungen werden häufig als die mechanischen Bedingungen für einen Stoßübergang bezeichnet. Für einige Flüssigkeiten und Festkörper, bei denen der Druck nur von der Dichte abhängig ist, reicht diese Gleichung zusammen mit der Zustandsgleichung und einem einzigen gemessenen Parameter zur Festlegung der Bedingungen auf beiden Seiten des Stoßes aus. In der p, $1/\varrho$-Darstellung ergibt die mechanische Bedingung (II, 24), daß das

Quadrat des Massenflusses proportional zur Neigung der Geraden ist, die Zustände zu beiden Seiten der Stoßfront verbindet. Die Gerade in Abb. 5 verbindet die Zustände, die von einer Stoßwelle auf Grund der mechanischen Bedingung erreichbar sind. Man bezeichnet sie als RAYLEIGH-Gerade. Diese Linie ist festgelegt, wenn einmal der Ausgangszustand und die Strömungsgeschwindigkeit des Ausgangsgases bekannt sind. Die HUGONIOT-Kurve ist ebenfalls durch den Ausgangszustand festgelegt, so daß also der Endzustand hinter der Stoßfront eindeutig bestimmt ist, wenn Ausgangszustand und Strömungsgeschwindigkeit gegeben sind. Für sehr schwache Stöße geht die mechanische Beziehung über in den bekannten Ausdruck für die Schallgeschwindigkeit

$$a^2 = \left(\frac{\partial p}{\partial \varrho}\right)_s = \frac{1}{\varrho^2}\left(\frac{\partial p}{\partial \frac{1}{\varrho}}\right)_s .$$

Die Schallgeschwindigkeit ist also proportional der Wurzel aus der Neigung der Isentrope. Aus Abb. 5 ersieht man, daß die Stoßwellengeschwindigkeit größer ist als die Schallgeschwindigkeit im Gas vor der Stoßwelle und daß die Strömungsgeschwindigkeit u_2 hinter der Stoßfront relativ zur Front kleiner ist als die Schallgeschwindigkeit. Es läßt sich zeigen, daß diese Beziehung allgemein für Stoßwellen gilt (vgl. Fußnote 1 auf S. 22).

Im nächsten Abschnitt werden die thermische und die kalorische Zustandsgleichung formal in die Erhaltungsgleichungen eingesetzt.

D. Die Lösung der Erhaltungsgleichungen für ein ideales Gas mit konstanter spezifischer Wärme

Die RANKINE-HUGONIOT-Gleichungen bilden ein System von drei Gleichungen mit sechs Unbekannten, wenn die thermodynamischen Daten p_1, ϱ_1, T_1 und E_1 vor der Stoßfront bekannt sind. Man hat aber noch zwei weitere Beziehungen. Die erste ist die thermische Zustandsgleichung eines idealen Gases ohne Dissoziation und Ionisation

$$p_2 = \varrho_2 R T_2. \qquad \text{(II, 25)}$$

Dabei ist R die Gaskonstante pro Masseneinheit. Die zweite Beziehung ist die kalorische Zustandsgleichung, die die innere Energie des Gases mit Temperatur und Druck in Zusammenhang bringt. Für ein ideales Gas mit konstanter spezifischer Wärme lautet die kalorische Zustandsgleichung einfach

$$E_2 - E_1 = c_v (T_2 - T_1) \qquad \text{(II, 26a)}$$

oder mit der Enthalpie

$$H_2 - H_1 = c_p (T_2 - T_1). \qquad \text{(II, 26b)}$$

c_v und c_p, die spezifischen Wärmen pro Masseneinheit bei konstantem Volumen bzw. bei konstantem Druck, sind unabhängig von der Temperatur.

Für eine Verallgemeinerung der Gleichungen auf Gase mit beliebigen Molekülen ist es üblich, die Größe $\varkappa$ einzuführen $\left(\varkappa = \frac{c_p}{c_v}\right)$. Der Energieerhaltungssatz kann nun durch Verwendung der Gln. (II, 25) und (II, 26) und $c_p - c_v = R$ geschrieben werden als

$$u_1^2 + \frac{2\varkappa}{\varkappa - 1} \frac{p_1}{\varrho_1} = u_2^2 + \frac{2\varkappa}{\varkappa - 1} \frac{p_2}{\varrho_2}. \qquad \text{(II, 27)}$$

Diese Gleichung bildet zusammen mit den Gleichungen für die Erhaltung von Masse und Impuls ein System von drei Gleichungen mit nur 4 Unbekannten: u_1, u_2, ϱ_2 und p_2. Man kann Lösungen für jeweils drei dieser Variablen als Funktion der vierten und der thermodynamischen Daten des Ausgangszustandes erhalten. Am einfachsten lassen sich die Gleichungen lösen für die dimensionslosen Verhältnisse der einzelnen Größen vor und hinter der Stoßfront als Funktion von p_2/p_1. Da aber p_2 eine Größe ist, die sich an einer Stoßwelle schwer messen läßt[1]), während u_1 leicht bestimmt werden kann, ist es zweckmäßig, die einzelnen Größen als Funktion von u_1 aufzusuchen.

Zur Erhaltung der Allgemeingültigkeit muß die Stoßwellengeschwindigkeit ebenfalls in eine dimensionslose Größe umgewandelt werden. Dazu dividiert man diese durch die Schallgeschwindigkeit a_1 des Gases vor der Stoßfront. Dieses Verhältnis nennt man die Mach-Zahl $M_1 = u_1/a_1$ der Stoßwelle. Aus den drei Erhaltungsgleichungen, den Zustandsgleichungen und dem Ausdruck fur die Schallgeschwindigkeit $a_1^2 = \varkappa R T_1$ findet man die folgende Beziehung, die M_1 und p_2/p_1 verbindet.

$$\frac{p_2}{p_1} = \frac{2\varkappa M_1^2 - (\varkappa - 1)}{\varkappa + 1}. \qquad \text{(II, 28)}$$

Aus der Symmetrie der Rankine-Hugoniot-Gleichung läßt sich ein ähnlicher Ausdruck ableiten, der M_2 mit p_2/p_1 verbindet.

$$\frac{p_1}{p_2} = \frac{2\varkappa M_2^2 - (\varkappa - 1)}{\varkappa + 1}. \qquad \text{(II, 29)}$$

Hier ist $M_2 = u_2/a_2$ die Mach-Zahl der Strömung, die die Stoßwelle verläßt,

[1]) p_2/p_1 kann man aus den Anfangsbedingungen in einem Stoßrohr abschätzen.

und zwar in einem Koordinatensystem, das sich mit der Stoßwelle mitbewegt[1]).

p_2/p_1 und M_1 werden häufig benützt, um die Stärke eines Stoßes zu kennzeichnen[2]). Die dimensionslosen Verhältnisse der einzelnen Größen vor und hinter der Stoßfront in Abhängigkeit von diesen Parametern der Stoßstärke sind:

$$\frac{\varrho_2}{\varrho_1} = \frac{u_1}{u_2} = \frac{\frac{p_2}{p_1}\left(\frac{\varkappa+1}{\varkappa-1}\right)+1}{\frac{p_2}{p_1}+\frac{\varkappa+1}{\varkappa-1}} = \frac{(\varkappa+1)\,M_1^2}{(\varkappa-1)\,M_1^2+2}\,. \tag{II; 30, 31}$$

$$\begin{aligned}\frac{T_2}{T_1} &= \frac{p_2\cdot\varrho_1}{p_1\cdot\varrho_2} = \frac{p_2}{p_1}\cdot\frac{\frac{p_2}{p_1}+\frac{\varkappa+1}{\varkappa-1}}{\frac{p_2}{p_1}\left(\frac{\varkappa+1}{\varkappa-1}\right)+1}\\ &= \left[\frac{2\varkappa M_1^2-(\varkappa-1)}{\varkappa+1}\right]\left[\frac{(\varkappa-1)\,M_1^2+2}{(\varkappa+1)\,M_1^2}\right].\end{aligned} \tag{II; 32, 33}$$

In Abb. 6, 7 und 8 sind die Verhältnisse p_2/p_1, ϱ_2/ϱ_1 und T_2/T_1 aufgetragen gegen M_1 für Werte von $\varkappa = 1{,}10;\ 1{,}20;\ 1{,}40;\ 1{,}67$[3]). Für ein einatomiges Gas ist $\varkappa = 1{,}67$, für ein zweiatomiges $\varkappa = 1{,}40$. Steigt die Zahl der Atome im Molekül, dann geht $\varkappa \to 1$.

Die graphischen Darstellungen zeigen, daß für eine gegebene MACH-Zahl p_2/p_1 fast unabhängig von $\varkappa$ ist, während T_2/T_1 mit $\varkappa$ anwächst, und ϱ_2/ϱ_1 mit steigendem $\varkappa$ fällt. Für einatomige Gase ist die Annahme konstanter spezifischer Wärme gewöhnlich ausreichend bis zu Temperaturen, bei denen die Ionisation merklich zu werden beginnt (8000 °K für Argon bei $p_1 \approx 1$ cm Hg). Für zweiatomige Gase ist der Temperaturbereich, in dem die spezifische Wärme konstant ist, merklich kleiner (von Zimmertemperatur bis etwa 450 °K, für Stickstoffmoleküle), weil dann höhere Schwingungszustände angeregt werden. Für vielatomige Gase ist die Annahme eines konstanten $\varkappa$ auch schon für Temperaturänderungen von 50 °K im allgemeinen nicht zutreffend. Die Berechnung der Daten der einfallenden Stoßwellen bei Temperaturen, bei denen die spezifischen Wärmen nicht mehr länger als konstant angesehen werden können, wird in Kap. III be-

---

[1]) Schallwellen, die im Gebiet hinter der Stoßwelle auftreten, können den Stoß einholen, d. h. M_2 ist immer kleiner als 1. Das sieht man für alle $p_2/p_1 > 1$ leicht aus der Gl. (II,29). Für einen Beweis siehe R. COURANT und K. O. FRIEDRICHS, Supersonic Flow and Shock Waves (New York 1948), Seite 141.

[2]) Eine Diskussion der geeigneten Parameter zur Beschreibung der Stärke einer Stoßwelle wurde gegeben von R. N. HOLLYER and O. LAPORTE, Amer. J. Phys. **21**, 610 (1953).

[3]) R. A. STREHLOW, One Dimensional Step Shock Wave Calculations for Ideal Gases, U. S. Ballistic Research Laboratories, Report Nr. 978, 1956.

handelt. Dort wird auch gezeigt, daß die Fehler, die durch Annahme der Gültigkeit der Gleichung für ideales Gas auftreten, für die meisten Berechnungen vernachlässigbar sind.

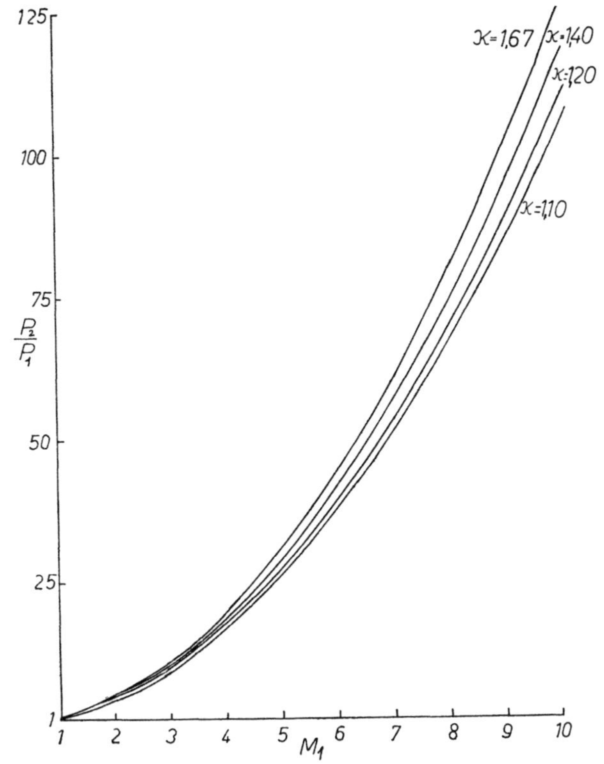

Abb. 6. Druckverhältnis p_2/p_1 gegen MACH-Zahl aufgetragen. $\varkappa$ = konstant (STREHLOW).

E. Die Lösung der Erhaltungsgleichungen für eine normal reflektierte Stoßwelle in einem idealen Gas mit konstanter spezifischer Wärme

Trifft eine eindimensionale Stoßwelle auf ein Hindernis, so wird sie dort reflektiert. Ist die Fläche des Hindernisses klein gegen die Fläche der Stoßwelle, so daß das Gas hinter der reflektierten Stoßwelle nach der Seite ausweichen kann, dann bildet sich nach einiger Zeit eine stationäre Stoßwelle aus, die entweder mit dem Hindernis in Berührung steht, oder sich in einem festen Abstand vor dem Hindernis befindet. Solche Erscheinungen sind zwei- oder dreidimensional und daher in erster Linie für Aerodynamiker von Interesse, da sie Auskunft über die Einwirkung von Hindernissen auf Überschallströmungen geben. Im allgemeinen ist diese Wechselwirkung so kompliziert, daß zwei- und dreidimensionale reflektierte Stoßwellen, zum Studium für chemische Reaktionen kaum verwendet wurden (vgl. die Dis-

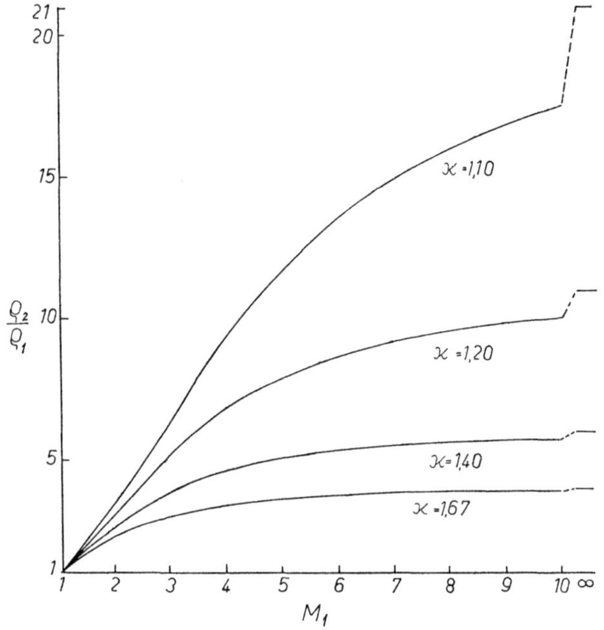

Abb. 7. Dichteverhältnis ϱ_2/ϱ_1 gegen MACH-Zahl aufgetragen. $\varkappa$ = konstant (STREHLOW).

kussion der Messungen in Kap. VI). Ist das Hindernis eine ebene Fläche, die senkrecht zur Ausbreitungsrichtung der Stoßwelle steht, und so groß, daß das Gas nicht daran vorbeiströmen kann, dann erhält man eine eindimensionale reflektierte Stoßwelle.

Trifft z. B. eine in einem Rohr laufende Stoßwelle auf das geschlossene Rohrende, dann staut sich dort das Gas auf und die Stoßwelle kehrt ihre Richtung um. Das Gas hinter der reflektierten Stoßwelle ist dabei wegen der Randbedingung ($w = u_1 - u_2 = 0$ an der reflektierenden Wand) in Ruhe. Man sieht das am leichtesten in einem x, t-Diagramm (Abb. 9); die untere Hälfte entspricht Abb. 3a. Die Linie negativer Neigung stellt den reflektierten Stoß dar, und die senkrechten Stromlinien im Gebiet über diesem Stoß zeigen, daß das Gas in Ruhe ist. Die Daten des Gases in diesem Gebiet sind mit dem Index 5 bezeichnet.

Man kann die RANKINE-HUGONIOT-Gleichung direkt auf den reflektierten Stoß anwenden. Die so erhaltenen Beziehungen gelten für die Zustandsänderung über die reflektierte Stoßwelle. Es bedarf jedoch keiner zusätzlichen Messungen außer denen für die Charakterisierung der einfallen-

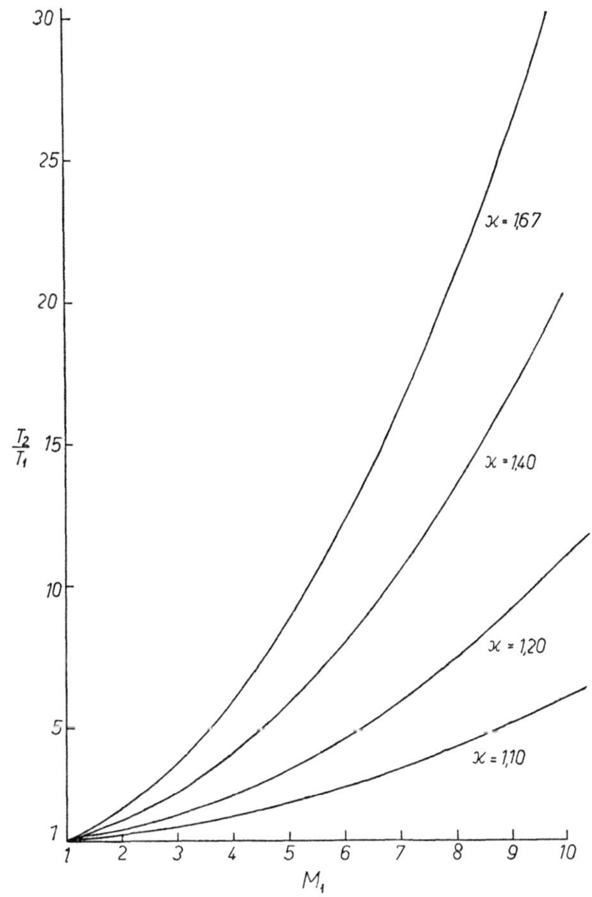

Abb. 8. Temperaturverhältnis T_2/T_1 gegen MACH-Zahl aufgetragen. $\varkappa$ = konstant (STREHLOW).

den Stoßwellen erforderlichen, da wegen des abgeschlossenen Endes die Strömungsgeschwindigkeit hinter dem reflektierten Stoß null sein muß. Der thermodynamische Zustand vor dem reflektierten Stoß ist der gleiche wie hinter dem einfallenden Stoß.

Die drei RANKINE-HUGONIOT-Gleichungen, die thermische und kalorische Zustandsgleichung und die Randbedingung am geschlossenen Ende geben eine hinreichende Zahl von Gleichungen zur Bestimmung des Zustandes hinter dem reflektierten Stoß. Auch die Strömungsgeschwindigkeit vor und hinter der reflektierten Stoßwelle in einem mit der reflektierten Stoßwelle mitbewegtem Koordinatensystem ist damit bestimmt. Sind diese Gleichungen gelöst, so kann man sie leicht auf ein ruhendes Koordinatensystem transformieren und erhält die Geschwindigkeit des reflektierten Stoßes.

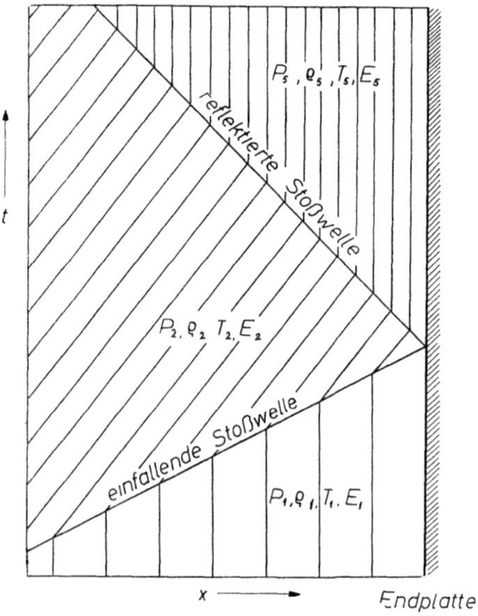

Abb. 9. Zeit-Weg-Diagramm für einfallende und reflektierte Stoßwelle.

Die Randbedingung für das Stoßrohrproblem am geschlossenen Ende läßt sich am einfachsten ausdrücken durch

$$u_{1R} - u_{2R} = u_1 - u_2. \tag{II, 34}$$

Dabei sind u_{1R} und u_{2R} die Strömungsgeschwindigkeiten des Gases vor und hinter dem reflektierten Stoß in einem mit dem reflektierten Stoß mitbewegten Koordinatensystem. Gl. (II, 34) bedeutet einfach, daß die durch die einfallende Stoßwelle auf das Gas übertragene Geschwindigkeit durch den reflektierten Stoß kompensiert wird, so daß das Gas wieder in Ruhe ist. Mit Hilfe der Gln. (II, 28) und (II, 29) kann Gl. (II, 34) gelöst werden. Man findet eine Beziehung zwischen dem Druckverhältnis über den reflektierten Stoß und dem Druckverhältnis über den einfallenden Stoß.

$$\frac{p_5}{p_2} = \frac{\frac{p_2}{p_1}\left(\frac{3\varkappa - 1}{\varkappa - 1}\right) - 1}{\frac{p_2}{p_1} + \left(\frac{\varkappa + 1}{\varkappa - 1}\right)}. \tag{II, 35}$$

Die Daten des reflektierten Stoßes werden durch die RANKINE-HUGONIOT-Gleichung als Funktion von p_5/p_2 gegeben. Gl. (II, 35) ermöglicht es, sie in Beziehung zu setzen mit p_2/p_1 oder über Gl. (II, 28) mit der MACH-Zahl der einfallenden Stoßwelle.

$$\frac{p_5}{p_1} = \frac{p_5}{p_2} \cdot \frac{p_2}{p_1} = \left[\frac{\frac{p_2}{p_1}\left(\frac{3\varkappa - 1}{\varkappa - 1}\right) - 1}{\frac{p_2}{p_1} + \left(\frac{\varkappa + 1}{\varkappa - 1}\right)}\right] \cdot \frac{p_2}{p_1}$$

$$= \left[\frac{\left(\frac{3\varkappa - 1}{\varkappa - 1}\right) M_1{}^2 - 2}{M_1{}^2 + \frac{2}{\varkappa - 1}}\right] \left[\frac{\left(\frac{2\varkappa}{\varkappa - 1}\right) M_1{}^2 - 1}{\left(\frac{\varkappa + 1}{\varkappa - 1}\right)}\right], \tag{II; 36, 37}$$

$$\frac{\varrho_5}{\varrho_1} = \frac{\varrho_5}{\varrho_2} \cdot \frac{\varrho_2}{\varrho_1} = \left[\frac{\frac{p_2}{p_1}\left(\frac{\varkappa}{\varkappa - 1}\right)}{\frac{p_2}{p_1} + \frac{1}{\varkappa - 1}}\right] \left[\frac{\frac{p_2}{p_1}\left(\frac{\varkappa + 1}{\varkappa - 1}\right) + 1}{\frac{p_2}{p_1} + \frac{\varkappa + 1}{\varkappa - 1}}\right]$$

$$= \frac{M_1{}^2\left(\frac{\varkappa + 1}{\varkappa - 1}\right)\left[\left(\frac{2\varkappa}{\varkappa - 1}\right) M_1{}^2 - 1\right]}{\left[M_1{}^2 + \frac{2}{\varkappa - 1}\right]\left[2 M_1{}^2 + \frac{3 - \varkappa}{\varkappa - 1}\right]}, \tag{II; 38, 39}$$

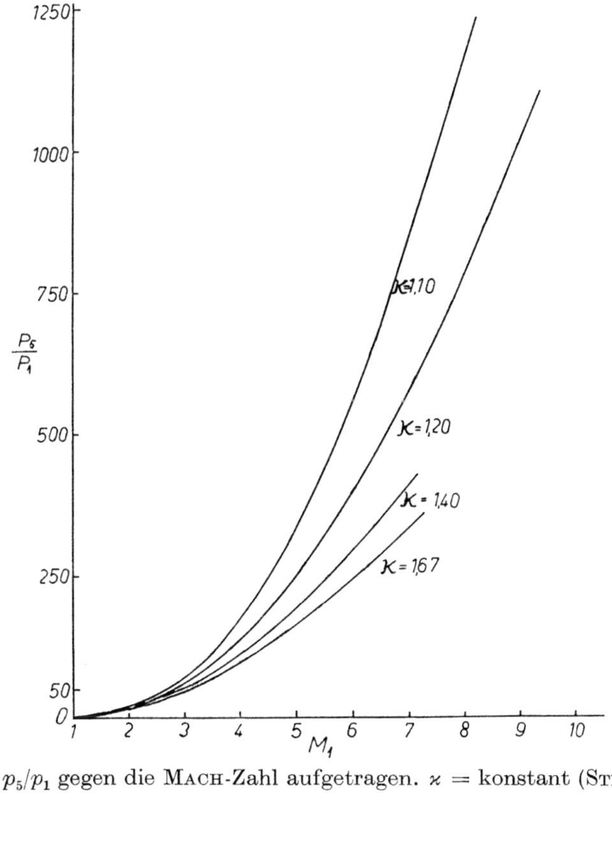

Abb. 10. p_5/p_1 gegen die Mach-Zahl aufgetragen. $\varkappa$ = konstant (Strehlow).

$$\frac{T_5}{T_1} = \frac{T_5}{T_2} \cdot \frac{T_2}{T_1} = \frac{\left[\frac{p_2}{p_1}\left(\frac{3\varkappa - 1}{\varkappa - 1}\right) - 1\right]\left[\frac{p_2}{p_1} + \frac{1}{\varkappa - 1}\right]}{\left(\frac{\varkappa}{\varkappa - 1}\right)\left[\frac{p_2}{p_1}\left(\frac{\varkappa + 1}{\varkappa - 1}\right) + 1\right]}$$
$$= \frac{\left[\left(\frac{3\varkappa - 1}{\varkappa - 1}\right) M_1^2 - 2\right]\left[2 M_1^2 + \frac{3 - \varkappa}{\varkappa - 1}\right]}{\left(\frac{\varkappa + 1}{\varkappa - 1}\right)^2 M_1^2}. \qquad \text{(II; 40, 41)}$$

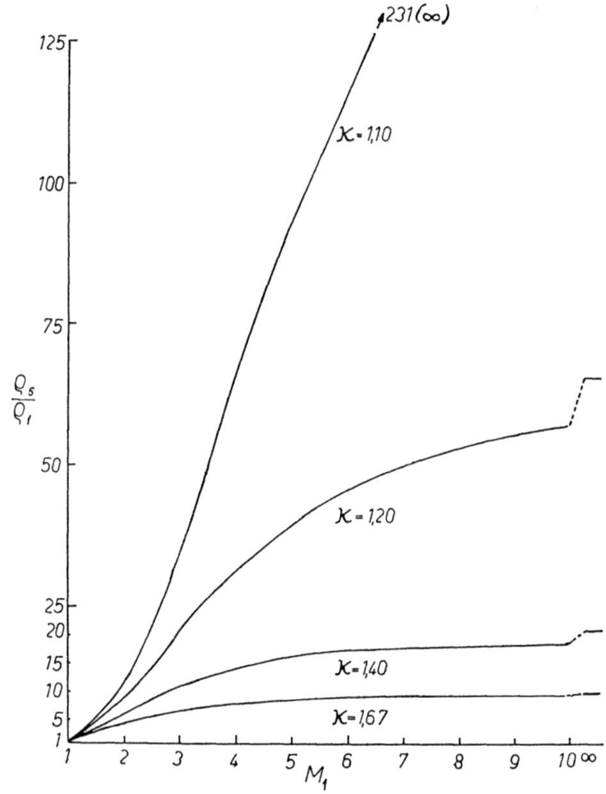

Abb. 11. ϱ_5/ϱ_1 gegen die MACH-Zahl aufgetragen. $\varkappa$ = konstant (STREHLOW).

Es muß jetzt noch die Geschwindigkeit des reflektierten Stoßes errechnet werden. In einem ruhenden Koordinatensystem ist die Strömungsgeschwindigkeit hinter dem reflektierten Stoß null. Die Geschwindigkeit der reflektierten Stoßwelle in diesem Koordinatensystem wird dann gleich u_{2R} und wird mit u_5 bezeichnet. Diese Größe ist positiv zu zählen gegen die Bewegungsrichtung der einfallenden Stoßwelle. Aus Gl. (II, 34) ist leicht zu ersehen, daß u_{1R} im ruhenden Koordinatensystem gegeben wird durch $u_1 - u_2 + u_5$. Aus Gl. (II, 29) und Gl. (II, 35) läßt sich u_5 berechnen. Das Ergebnis lautet:

$$u_5 = M_{2R}\left(\frac{a_5}{a_1}\right) \cdot a_1 = \frac{a_1\sqrt{2}\left[\frac{p_2}{p_1} + \frac{1}{\varkappa - 1}\right]}{\left\{\left(\frac{\varkappa}{\varkappa - 1}\right)\left[\frac{p_2}{p_1}\left(\frac{\varkappa + 1}{\varkappa - 1}\right) + 1\right]\right\}^{\frac{1}{2}}} = \frac{a_1\left[2M_1^2 + \frac{3 - \varkappa}{\varkappa - 1}\right]}{\left(\frac{\varkappa + 1}{\varkappa - 1}\right)M_1}. \quad (II, 42)$$

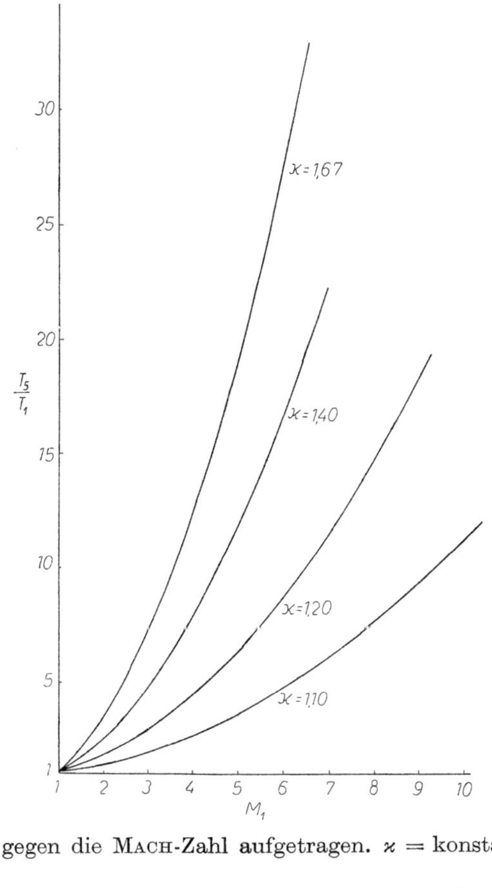

Abb. 12. T_5/T_1 gegen die MACH-Zahl aufgetragen. $\varkappa$ = konstant (STREHLOW).

In Abb. 10, 11, 12 und 13 sind p_5/p_1, ϱ_5/ϱ_1, T_5/T_1 und u_5/u_1 aufgetragen über M_1 für Werte von $\varkappa$ = 1,10; 1,20; 1,40; 1,67[1]). Aus diesen Abbildungen

[1]) R. A. STREHLOW, One Dimensional Step Shock Wave Calculations for Ideal Gases, U. S. Ballistic Research Laboratories, Report No. 978, 1956.

ersieht man, daß der Drucksprung in der reflektierten Stoßwelle viele Male größer sein kann als beim einfallenden Stoß. Für kleine $\varkappa$ kann der Dichteanstieg über dem reflektierten Stoß ein Vielfaches des Dichtesprunges des zugehörigen einfallenden Stoßes sein. Der Temperaturanstieg $(T_5 - T_2)$ ist etwa zweimal $(T_2 - T_1)$. Druck und Dichteänderungen nehmen ab mit ansteigendem $\varkappa$, während die Temperaturänderung mit steigendem $\varkappa$ wächst.

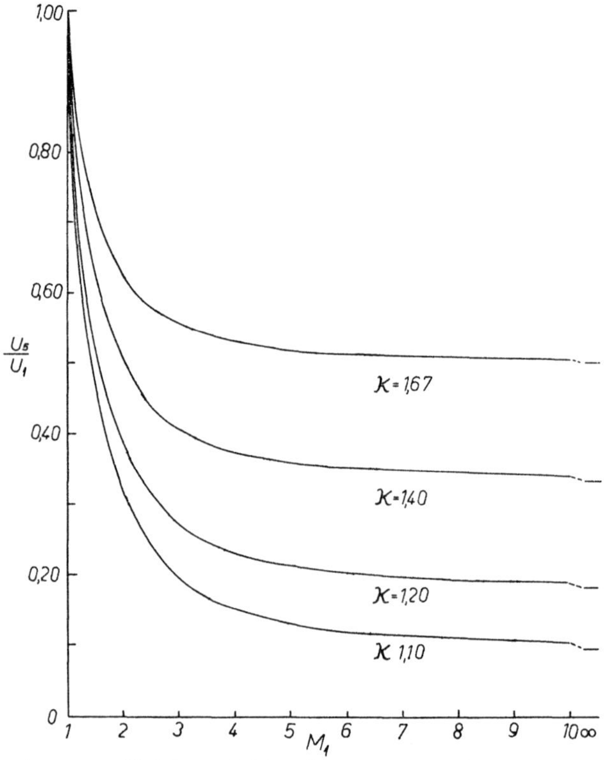

Abb. 13. u_5/u_1 gegen die Mach-Zahl aufgetragen. $\varkappa$ = konstant (Strehlow).

Die Annahme konstanter spezifischer Wärmen im reflektierten Stoß entspricht schon bei kleineren Mach-Zahlen des einfallenden Stoßes nicht mehr den wirklichen Verhältnissen. Da die Temperaturen hinter der reflektierten Stoßwelle viel größer sind als die hinter der einfallenden Welle. Die Berechnung der Daten reflektierter Stoßwellen bei veränderlicher spezifischer Wärme wird in dem nächsten Kapitel diskutiert.

Kapitel III

Berechnung von Stoßwellen-Daten für reale Gase

A. Einleitende Bemerkungen

Im vorigen Kapitel wurden die Erhaltungsgleichungen für Masse, Impuls und Energie für ideale Gase mit konstanter spezifischer Wärme gelöst. Reale Gase gehorchen jedoch bei hohen Dichten nicht mehr der Gleichung für ideale Gase, auch ist bei hohen Temperaturen ihre spezifische Wärme eine Funktion der Temperatur. In diesem Kapitel sollen die Bedingungen, unter denen Realgaseffekte bedeutsam werden und die Art und Weise, wie man sie bei der Berechnung von Gleichgewichtsdaten von Stoßwellen berücksichtigt, untersucht werden. Im nächsten Abschnitt wird gezeigt, daß man bei der Berechnung der einzelnen Daten von Stoßwellen fast immer das Gesetz für ideale Gase verwenden kann, da die Gasdichten relativ niedrig, die Temperaturen aber hoch sind. Die spezifische Wärme vieler Molekülarten ist in der Nähe der Zimmertemperatur praktisch konstant. Bei höheren Temperaturen werden jedoch die Schwingungsfreiheitsgrade angeregt und ergeben einen merklichen Beitrag zur spezifischen Wärme. Finden chemische Reaktionen statt, so wird dadurch die Wärmekapazität sehr stark beeinflußt. Die Berechnung dieses Einflusses wird in Abschnitt C behandelt. In Abschnitt D wird die Berechnung der kalorischen Zustandsgleichung einer willkürlichen Gasmischung behandelt, die Teilchen mit angeregten Schwingungsfreiheitsgraden enthält und in der gleichzeitig nebeneinander verschiedene Zerfallsreaktionen ablaufen. Anschließend wird die Lösung der Stoßwellengleichungen, sowohl für den einfallenden, wie für den reflektierten Stoß unter Verwendung einer allgemeinen kalorischen Zustandsgleichung diskutiert. Schließlich werden im letzten Abschnitt einige Stoßwellendaten für die als real behandelten Gase Ar, CO, Br_2, SF_6, sowie Mischungen von Ar mit N_2 und CO wiedergegeben. Flüssigkeiten und Festkörper[1]) werden in diesem Kapitel nicht behandelt, da bei ihnen die Experimente im allgemeinen gerade zur Bestimmung der Zustandsgleichung

---

[1]) R. J. Seeger und H. Polachek, J. Appl. Phys. **22**, 640 (1951), haben ausführliche theoretische Untersuchungen der Daten von Stößen in wasserähnlichen Substanzen gemacht. Man versteht darunter Stoffe, für die die Energie in zwei Terme aufgespaltet werden kann, einen, der nur von der Dichte und einen, der nur von der Entropie abhängt.

dienen. Auch findet nur sehr geringe Erwärmung statt, wie man aus der Form der Zustandsgleichung sieht. Die spezifische Wärme kann als nahezu konstant betrachtet werden.

B. Daten von Stoßwellen in realen Gasen mit temperaturunabhängiger spezifischer Wärme

Die Zustandsgleichung eines realen Gases kann geschrieben werden als

$$\frac{p}{\varrho} = f(\varrho, T). \tag{III, 1}$$

Dabei ist f eine Funktion von ϱ und T. Daraus folgt, daß sich der Energieinhalt eines realen Gases schreiben läßt als

$$E = E(\varrho, T). \tag{III, 2}$$

Die Berechnung der Zustandsgleichung und des Energieinhaltes von Gasgemischen, die der BEATTIE-BRIDGEMANschen Zustandsfunktion gehorchen, wird bei TAYLOR[1]) und GLASSTONE behandelt. TSIEN[2]) berechnete den Einfluß der Nichtidealität von Gasen auf die Daten von Stoßwellen unter Verwendung der VAN DER WAALSschen-Gleichung, vernachlässigte aber die Abhängigkeit der Energie vom Volumen. Bei ähnlichen Berechnungen und Benutzung der BERTHELOTschen Gleichung berücksichtigte EGGERS[3]) diese Abhängigkeit.

Bei der Berechnung der HUGONIOT-Kurve wird sowohl die thermische als auch die kalorische Zustandsgleichung eines Gases verwendet. Man kann daher an der HUGONIOT-Kurve reale und ideale Gase vergleichen. Für diesen Zweck verwendet man üblicherweise die VAN DER WAALSsche Gleichung[4]).

$$p = \frac{RT}{\frac{1}{\varrho} - b} - a\varrho^2. \tag{III, 3}$$

Dabei ist b ein Maß für die Molekülgröße und a ein Maß für die intermolekularen Kräfte. Die HUGONIOT-Gleichung kann dann einfach berechnet werden

---

[1]) H. S. TAYLOR und S. GLASSTONE, A Treatise of Physical Chemistry, Bd. II, States of Matter (New York 1951).

[2]) H. S. TSIEN, J. Math. Phys. 25, 301 (1947).

[3]) A. J. EGGERS jr., Nat. Advisory Comm. Aeronaut. Tech. Note No. 1861, One Dimensional Flows of an Imperfect Diatomic Gas (1949).

[4]) Behandlung mit der BERTHELOTschen Gleichung ist schwieriger, da

$$\left(\frac{\partial E}{\partial V}\right)_T = f(T).$$

$$\Delta E = \int_{V_1}^{V_2} \left(\frac{\partial E}{\partial V}\right)_{T_1} dV + \int_{T_1}^{T_2} \left(\frac{\partial E}{\partial T}\right)_{V_2} dT = \frac{p_1 + p_2}{2} \left(\frac{1}{\varrho_1} - \frac{1}{\varrho_2}\right), \qquad \text{(III, 4)}$$

wobei $V = 1/\varrho$.

Der erste Term ist $$\left(\frac{\partial E}{\partial V}\right)_T = T \left(\frac{\partial p}{\partial T}\right)_\varrho - p = a\varrho^2 \qquad \text{(III, 5)}$$

und nach Definition $$\left(\frac{\partial E}{\partial T}\right)_V \equiv c_v .$$

Die HUGONIOT-Gleichung für ein reales Gas mit konstanter spezifischer Wärme, das der VAN DER WAALSschen-Gleichung gehorcht, ist

$$c_v(T_2 - T_1) = \frac{p_1 + p_2}{2} \left(\frac{1}{\varrho_1} - \frac{1}{\varrho_2}\right) + a(\varrho_2 - \varrho_1). \qquad \text{(III, 6)}$$

In Abb. 14 wird die für CO_2 aus den Gleichungen (III, 6) und (III, 3) mit einem Ausgangszustand p_1, T_1 berechnete HUGONIOT-Gleichung verglichen

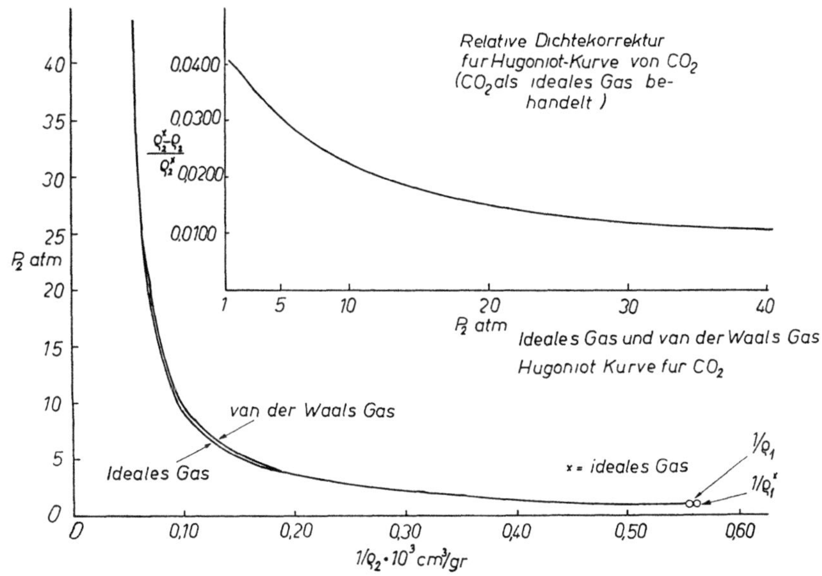

Abb. 14. HUGONIOT-Kurven für CO_2, berechnet mit der Gleichung für ideales Gas bzw. mit der VAN DER WAALS-Gleichung. $\varkappa = {}^{15}/_{13}$, $P_1 = 1$ atm, $T_1 = 300\,^\circ$K.

mit einer HUGONIOT-Gleichung, bei der das zweite Glied auf der rechten Seite von (III, 6) vernachlässigt und die Gleichung für ein ideales Gas verwendet wurde. In Abb. 14 ist eine Darstellung eingezeichnet, die den relativen Fehler in der Dichte zeigt, der entsteht, wenn man bei der Berechnung der HUGONIOT-Gleichung das ideale Gasgesetz zugrundelegt. Der Fehler ist kleiner als 4% und nimmt mit wachsender Stoßstärke schnell ab. Den Fehler in den Stoßwellen-Daten kann man bestimmen, wenn man die Schnittpunkte der beiden HUGONIOT-Kurven mit der RAYLEIGH-Geraden vergleicht. Für schwache Stöße ist die RAYLEIGH-Gerade nahezu horizontal und der relative Fehler in der Dichte läßt sich aus der Nebenfigur in Abb. 14 ablesen. Mit wachsender Stoßstärke geht der relative Fehler in der Dichte gegen Null. Der Fehler im Druck ist im ganzen Bereich nur klein. Bei den meisten Stoßwellen-Experimenten, die für Fragen der Chemie von Interesse sind, ist die Dichte des Ausgangszustandes wesentlich geringer und die Fehler werden noch kleiner. Außerdem ist CO_2 ein Gas, das relativ stark vom idealen Verhalten abweicht. Für die meisten zweiatomigen und einatomigen Gase wird der Fehler, den man macht, wenn man zur Berechnung der HUGONIOT-Gleichung das ideale Gasgesetz verwendet also noch kleiner. Die Annahme konstanter spezifischer Wärme, die diesen Rechnungen zugrundeliegt, ist nicht ganz richtig. Läßt man diese Voraussetzung fallen, dann ändert sich die Neigung der Kurven merklich, ihre relative Lage zueinander kaum. ANDERSEN[1]) und HORNIG fanden kleine Unterschiede in den Fällen von CO_2 und N_2O, als sie das optische Reflexionsvermögen der Stoßfronten von Stößen der gleichen Stärke bei verschiedenen Ausgangsdrucken verglichen. Das ist der einzige veröffentlichte Fall, bei dem die Nichtidealität des Gases berücksichtigt werden mußte. Die Gleichung für ideale Gase ist also eine gute Näherung für die meisten Stoßwellenberechnungen.

In Stößen, in denen Dissoziation stattfindet, nimmt die Zahl der Teilchen zu. Für die Dissoziation eines reinen zweiatomigen Gases wird die Idealgasgleichung

$$p/\varrho = (1 + \alpha) R T, \qquad \text{(III, 7)}$$

wobei α die Reaktionslaufzahl, in diesem Fall also der Dissoziationsgrad ist. R ist die Gaskonstante pro Gramm der dissoziierenden Moleküle. Es konnte gezeigt werden, daß dieser Ausdruck bei den geringen Dichten, die in Stoßwellen auftreten, auch für Ionisation trotz der starken elektrostatischen Wechselwirkung zwischen Elektronen und Ionen gilt[2]). Im folgenden wird es zweckmäßig sein, alle Größen auf Gramm anstatt auf Mol zu beziehen. Die allgemeine Zustandsgleichung einer Mischung, in der Reaktionen stattgefunden haben, lautet damit

$$p/\varrho = \sum_i \beta_i R_i T_i, \qquad \text{(III, 8)}$$

---

[1]) W. H. ANDERSEN und D. F. HORNIG, J. Chem. Phys. **24**, 767 (1956).
[2]) L. H. ALLER, The Atmospheres of the Sun and Stars (New York 1953).

dabei ist β_i das Gewicht der Teilchensorte i in Gramm pro Gramm Gemisch, R_i ist die Gaskonstante für ein Gramm der Teilchensorte i. Die Summe ist über alle Teilchenarten zu erstrecken.

C. Energieinhalt eines Gases

Bei hohen Temperaturen können in den Gasmolekülen verschiedene Veränderungen vorgehen. Durch Reaktionen wird ihr Energieinhalt auf unterschiedliche, von Temperatur und Druck abhängige Weise verändert. Damit bleibt die Annahme konstanter spezifischer Wärme nicht mehr länger gültig.

Der Energieinhalt vieler Gase ist in den vom National Bureau of Standards[1]) veröffentlichten Tabellen bis zu Temperaturen von 1500 °K, in einigen Fällen bis 5000 °K zu finden. Bei Stoßwellenexperimenten treten häufig noch höhere Temperaturen auf und man wird nicht für alle Gase die notwendigen Daten finden. Daher soll auch die Berechnung des Energieinhaltes einzelner Teilchenarten kurz besprochen werden.

Da nur die Änderung des Energieinhaltes in der Stoßfront in die Gleichungen eingeht, ist es nicht notwendig, den Energieinhalt vom absoluten Nullpunkt aus zu ermitteln, sondern man braucht nur die Differenz $E_2 - E_1$ zwischen den Temperaturen T_2 und T_1 des Gasgemisches. Zur Vereinfachung der Diskussion werden die inneren Veränderungen in den Teilchen und die Reaktionen getrennt behandelt. Die Kopplungsglieder sind im allgemeinen bei den in Stoßwellen auftretenden Bedingungen in bezug auf ihren Beitrag zum Energieinhalt zu vernachlässigen. Damit setzt sich der Energieinhalt der verschiedenen Teilchenarten, wenn man sie erhitzt, oder bei hohen Temperaturen komprimiert, zusammen aus einigen oder aus allen der ersten vier folgenden Terme. Der Energieinhalt von reagierenden Gasen (z. B. Dissoziation oder Ionisation) enthält auch Anteile der letzten beiden Terme:

1. Translationsenergie,
2. Rotationsenergie,
3. Schwingungsenergie,
4. Elektronenanregungsenergie,
5. Reaktionsenergie (z. B. Dissoziationsenergie),
6. Ionisierungsenergie.

Der Anstieg des Energieinhaltes von Atomen und Ionen im Gemisch bei

---

[1]) Selected Values of Properties of Hydrocarbons, Circular **461** (1947). Selected Values of Chemical Thermodynamic Properties, Series III, National Bureau of Standards, Washington, D. C. Vgl. auch: B. Lewis und G. von Elbe, Combustion, Flames and Explosions of Gases (New York 1951), S. 739 sowie H. Zeisse, Thermodynamik (Leipzig 1954, 1957).

hohen Temperaturen setzt sich zusammen aus den Anteilen 1 und 4[1]). Die Elektronen haben nur Translationsenergie. Der Energieinhalt eines Gases bei einer gegebenen Temperatur läßt sich darstellen als Summe der Einzelbeiträge aller vorhandenen Teilchen. Es ist üblich, alle Energien in Energieeinheiten pro Gramm auszudrücken. Diese Energie wird mit E_i bezeichnet. Sie darf nicht verwechselt werden mit ε_i, der Energie pro Mol der betreffenden Sorte. Die Gaskonstante pro Gramm der betreffenden Art sei R_i.

1. Translationsenergie

Nach der klassischen kinetischen Gastheorie ist die Energie pro Freiheitsgrad für ein Gramm der Teilchenart i gleich $^1/_2 R_i T$. Jedes Teilchen (Molekül, Atom, Ion oder Elektron) hat drei Translationsfreiheitsgrade. Experimentell gefundene Werte für die Translationsenergie entsprechen bei allen erreichbaren Temperaturen dem klassischen Wert, so daß gilt

$$(E_2 - E_1)_{i\,\mathrm{Trans}} = \frac{3}{2} R_i (T_2 - T_1). \tag{III, 9}$$

2. Rotationsenergie

Bei Zimmertemperatur hat die Rotationsenergie aller Moleküle den klassischen Wert erreicht. Zweiatomige und lineare mehratomige Moleküle haben zwei Rotations-Freiheitsgrade und der Anstieg des Energieinhaltes pro Gramm der Teilchensorte i ist damit

$$(E_2 - E_1)_{i\,\mathrm{rot;\,linear}} = R_i (T_2 - T_1). \tag{III, 10}$$

Mehratomige, nichtlineare Moleküle haben drei Rotationsfreiheitsgrade und die Rotationsenergie wird

$$(E_2 - E_1)_{i\,\mathrm{rot;\,nicht\,linear}} = \frac{3}{2} R_i (T_2 - T_1). \tag{III, 11}$$

Der Anstieg des Energieinhaltes vieler Moleküle in der Nähe der Zimmertemperatur beruht nur auf der Veränderung der Translations- und der Rotationsenergie. Bei höheren Temperaturen bringt die Anregung der Schwingungsfreiheitsgrade einen merklichen Beitrag zum Energieinhalt.

3. Schwingungsenergie

Da gewöhnlich bei der Ausgangstemperatur die Schwingungsfreiheitsgrade noch nicht voll angeregt sind, ist hier die Situation etwas anders, d. h.

[1]) Im allgemeinen ist das Ionisierungspotential eines Moleküls viel größer als seine Dissoziationsenergie, so daß nur eine vernachlässigbar kleine Molekülionenkonzentration bei hohen Temperaturen im Gleichgewicht vorliegt. Die Energie von Molekülionen würde sich, wenn sie vorhanden wären, aus allen sechs Anteilen zusammensetzen.

man kann die Schwingung nicht klassisch behandeln. Ein lineares Molekül hat $3n - 5$, ein nichtlineares $3n - 6$ Schwingungsfreiheitsgrade; dabei ist n die Zahl der Atome im Molekül. Der Anteil jedes dieser Schwingungsfreiheitsgrade (j) – wir nehmen harmonische Oszillatoren an – an der Schwingungsenergie ist gegeben durch

$$E_{ij}(T)_{\text{vib}} = R_i T \frac{Z_{ij}}{e^{Z_{ij}} - 1}\,, \tag{III, 12}$$

wobei

$$Z_{ij} = \frac{h\nu_{ij}}{kT}\,,$$

hier ist h die PLANCKsche Konstante, ν_{ij} ist die Frequenz der j-ten Schwingung und k die BOLTZMANNsche Konstante. Für ein zweiatomiges Molekül gibt es nur eine Grundschwingung und die gesamte Schwingungsenergie wird durch Gl. (III, 12) gegeben. Für mehratomige Moleküle muß noch der Beitrag der anderen Schwingungen berücksichtigt werden. Damit wird der allgemeine Ausdruck für die Schwingungsenergie einer Molekülart i

$$(E_2 - E_1)_{i\text{vib}} = R_i T_2 \sum_{j=0}^{j=3n-6 \text{ bzw. } 3n-5} \frac{Z_{ij2}}{e^{Z_{ij2}} - 1} - R_i T_1 \sum_{j=0}^{j=3n-6 \text{ bzw. } 3n-5} \frac{Z_{ij1}}{e^{Z_{ij1}} - 1}\,. \tag{III, 13}$$

Oft ist der zweite Term auf der rechten Seite hinreichend klein, so daß man ihn vernachlässigen kann. Werte für ν_{ij} von verschiedenen Molekülen und für verschiedene Grundschwingungen kann man bei HERZBERG[1]) finden. Werte von E_{ij} für die Werte von Z_{ij} findet man in dem Artikel von WILSON[2]) und in dem Buch von J. E. MAYER[3]) und M. G. MAYER.

Den obigen Gleichungen liegt die Annahme zugrunde, daß die Schwingungen harmonisch sind und daß keine Kopplung zwischen Schwingung und Rotation auftritt. Obgleich diese Näherung bei Stoßwellen-Experimenten gewöhnlich ausreichend ist, wird doch bei einigen Gasen der Einfluß der Anharmonizität der Schwingungen merklich. Die Kopplung zwischen Rotation und Schwingung hat im allgemeinen weniger Bedeutung. Beide Einflüsse bewirken normalerweise eine Erhöhung der Energie. Werden sie berücksichtigt, dann wird die Rechnung sehr viel schwieriger. Diese Frage wird in dem Buch von MAYER und MAYER behandelt. Für genaue Rechnungen sollte man den Fehler, der durch Vernachlässigung der genannten Effekte entsteht, immer abschätzen.

---

[1]) G. HERZBERG, Spectra of Diatomic Molecules (New York 1950); Infrared and Raman Spectra of Polyatomic Molecules (New York 1945).

[2]) E. B. WILSON jr., Chem. Rev. **27**, 17 (1940).

[3]) J. E. MAYER und M. G. MAYER, Statistical Mechanics (New York 1940).

4. *Elektronenanregungsenergie*

Viele der zweiatomigen Moleküle haben einen $^1\Sigma$-Grundzustand, aber keinen anderen Elektronenzustand, dessen Energie niedrig genug wäre, daß dieser Zustand auch bei Temperaturen von einigen tausend Grad merklich angeregt würde. Atome, die bei hohen Temperaturen als Reaktionsprodukte auftreten, haben oft niedrig liegende Niveaus, die merklich besetzt sind. Elektronenzustände vieler Atome sind in dem Buch von MOORE[1]) zusammengestellt. Die Elektronenzustände zahlreicher zweiatomiger Moleküle findet man in dem Buch von HERZBERG[2]). Die Zuordnung der Elektronenniveaus der meisten mehratomigen Moleküle ist noch unsicher. Ihre Größenordnung kann man aus bekannten Spektren meistens erhalten[3]).

In einigen Fällen wird merkliche Dissoziation einsetzen, bevor das Molekül soweit erhitzt ist, daß die Elektronenanregung merklich wird. Der Energieinhalt aller teilweise angeregten Elektronenzustände in einem Gramm der Teilchenart i ist:

$$(E_2 - E_1)_{i\,\text{elektron}} = \frac{\sum\limits_j g_{ij} E_{ij} \exp\{-E_{ij}/R_i T_2\}}{\sum\limits_j g_{ij} \exp\{-E_{ij}/R_i T_2\}} - \frac{\sum\limits_j g_{ij} E_{ij} \exp\{-E_{ij}/R_i T_1\}}{\sum\limits_j g_{ij} \exp\{-E_{ij}/R_i T_1\}}\,. \tag{III, 14}$$

Dabei ist E_{ij} die Energie des j-ten Quantenzustandes (jeder Zustand eines Multipletts wird für sich betrachtet), bezogen auf den Grundzustand; g_{ij} ist das statistische Gewicht des j-ten Zustandes der Teilchensorte i. Für Atome ist g_j gleich $(2J_j + 1)$, wobei J_j die Gesamtdrehimpulsquantenzahl des j-ten Zustandes ist. Für lineare Moleküle ist $g_{ij} = 1$ für Σ-Zustände (Bahnimpulsquantenzahl $\Lambda = 0$) und 2 für Π, Δ .... Zustände ($\Lambda > 0$). Die niedrigsten Zustände von Sauerstoff z. B. sind $^3\Sigma$, $^1\Delta$ und $^1\Sigma$. Die zugehörigen g_j sind 1, 1, 1; 2; und 1.

Die meisten stabilen, nichtlinearen Moleküle haben nicht entartete Elektronengrundzustände. Eine Analyse der Spektren ist schwierig. Sie liegt nur für wenige Moleküle vor. Eine zusammenfassende Darstellung über die Elektronenzustände mehratomiger Moleküle findet man bei SPONER und TELLER[4]).

5. *Reaktionsenergie (z. B. Dissoziationsenergie)*

Die bei einer Reaktion verbrauchte Energie hängt nicht nur von der Reaktionsenthalpie, sondern auch vom Umsetzungsgrad ab. Im Gleich-

---

[1]) C. E. MOORE, Atomic Energy Levels as Derived from Analyses of Optical Spectra, U. S. Dep. of Commerce, Nat. Bureau of Standards Circular 467, Bd. 1 (1949), Bd. 2 (1952).

[2]) G. HERZBERG, Spectra of Diatomic Molecules (New York 1950).

[3]) R. W. B. PEARSE und A. G. GAYDON, The Identification of Molecular Spectra (New York 1950).

[4]) H. SPONER und E. TELLER, Rev. Mod. Phys. **13**, 75 (1941).

gewicht hängt α, das Maß für den Umsatz sowohl von der Gleichgewichtskonstanten dieser Reaktion als auch vom Druck ab. Für eine einfache Dissoziationsreaktion

$$M \rightarrow A + B$$

ist α gegeben durch

$$\alpha = \frac{[A]}{[M] + [A]}. \qquad \text{(III, 15)}$$

Die eckigen Klammern bedeuten Konzentrationen. In diesem Falle wird α gewöhnlich als Dissoziationsgrad bezeichnet[1]). Einen Ausdruck für α erhält man als Funktion vom Druck und der Gleichgewichtskonstanten K_p, aus der Definition der Gleichgewichtskonstanten. Für eine einfache Dissoziationsreaktion bekommt man verschiedene Ausdrücke, je nachdem, ob die Endprodukte gleich ($A = B$) oder verschieden ($A \neq B$) sind.

$$\underset{\substack{\text{Diss}\\ A=B}}{\alpha(T)} = \left[\frac{K_p(T)}{K_p(T) + 4p}\right]^{\frac{1}{2}}, \qquad \text{(III, 16a)}$$

$$\underset{\substack{\text{Diss}\\ A\neq B}}{\alpha(T)} = \left[\frac{K_p(T)}{K_p(T) + p}\right]^{\frac{1}{2}}. \qquad \text{(III, 16b)}$$

p ist der Gesamtdruck aller an der Reaktion beteiligten Stoffe. Die Gleichgewichtskonstanten erhält man mit Hilfe der statistischen Mechanik

$$K_p(T) = \frac{Q_A{}^0(T)/\mathfrak{n} \cdot Q_B{}^0(T)/\mathfrak{n}}{Q_M{}^0(T)/\mathfrak{n}}\, e^{-\frac{D_0{}^0}{RT}}. \qquad \text{(III, 17)}$$

$Q_A{}^0$, $Q_B{}^0$ und $Q_M{}^0$ sind die vollständigen Zustandssummen bei 1 atm Druck für Ausgangs- und Endprodukte, $\mathfrak{n}$ ist die AVOGADROsche Zahl, $D_0{}^0$ ist die Dissoziationsenergie bei 0° K und 1 atm Druck.

Die Zustandssumme einer einzelnen Teilchenart kann man in guter Näherung als Produkt der folgenden Ausdrücke darstellen:

$$Q_i = Q_{i\,\text{trans}} \times Q_{i\,\text{rot}} \times Q_{i\,\text{vib}} \times Q_{i\,\text{el}}\,.$$

Die Berechnung dieser einzelnen Terme wird in Büchern über statistische Mechanik beschrieben und soll hier nicht behandelt werden. Es sei nur daran erinnert, daß die Zustandssumme für die Translation ($Q_{i\,\text{trans}}$) proportional zu Atommasse und Temperatur hoch 3/2, sowie umgekehrt proportional der Teilchenzahl pro Volumeneinheit ist. Für Atome und Ionen ist das der wichtigste Term. Bei Molekülen ist die Temperaturabhängigkeit

[1]) Eine allgemeinere Definition von α wird in Kap. IV gegeben.

komplizierter und es müssen weitere Terme berücksichtigt werden. Man sieht aus Gl. (**III, 17**), daß die Gleichgewichtskonstante besonders stark von der Dissoziationsenergie abhängt.

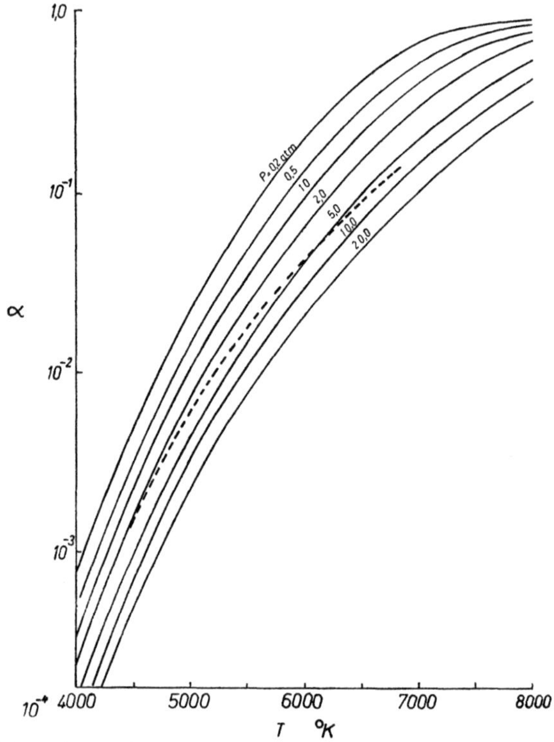

Abb. 15. Gleichgewichtsdissoziationsgrad von CO als Funktion von Temperatur und Druck. Die gestrichelte Kurve gibt die Werte vom Dissoziationsgrad an, die bei reflektierten Stoßwellen von verschiedenen Stärken auftreten würden, wenn $p_1 = 5$ mm Hg, $T_1 = 300°$ K und D (CO) = 11,1 e. V. (Toennies).

Die Berechnung der Gleichgewichtskonstanten wird oft erleichtert, wenn man die van't Hoffsche-Gleichung verwendet:

$$\frac{\partial \ln K_p}{\partial (1/T)} = -\frac{\Delta H^0}{R}. \qquad \text{(III, 18)}$$

Dabei ist ΔH^0 die Enthalpieänderung für die Reaktion bei Normaldruck und der Temperatur T. Gleichgewichtskonstante vieler Reaktionen bis zu Temperaturen von 5000 °K findet man bei Manson[1]), Lewis und von

[1]) N. Manson, Propagation des Détonations et des Déflagrations dans les Melanges Gaseux, Paris l'O. N. E. R. A. et l'Institut Français des Petroles (1947).

ELBE[1]), oder man kann sie aus bekannten thermodynamischen Daten[2]), berechnen.

Abb. 15 zeigt Kurven des Dissoziationsgrades von CO als Funktion des Druckes für verschiedene Gesamtdrucke[3]). Man sieht, daß sich α sowohl mit dem Druck, als auch mit der Temperatur ändert.

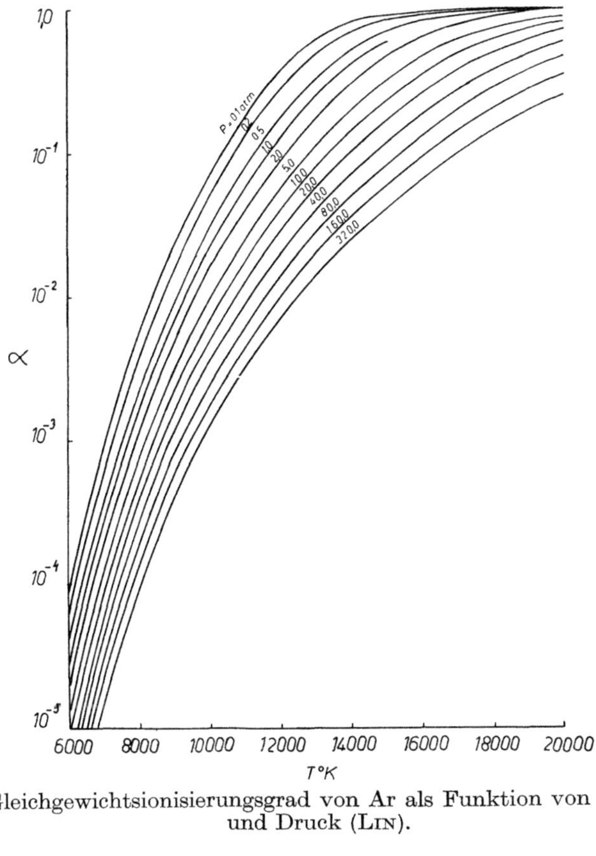

Abb. 16. Gleichgewichtsionisierungsgrad von Ar als Funktion von Temperatur und Druck (LIN).

Spaltet man die Energie in verschiedene Anteile auf, dann liegt der auf die Dissoziation entfallende Anteil nicht eindeutig fest, sondern er hängt etwas von dem Weg ab, den man zur Berechnung wählt. Der hier verwen-

---

[1]) B. LEWIS und G. VON ELBE, Combustion, Flames and Explosions of Gases (New York 1951), S. 741.

[2]) Selected Values of Properties of Hydrocarbons, Circular 461 (1947). Selected Values of Chemical Thermodynamic Properties, Circular 500 and Series III, National Bureau of Standards, Washington D. C.

[3]) J. P. TOENNIES, Dissertation, Brown University (1957).

dete Weg ist: Dissoziation bei T_1, so daß sich die zu T_2, p_2 gehörige Konzentration einstellt und dann Erwärmen und Komprimieren auf die Werte T_2 und p_2. Für jedes Gramm der reagierenden Komponente i, das bei der Temperatur T_1 vollständig abreagiert, ist die verbrauchte Energie gegeben durch $D_{1i}{}^0$. Reagiert nur ein Teil der vorhandenen Moleküle bei T_2, p_2, dann ist die Zunahme des Energieinhaltes durch diese teilweise Reaktion, bei der Temperatur T_1 (pro Gramm Ausgangsprodukt)

$$(E_2 - E_1)_i = (\alpha_2 - \alpha_1)_i D_{1i}{}^0. \qquad \text{(III, 19)}$$

6. *Ionisierungsenergie*

Die Ionisation läßt sich in der gleichen Weise behandeln wie die Dissoziation. Die Gleichgewichtskonstante kann auch als Funktion der Zustandssummen angegeben werden:

$$K_p(T) = \frac{Q^0_{\text{Ion}}/\mathfrak{n} \times Q^0_{\text{Elektron}}/\mathfrak{n}}{Q^0_{\text{Atom}}/\mathfrak{n}}\, e^{-\frac{I_0{}^0}{RT}}. \qquad \text{(III, 20)}$$

Dabei ist $I_0{}^0$ die Ionisierungsenergie pro Gramm bei 0 °K und einer Atmosphäre. Da die Elektronenmasse das 10^{-4}fache der durchschnittlichen Atom- oder Molekülmasse ist, und da die Masse mit dem Exponenten 3/2 in die Zustandssumme eingeht, ist die Gleichgewichtskonstante für die Ionisation um etwa einen Faktor 10^6 kleiner als die für die Dissoziation, wenn man die Energien für die Vorgänge als gleich annimmt. Abb. 16 zeigt den Ionisationsgrad von Argon als Funktion der Temperatur für verschiedene Drucke[1]).

D. Die kalorische Zustandsgleichung

Bei Reaktionen, die in Gasgemischen hinter einer Stoßwelle stattfinden, werden neue Teilchenarten gebildet, deren Energieinhalt man in Rechnung stellen muß. Hier ist es üblich, die Größe β_i, die Anzahl Gramm einer Teilchenart i pro Gramm Gemisch, einzuführen. β_i ist für Ausgangs- und Endprodukte eine Funktion von Druck und Temperatur. Der Beitrag dieser Teilchenart i zum gesamten Energieinhalt im Zustand 2 ist $\beta_{2i} E_{2i}$. In der kalorischen Zustandsgleichung eines Gasgemisches muß auch die durch Reaktion freigewordene Energie mit berücksichtigt werden, so daß

$$\underset{\text{Gemisch}}{(E_2 - E_1)} = \underset{i\ \text{alle Teilchen}}{\sum} \beta_{2i}(E_2 - E_1)_i + \underset{i\ \text{chem. Reaktionen}}{\sum} \beta_{1i}(\alpha_2 - \alpha_1)_i D_{1i}{}^0 + \underset{\substack{i \\ \text{Ionisations-Reaktionen}}}{\sum} \beta_{1i}(\alpha_2 - \alpha_1)_i I_{1i}{}^0, \qquad \text{(III, 21)}$$

---

[1]) S. C. Lin, Dissertation, Cornell University (1952).

wobei die zweite und dritte Summe über die zu den $D_{1i}{}^0$ bzw. $I_{1i}{}^0$ gehörigen Komponenten zu erstrecken ist. Hier wird die Berechnung der β_{2i} und α_2 besprochen.

Der Fall einer Dissoziationsreaktion, für den α oben berechnet wurde, ist relativ einfach. Dazu betrachten wir ein Gasgemisch mit β_{1M}-Gramm von Molekülen M pro Gramm Gemisch und β_{1X}-Gramm nicht reagierendes Gas X, so daß $\beta_{1M} + \beta_{1X} = 1$. Das Molekül M dissoziiere in A und B

$$M \rightarrow A + B \qquad (D_{1M}^0).$$

Der Umsetzungsgrad bei T_2, p_2 sei α_2, so daß der Gewichtsbruch von M gegeben ist durch $(1 - \alpha_2)\beta_{1M}$. Der Gewichtsbruch des Produktes A ist dann $\alpha_2 \frac{m_A}{m_M} \beta_{1M}$, wobei m_M und m_A die Molekulargewichte von M bzw. A sind. Ein ähnlicher Ausdruck gilt für B. Die kalorische Zustandsgleichung wird damit

$$\begin{aligned}(E_2 - E_1)_{M+X} = {} & \beta_{1M}(1 - \alpha_2)(E_{2M} - E_{1M}) + \beta_{1M}\,\alpha_2 \frac{m_A}{m_M}(E_{2A} - E_{1A}) \\ & + \beta_{1M}\,\alpha_2 \frac{m_B}{m_M}(E_{2B} - E_{1B}) + \beta_{1X}(E_{2X} - E_{1X}) \qquad \text{(III, 22)} \\ & + \beta_{1M}\,\alpha_2 D_{1M}{}^0 .\end{aligned}$$

Weiß man, daß mehrere unabhängige Reaktionen ablaufen, dann muß man zusätzliche Glieder, ähnlich denen für die einfache Reaktion, zu Gl. (III, 22) hinzufügen.

Da die kalorische Zustandsgleichung für ein reagierendes Gemisch eine Funktion des Gesamtdruckes ist, ist es zweckmäßig, zur Berechnung des Gesamtdruckes ein Iterationsverfahren zu verwenden. Eine Methode besteht darin, zuerst Werte für die Summen der Partialdrucke p_{2i} der Komponenten jeder Reaktion und damit $p_2 = \sum_i p_{2i}$ zu erraten. Für ein T_2 führt jetzt jedes p_{2i} zu einem bestimmten Reaktionsumsatz und damit zu einer Lösung der Stoßwellengleichungen. Der Wert p_2 aus dieser Lösung gestattet nun eine bessere Wahl der p_{2i}. Man hat die Iteration fortzusetzen, bis die p_2-Werte übereinstimmen.

Auch wenn Parallelreaktionen vorkommen, bei denen die gleiche Teilchenart an mehreren Einzelreaktionen teilnimmt, dürfte sich ein Iterationsverfahren empfehlen. Wir betrachten zwei Ionisierungsreaktionen, bei denen der Umsatz einer Reaktion durch die andere Reaktion beeinflußt wird:

$$A \rightarrow A^+ + e^-$$
$$B \rightarrow B^+ + e^-.$$

Der Umsatz dieser Reaktionen kann daher nicht nach den Gleichungen (III, 16a) oder (III, 16b) berechnet werden. Je nach Konzentration und

Gleichgewichtskonstante liefert eine dieser Reaktionen mehr Elektronen als die andere. Die Gleichgewichtskonzentration an Elektronen, die durch die erste Reaktion eingestellt würde, wird als erste Näherung für die richtige Konzentration verwendet. Darauf wird solange schrittweise approximiert, bis die durch die Gleichgewichtskonstanten, die Ausgangskonzentrationen und die Reaktionsgleichungen gegebenen Bedingungen erfüllt sind. Die Iteration für den Gesamtdruck kann gleichzeitig ausgeführt werden. Dann werden Gewichtsbrüche und Umsatz berechnet und in Gl. (III, 21) eingesetzt. Man erhält die kalorische Zustandsgleichung. Diese Rechnungen können recht mühsam sein, häufig konvergiert das Verfahren aber rasch.

Bethe[1]) hat gezeigt, daß für Stickstoff bei Temperaturen über 25000 °K und Dichten, die etwa 20mal so groß sind wie die Normaldichte, die Druckionisation einen merklichen Beitrag zum Wärmeinhalt zu liefern beginnt. Die kalorische Zustandsgleichung ist anwendbar bis zu Temperaturen von etwa 10^4 — 10^6 °K, wo die Strahlungsenergie berücksichtigt werden muß[2]).

E. Die Berechnung von Daten einfallender und reflektierter Stoßwellen für ein Gas mit temperaturabhängiger spezifischer Wärme

Zur Berücksichtigung der Temperaturabhängigkeit der spezifischen Wärme von realen Gasen wurden verschiedene Methoden vorgeschlagen. Tsien[3]) empfiehlt die Verwendung einer Potenzreihe zur Darstellung der spezifischen Wärme, während Becker[4]) die Verwendung einer mittleren spezifischen Wärme vorschlägt. Treten auf Grund der chemischen Reaktion starke Änderungen der spezifischen Wärmen auf, dann ist keine der genannten Methoden exakt. In diesem Falle muß der tatsächliche Wärmeinhalt bestimmt und die Lösung numerisch berechnet werden. Aber auch wenn chemische Reaktionen stattfinden, ist eine Näherungsrechnung bei relativ starken Stößen[5]) nützlich. Sie besteht darin, daß man die kleinen Glieder p_1 und H_1 in den Gleichungen (II, 18, 19 und 20b) vernachlässigt. Die Ergebnisse sind oft innerhalb weniger Prozent genau. Obwohl diese Näherungsrechnungen nützlich sind, ersetzen sie im allgemeinen die exakte Berechnung nicht.

---

[1]) H. A. Bethe, The Specific Heat of Air up to 25000° C, Dept. of Commerce, O.S.R.D. Report No. 369, Febr. 9, 1942.

[2]) W. Döring, Ann. Physik, **6**, Nr. 5, 133 (1949). — R. G. Sachs, Phys. Rev. **69**, 514 (1946). — H. E. Petschek, P. H. Rose, H. S. Glick, A. Kane und A. Kantrowitz, J. Appl. Phys. **26**, 83 (1955).

[3]) H. S. Tsien, J. Math. Phys. **25**, 301 (1947).

[4]) R. Becker, Z. Physik **8**, 321 (1922).

[5]) M. J. Lighthill, J. Fluid Mechan. **2**, 1 (1957).

Verschiedene Autoren haben Berechnungen für einzelne Gase beschrieben. DÖRING[1]), TOENNIES[2]) und HERPIN[3]) diskutierten den Fall starker Stoßwellen in Stickstoff. DAVIES[4]) und JOHANNSON[5]) haben Gleichungen aufgestellt und Berechnungen gemacht für die Daten starker Stoßwellen in Luft, für die sie als zusätzliche Schwierigkeit die Bildung von NO berücksichtigt haben. DURHAM[6]) hält es für zweckmäßig, eine mittlere spezifische Wärme zu definieren als

$$\bar{c}_p(T) = \frac{\int_{T_1}^{T_2} c_p(T)\,dT}{T_2 - T_1} = \frac{E_2 - E_1 + \frac{p_2}{\varrho_2} - \frac{p_1}{\varrho_1}}{T_2 - T_1}$$

Die Gleichungen (II, 30 bis 33) und (II, 36 bis 40), die die Größen vor und hinter einer Stoßwelle in einem idealen Gas verknüpfen, kann man in diesem Fall korrigieren, indem man $\frac{\varkappa + 1}{\varkappa - 1}$ ersetzt durch $\frac{2\bar{c}_p(T)}{R} - 1$.

Eine ähnliche Methode wurde von BETHE und TELLER[7]) entwickelt. Sie lösten die stationären Stoßwellengleichungen direkt als Funktion von $\frac{E}{p/\varrho} + 1$ und ohne Einführung von $\varkappa$. Die unten beschriebene Methode ist im wesentlichen identisch mit der von BETHE und TELLER, nur werden die Gleichungen direkt als Funktion der Energie gelöst.

Zuerst wird p_1 und p_2 aus den Erhaltungsgleichungen für Impuls und Energie unter Verwendung der idealen Gasgleichung eliminiert [Gl. (II, 19) und (II, 20a)]. u_1 wird mittels der Kontinuitätsgleichung eliminiert. Die verbleibenden Gleichungen für u_2 werden gleichgesetzt. Es ergibt sich eine quadratische Gleichung

$$\frac{\varrho_2}{\varrho_1} = \chi + \left[\chi^2 + \frac{\sum_i \beta_{1i} R_{1i} T_1}{\sum_i \beta_{2i} R_{2i} T_2}\right]^{\frac{1}{2}}, \tag{III, 23}$$

wobei

$$\chi = \frac{2(E_2 - E_1) + \sum_i \beta_{2i} R_{2i} T_2 - \sum_i \beta_{1i} R_{1i} T_1}{2 \sum_i \beta_{2i} R_{2i} T_2}.$$

Praktisch wird T_2 ausgewählt und dann E_2 sowie $\sum_i \beta_{2i} R_{2i} T_2$ berechnet. Finden hinter der Stoßwelle Zersetzungsreaktionen statt, dann muß ein p_2

[1]) W. DÖRING, Ann. Physik, **6**, Nr. 5, 133 (1949).
[2]) J. P. TOENNIES, Dissertation, Brown Univ. (1957).
[3]) A. HERPIN, Rev. Sci. **85**, 817 (1947).
[4]) D. R. DAVIES, Proc. Phys. Soc. (London) **61**, 105 (1948).
[5]) C. H. JOHANNSON, Arkiv. Mat. Astron. Fisik **33** A (1946).
[6]) F. P. DURHAM, J. Appl. Mechanics **19**, 57 (1952).
[7]) H. A. BETHE und E. TELLER, Deviations from Thermal Equilibrium in Shock Waves, issued by Eng. Res. Institute; Univ. of Michigan (1951).

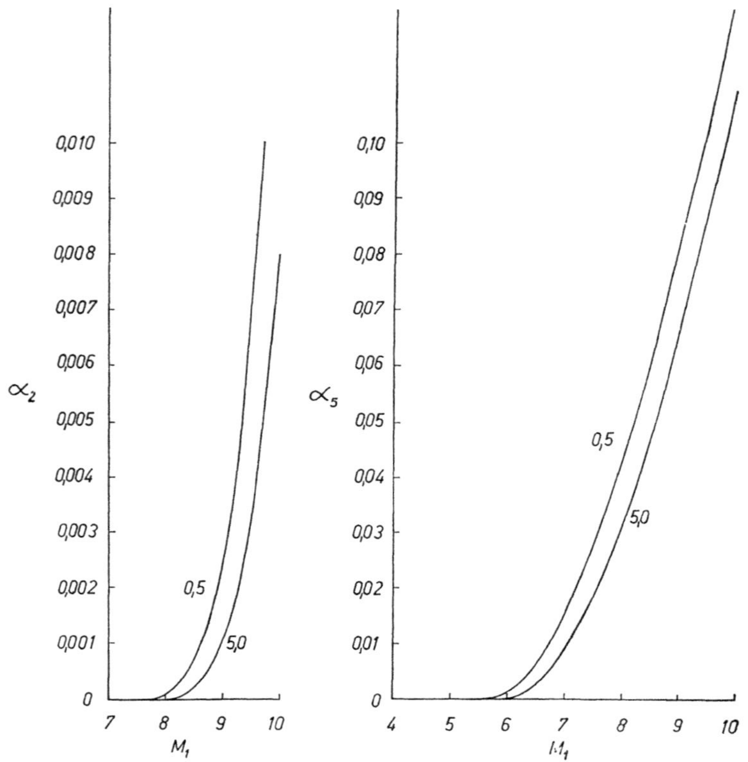

Abb. 17. Gleichgewichtsdissoziationsgrad von CO hinter der reflektiven Stoßwelle und hinter der einfallenden Stoßwelle als Funktion der MACH-Zahl. $T_1 = 300\,°K$, p_1 in mm Hg steht neben der zugehörigen Kurve. D(CO) = 11,1 e. V. (TOENNIES).

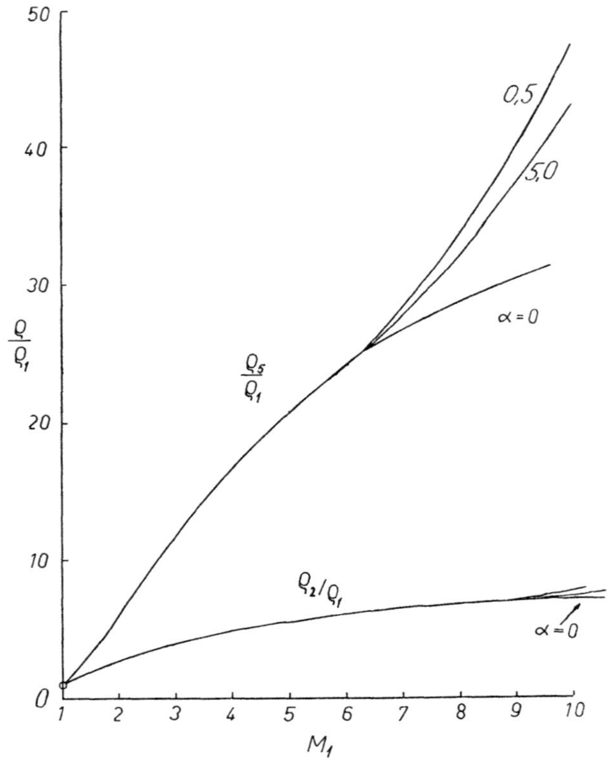

Abb. 18. ϱ_2/ϱ_1 und ϱ_5/ϱ_1 für Stoßwellen in CO als Funktion der MACH-Zahl. $T_1 = 300\,°K$, p_1 in mm Hg steht neben der betreffenden Kurve. D(CO) = 11,1 e. V. (TOENNIES).

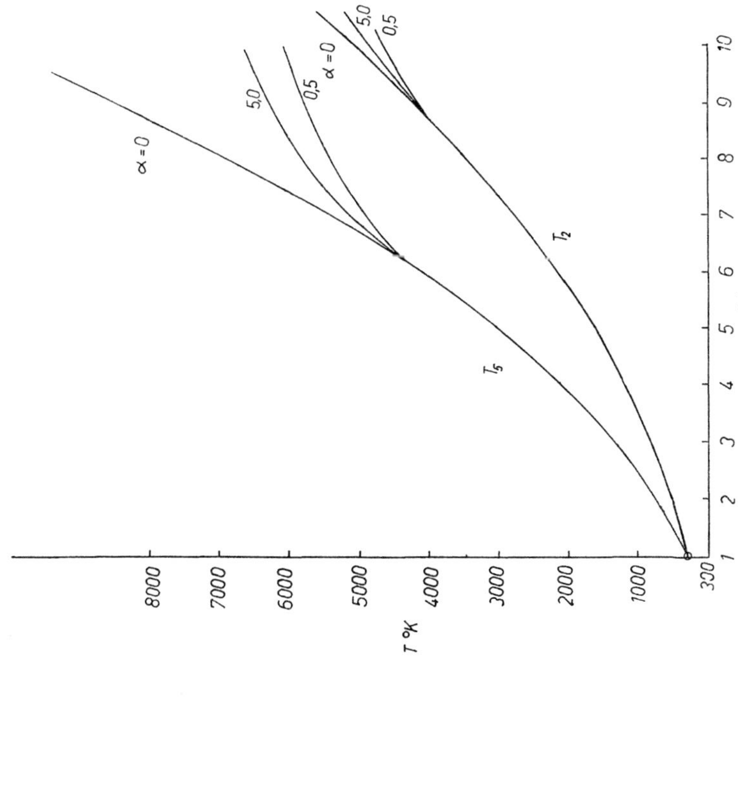

Abb. 19. T_2 und T_5 für Stoßwellen in CO als Funktion der MACH-Zahl, p_1 in mm Hg steht neben der betreffenden Kurve. D(CO) = 11,1 e. V. (TOENNIES).

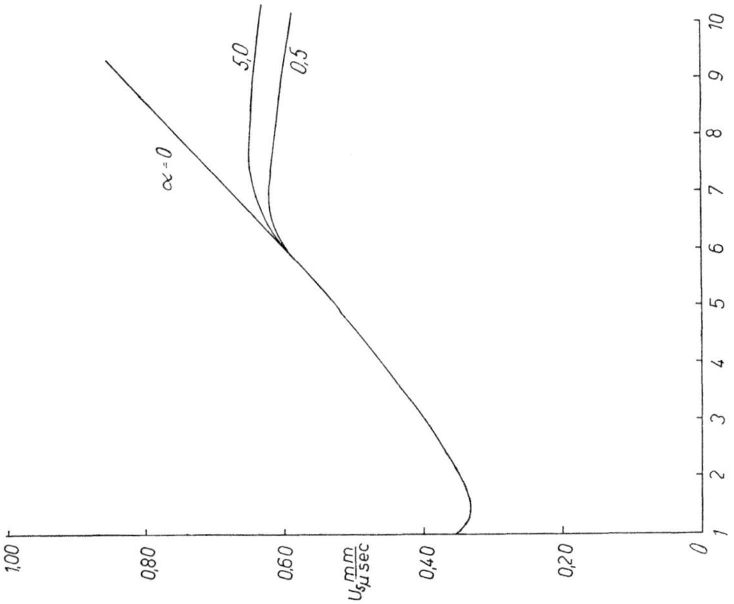

Abb. 20. u_5 für Stoßwellen in CO als Funktion der MACH-Zahl. $T_1 = 300$ °K p_1 in mm Hg steht neben der entsprechenden Kurve D(CO) = 11,1 e. V. (TOENNIES).

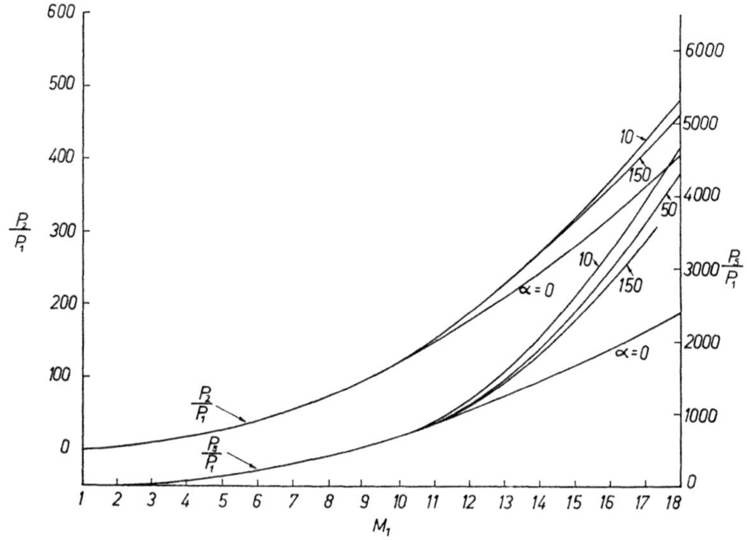

Abb. 21. p_2/p_1 und p_5/p_1 für Stoßwellen in Ar als Funktion der MACH-Zahl aufgetragen. $T_1 = 300\,°K$, p_1 in mm Hg steht neben den entsprechenden Kurven (LIN).

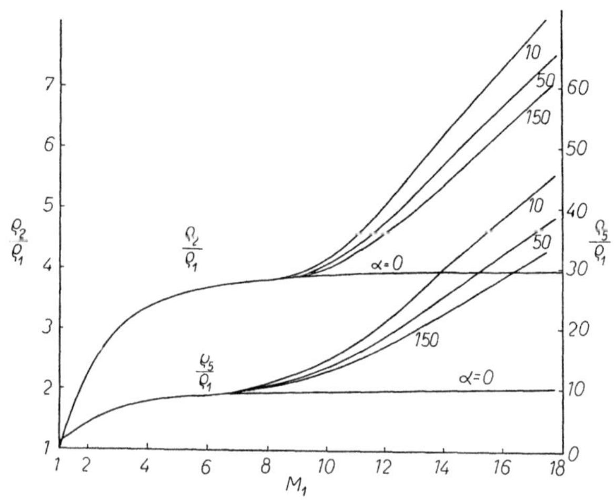

Abb. 22. ϱ_2/ϱ_1 und ϱ_5/ϱ_1 für Stoßwellen in Ar als Funktion der MACH-Zahl aufgetragen. $T_1 = 300\,°K$, p_1 in mm Hg steht neben der betreffenden Kurve (LIN).

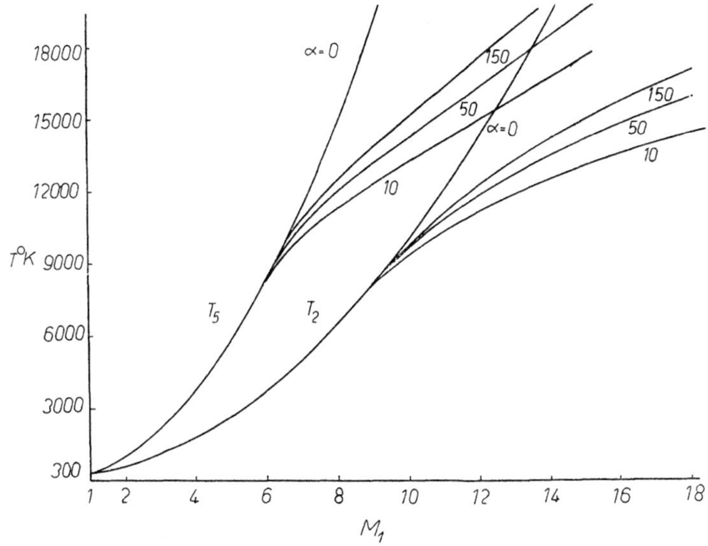

Abb. 23. T_2 und T_5 für Stoßwellen in Ar als Funktion der MACH-Zahl, $T_1 = 300$ °K und p_1 in mm Hg steht neben den entsprechenden Kurven (LIN).

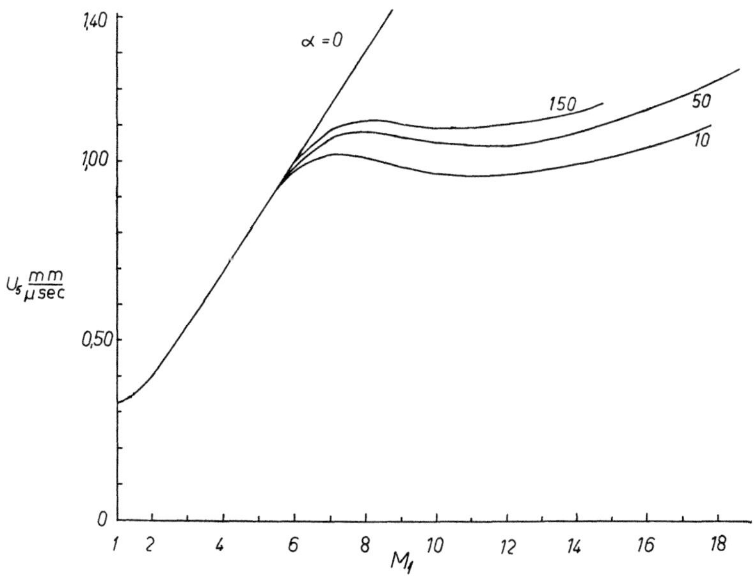

Abb. 24. u_5 für Stoßwellen in Ar gegen die MACH-Zahl aufgetragen. $T_1 = 300$ °K, p_1 in mm Hg steht neben der betreffenden Kurve (LIN).

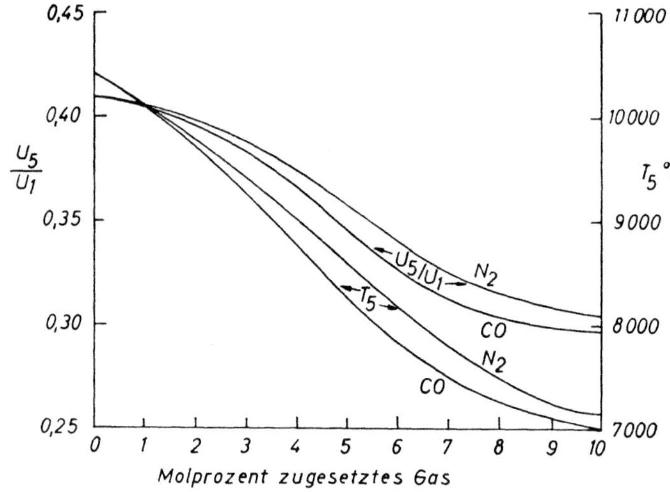

Abb. 25. u_5/u_1 und T_5 für Stoßwellen in N_2—Ar und CO—Ar Gemischen als Funktion der Konzentration des zugesetzten Gases. $u_1 = 2{,}40$ mm/μ sec, $T_1 = 300$ °K, $p_1 = 5$ mm Hg. $D(N_2) = 225$ Kcal/Mol und $D(CO) = 256$ Kcal/Mol (TOENNIES und GREENE).

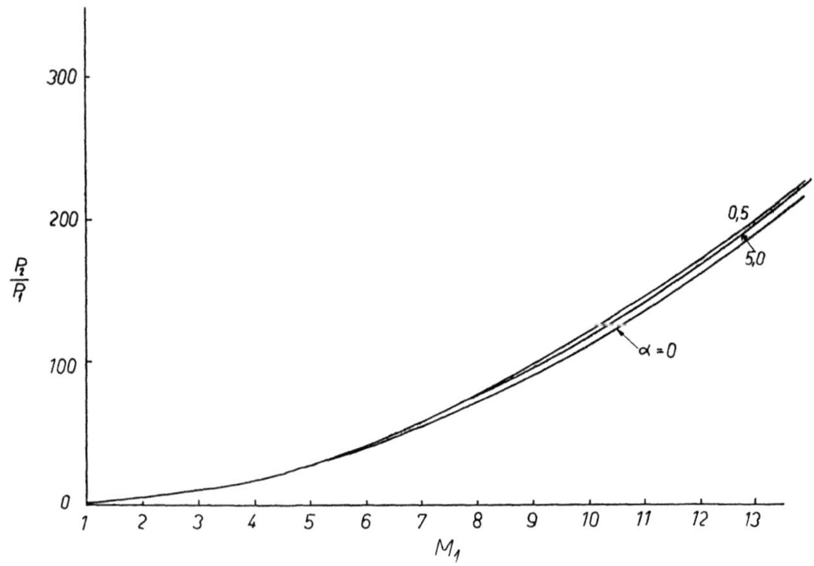

Abb. 26. p_2/p_1 für Stoßwellen in Br_2 als Funktion der MACH-Zahl $T_1 = 300$ °K, p_1 in mm Hg steht neben der betreffenden Kurve.

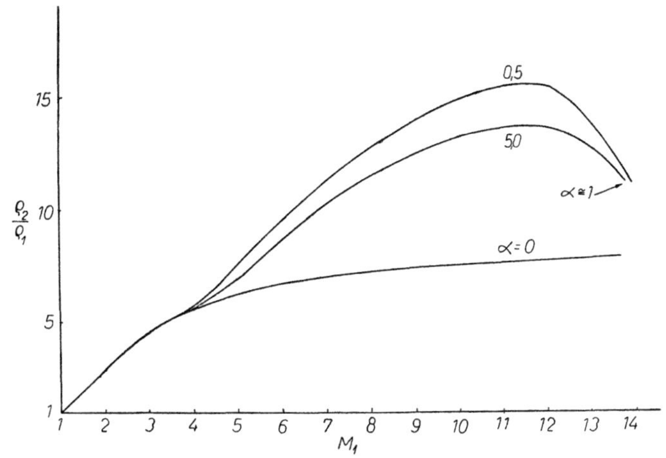

Abb. 27. ϱ_2/ϱ_1 für Stoßwellen in Br_2 als Funktion der MACH-Zahl, $T_1 = 300$ °K p_1 in mm Hg steht neben der betreffenden Kurve.

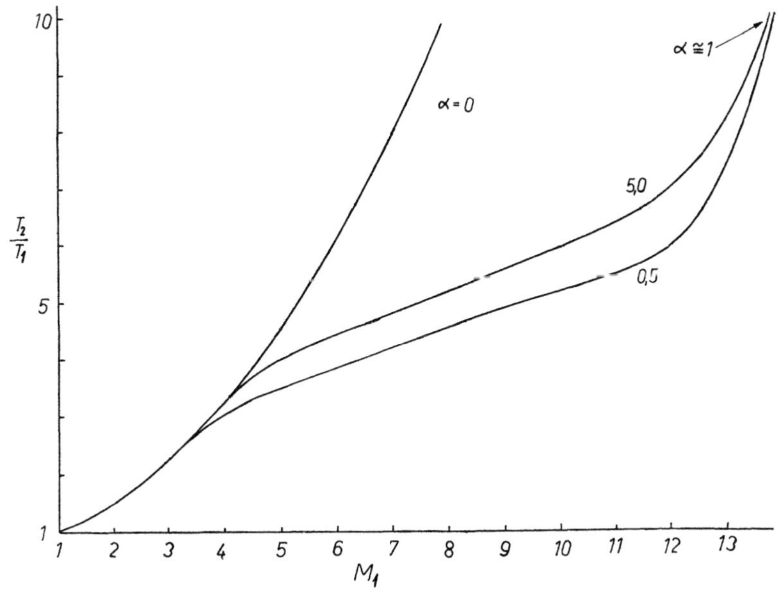

Abb. 28. T_2/T_1 für Stoßwellen in Br_2 als Funktion der MACH-Zahl, $T_1 = 300$ °K, p_1 in mm Hg steht neben der betreffenden Kurve.

geschätzt und bei der Berechnung von E_2 und $\sum_i \beta_{2i} R_{2i} T_2$ verwendet werden. Hat man ϱ_2/ϱ_1 berechnet, dann folgt u_1 aus einem Ausdruck, der der mechanischen Bedingung entspricht:

$$u_1 = \left[\frac{(\varrho_2/\varrho_1)^2 \, \Sigma \beta_{2i} R_{2i} T_2 - (\varrho_2/\varrho_1) \, \Sigma \beta_{1i} R_{1i} T_1}{\varrho_2/\varrho_1 - 1} \right]^{\frac{1}{2}} . \tag{III, 24}$$

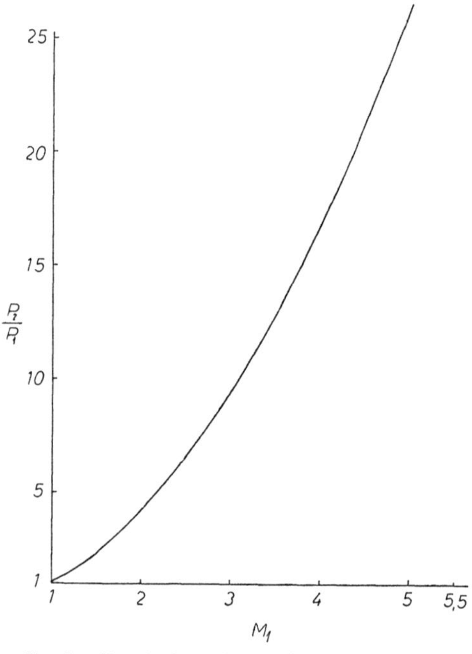

Abb. 29. p_2/p_1 für Stoßwellen in SF_6 als Funktion der MACH-Zahl, $T_1 = 298\,°K$ (DUFF).

u_2 ergibt sich aus der Kontinuitätsgleichung und p_2 kann man aus der Zustandsgleichung erhalten. Falls notwendig, muß ein neuer Wert für p_2 angenommen werden, bis die beiden p_2-Werte mit der gewünschten Genauigkeit übereinstimmen.

Die Gleichgewichtsdaten hinter einer reflektierten Stoßwelle lassen sich in ähnlicher Weise ermitteln. Die Rechnungen sind jedoch noch langwieriger, da der Zustand hinter dem reflektierten Stoß noch mit dem der entsprechenden Stoßwelle zusammenhängt. Man muß daher erst den Zustand hinter der einfallenden Stoßwelle nach einer der beschriebenen Methoden ermitteln.

Für reflektierte Stöße können die Erhaltungsgleichungen für Masse und Impuls, sowie die Zustandsgleichung nach u_5 aufgelöst werden als Funktion von $(u_1 - u_2)$, T_5 und T_2:

$$u_5 = \frac{[\psi^2 + 4 \sum_i \beta_{5i} R_{5i} T_5 (u_1 - u_2)^2]^{\frac{1}{2}} - \psi}{2(u_1 - u_2)}, \quad \text{(III, 25)}$$

wobei
$$\psi = \sum_i \beta_{2i} R_{2i} T_2 - \sum_i \beta_{5i} R_{5i} T_5 + (u_1 - u_2)^2.$$

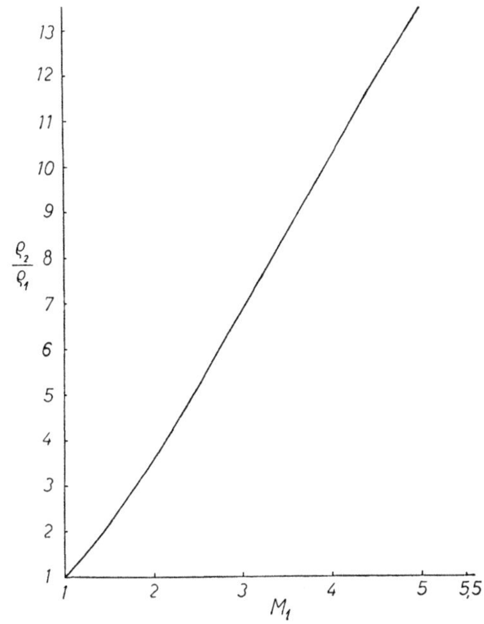

Abb. 30. ϱ_2/ϱ_1 für Stoßwellen in SF_6 als Funktion der MACH-Zahl, $T_1 = 298\ °K$ (DUFF).

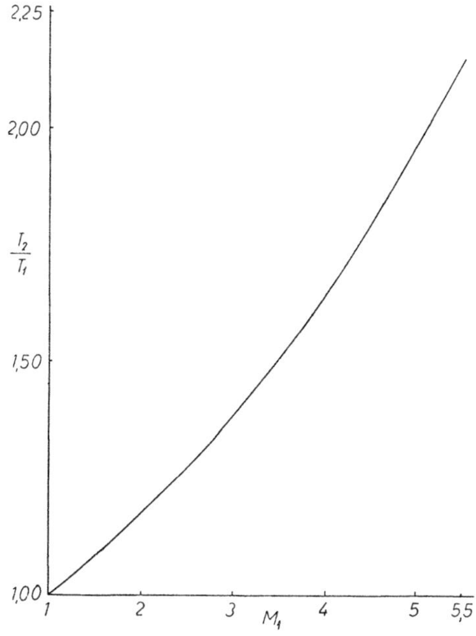

Abb. 31. T_2/T_1 für Stoßwellen in SF_6 gegen die MACH-Zahl aufgetragen. $T_1 = 298\ °K$ (DUFF).

Eine andere Gleichung für u_5 folgt einfach aus dem Energiesatz

$$u_5 = \frac{E_5 - E_2 + \sum_i \beta_{5i} R_{5i} T_5 - \sum_i \beta_{2i} R_{2i} T_2 - \frac{1}{2}(u_1 - u_2)^2}{u_1 - u_2}. \quad \text{(III, 26)}$$

Praktisch geht es am schnellsten und einfachsten, ein T_5 auszuwählen, p_5 anzunehmen und damit E_5 sowie $\sum_i \beta_{5i} R_{5i} T_5$ zu berechnen. Dann wird ein T_2 ausgewählt, die zugehörigen Werte von E_2 und $u_1 - u_2$ gestatten es dann, u_5 aus den obigen Gleichungen zu berechnen. Es wird mit verschiedenen T_2-Werten gerechnet, bis die Werte für u_5 übereinstimmen. Normalerweise ist es zweckmäßig, $u_1 - u_2$ und E_2 und gegebenenfalls auch α_{2i}

gegen T_2 und p_2 aufzutragen. Die Iteration für p_5 kann gleichzeitig mit der für T_2 ausgeführt werden. Das Verfahren konvergiert ziemlich schnell. Die Werte für α_5, die sich aus der Berechnung der Daten für reflektierte Stoßwellen in CO ergaben, sind in Abb. 15 als gestrichelte Linie eingezeichnet. Hat man u_5 einmal für eine bestimmte einfallende Stoßwelle berechnet, dann kann ϱ_5 aus der Kontinuitätsgleichung erhalten werden. Den Druck erhält man aus der Zustandsgleichung. Diese Rechnungen können ohne größere Rechenmaschinen durchgeführt werden.

F. Daten für einfallende und reflektierte Stöße in einigen realen Gasen

Die Ergebnisse der Berechnungen der Daten von einfallenden und reflektierten Stoßwellen in CO[1]) und Ar[2]) sind in den Abb. 17–24 wiedergegeben. Den Einfluß verschiedener N_2- und CO-Konzentrationen in Argon auf die Geschwindigkeit der reflektierten Stoßwellen zeigt Abb. 25[3]). Die Daten der einfallenden Stoßwelle in Brom, in dem Dissoziation stattfindet, sind in den Abb. 26, 27 und 28 aufgetragen. Die Abb. 29–31[4]) zeigen die Daten der einfallenden Stoßwellen in SF_6, bei Temperaturen, bei denen die Dissoziation noch nicht wirksam ist. Hier liefert die Anregung der Schwingungsfreiheitsgrade einen großen Beitrag zum Anstieg des Wärmeinhaltes.

---

1) J. P. Toennies, Dissertation, Brown University (1957).
2) S. C. Lin, Dissertation, Cornell University (Ithaca, N. Y. 1952).
3) J. P. Toennies und E. F. Greene, J. Chem. Phys. **26**, 655(1957).
4) R. E. Duff, Dissertation, University of Michigan (Michigan 1951).

Kapitel IV

Theorie der Stoßfront

A. Einleitende Bemerkungen

In Kap. II und III wurden die Erhaltungsgleichungen für eine Stoßwelle konstanter Geschwindigkeit gelöst. Man erhält einen Zusammenhang zwischen den Daten des Gases vor der Stoßwelle und dem im Gleichgewicht befindlichen Gas hinter der Stoßwelle. Für die Betrachtung von Gleichgewichtszuständen ist dies ausreichend, man bekommt aber keinerlei Aussagen, die die Kinetik des Übergangs zwischen den beiden Zuständen betreffen. In einem kontinuierlichen Medium mit verschwindender Viskosität und Wärmeleitfähigkeit ist der Übergang diskontinuierlich. Wegen des atomistischen Aufbaues der Materie gibt es für ein reales Medium keinen abrupten Übergang. Es muß also ein Übergangsgebiet geben. Dieses Übergangsgebiet kann nicht kleiner sein als einige freie Weglängen in dem betreffenden Medium, es kann aber sehr viel größer sein.

Dieses Kapitel beschreibt mathematische Methoden, welche bei der Untersuchung von Relaxations- bzw. kinetischen Vorgängen in dem Übergangsgebiet einer Stoßwelle angewandt wurden.

Die Eigenschaften dieser Übergangszone, d. h. also der Stoßfront, fanden schon bei den frühen Arbeiten von RANKINE[1]), RAYLEIGH[2]) und TAYLOR[3]) Interesse. Diese Autoren haben als erste den Einfluß von Wärmeleitung und Viskosität in Stoßwellen betrachtet. Den ersten wirklichen Versuch zur Berechnung der Dicke einer Stoßfront machte BECKER[4]) (1922) in seiner berühmten Arbeit, die als Ausgangspunkt vieler späterer Untersuchungen angesehen werden kann.

Praktisch sind zwei kinetische Vorgänge mit stark verschiedener Dauer von Interesse. Einer davon ist außerordentlich schnell, so daß die Gradienten der Strömung nicht vernachlässigt werden können, und die Glieder für Viskosität und Wärmeleitung berücksichtigt werden müssen. Beispiele dafür sind Einstellung des Gleichgewichtes von Rotations- und Translationsenergie in Stoßwellen. Zu dem zweiten Vorgang gehören sehr viel langsamere Prozesse, wie Schwingungsrelaxation und chemische Reaktionen.

---

1) W. J. M. RANKINE, Phil. Trans. Roy. Soc. (London) **160**, 277 (1870).
2) LORD RAYLEIGH, Proc. Roy. Soc. (London), A **84**, 247 (1910).
3) G. I. TAYLOR, Proc. Roy. Soc. (London), A **84**, 371 (1910).
4) R. BECKER, Z. Physik **8**, 321 (1922).

Da diese Vorgänge in deutlich verschiedenen Zeiten ablaufen, kann man sie mit einigen Vereinfachungen unter geringer Einschränkung der Allgemeinheit getrennt behandeln.

B. Dicke der Stoßfront

Zur Berechnung der Dicke der Stoßfront wurden zwei verschiedene Näherungen verwendet: Die eine betrachtet die Vorgänge auf Grund der Kontinuumstheorie, die andere vom Standpunkt der kinetischen Theorie. Die Anwendbarkeit der Kontinuumstheorie kann man in Frage stellen, da in der Stoßwellenfront die Anzahl der freien Weglängen klein ist. Ohne experimentelle Prüfung läßt sich jedoch der Anwendungsbereich nicht abgrenzen. Die kinetische Theorie sucht Lösungen der BOLZMANNschen Gleichung, die die Randbedingungen für Stoßwellen erfüllen. Aus der CHAPMAN-ENSKOGschen Lösung der BOLZMANNschen Gleichung folgt die NAVIER-STOKESsche Gleichung (IV, 1–3), als eine Näherung niederer Ordnung in einer Reihe von Lösungen, von denen man annimmt, daß sie auf die richtige Lösung hin konvergieren. Der Beweis dafür steht jedoch noch aus.

1. Dicke der Stoßfront in einem einatomigen Gas nach der Kontinuumstheorie

Bis jetzt fand man sowohl aus Ultraschallabsorption als auch aus Messungen der Dicke einer Stoßfront gute Übereinstimmung zwischen dem Experiment und dem Modell der Kontinuumstheorie. Dagegen waren die auf höhere Näherungen ausgerichteten Berechnungen nach der kinetischen Theorie weniger erfolgreich. Hier soll daher zuerst die Kontinuumstheorie diskutiert werden, anschließend sollen dann kurz die kinetischen Gesichtspunkte besprochen werden. Das Problem der Dicke einer Stoßfront ist von verschiedenen Autoren[1]) behandelt worden, wir schließen uns hier der Behandlung von GILBARG und PAOLUCCI[2]) an, die frühere Arbeiten von BECKER[3]) und THOMAS[4]) erweiterten.

Die integrierten Erhaltungsgleichungen für eine eindimensionale Strömung wurden in Kap. II angegeben. Sie lauten:

$$\varrho u = \Phi_m, \tag{IV, 1}$$

$$\varrho u^2 + p - (2\mu_{\mathrm{I}} + \mu_{\mathrm{II}}) \frac{\partial u}{\partial x} = \Phi_i, \tag{IV, 2}$$

---

[1]) Z. B. A. E. PUCKETT und H. J. STEWART, Quart. Appl. Math. **7**, 457 (1950). — R. VON MISES, J. Aeronaut. Sci. **17**, 551 (1950). — L. MEYERHOFF, J. Aeronaut. Sci. **17**, 775 (1950). — L. J. F. BROER, Appl. Sci. Res. A**3**, 349 (1952).

[2]) D. GILBARG und D. PAOLUCCI, J. Rational Mechan. Analysis **2**, 617 (1953).

[3]) R. BECKER, Z. Physik **8**, 321 (1922).

[4]) L. H. THOMAS, J. Chem. Phys. **12**, 449 (1944).

$$\varrho u \left(\frac{1}{2} u^2 + E + \frac{p}{\varrho} \right) - (2 \mu_{\mathrm{I}} + \mu_{\mathrm{II}}) u \frac{\partial u}{\partial x} - \lambda \frac{\partial T}{\partial x} = \Phi_e. \qquad \text{(IV, 3)}$$

Diese Gleichungen gelten allgemein, soweit man reale Vorgänge durch lineare Gradienten in der Strömung beschreiben kann. D. h. soweit die Wärmeleitung durch den FOURIERschen Ansatz $q_x = -\lambda \frac{\partial T}{\partial x}$ gegeben ist und $p_{xx} = -p + \mu \frac{\partial u}{\partial x}$, wobei $\mu = 2\mu_{\mathrm{I}} + \mu_{\mathrm{II}}$. μ_{I} ist der Koeffizient der Scherviskosität und μ_{II} der der Volumenviskosität. Wenn $2\mu_{\mathrm{I}} + 3\mu_{\mathrm{II}} = 0$, dann gilt die STOKESsche Beziehung, also $-\mu_{\mathrm{II}} = \frac{2}{3}\mu_{\mathrm{I}}$ und $\mu = \frac{4}{3}\mu_{\mathrm{I}}$ (vgl. unten). Diese Beziehung scheint für einatomige Gase zu gelten, aber nicht für zwei- oder mehratomige Gase.

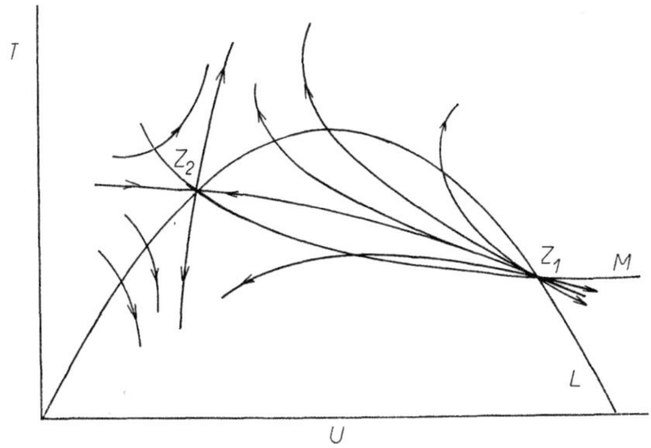

Abb. 32. Graphische Darstellung der Lösungen der Gleichungen zur Berechnung der Dicke einer Stoßfront.

Man kann jetzt Gl. (IV, 1) verwenden, um ϱ aus Gl. (IV, 2 und 3) zu eliminieren:

$$\mu \frac{\partial u}{\partial x} = \Phi_m u + p - \Phi_i, \qquad \text{(IV, 4)}$$

$$\lambda \frac{\partial T}{\partial x} = \Phi_m E - \frac{1}{2} \Phi_m u^2 + \Phi_i u - \Phi_e. \qquad \text{(IV, 5)}$$

Mit der Zustandsgleichung für ein ideales Gas $p = \varrho R T$ und $E = c_v T$ ergibt sich

$$\mu \frac{\partial u}{\partial x} = \Phi_m u + \frac{\Phi_m R T}{u} - \Phi_i \equiv M(u, T), \qquad \text{(IV, 6)}$$

$$\lambda \frac{\partial T}{\partial x} = \Phi_m c_v T + u \Phi_i - \frac{1}{2} \Phi_m u^2 - \Phi_e \equiv L(u, T). \qquad \text{(IV, 7)}$$

Die Kurven $M(u, T) = 0$ und $\mathrm{L}(u, T) = 0$ sind Parabeln, die sich in den Punkten $Z_1 = (u_1, T_1)$ und $Z_2 = (u_2, T_2)$ schneiden, wie das aus Abb. 32 ersichtlich ist. Das sind Anfangs- und Endwerte für eine Stoßwelle. Die

Gradienten verschwinden dort. Das Stoßprofil selbst ist eine Lösung ($u(x)$, $T(x)$,) von (IV, 6 und 7), so daß

$$u(x),\, T(x) \to u_1,\, T_1 \quad \text{für} \quad x \to -\infty$$
$$u(x),\, T(x) \to u_2,\, T_2 \quad \text{für} \quad x \to +\infty$$

Abb. 32 gibt eine qualitative Darstellung der Parabeln in der T, u-Ebene. Die Pfeile zeigen an, in welcher Richtung sich die Kurven verschieben, wenn x anwächst. Z_2 ist ein Sattelpunkt und Z_1 ein instabiler Knotenpunkt. Die endgültige Lösung erhält man, wenn man von einem Punkt nahe Z_2, der auf einer durch Z_2 gehenden Geraden liegt, mit der richtigen Neigung anfängt, Gl. (IV, 8) von Z_2 aus nach kleineren x-Werten hin zu integrieren:

$$\frac{\partial T}{\partial u} = \frac{\mu}{\lambda} \cdot \frac{u(\Phi_m c_v T + \Phi_i u - \frac{1}{2}\Phi_m u^2 - \Phi_e)}{\Phi_m u^2 - \Phi_i u + \Phi_m RT}\,. \tag{IV, 8}$$

Man erhält daraus $T = T(u)$. Zusammen mit den Gl. (IV, 6 und 7) kann man dann das Profil der Stoßfront $u(x)$ und $T(x)$ ermitteln.

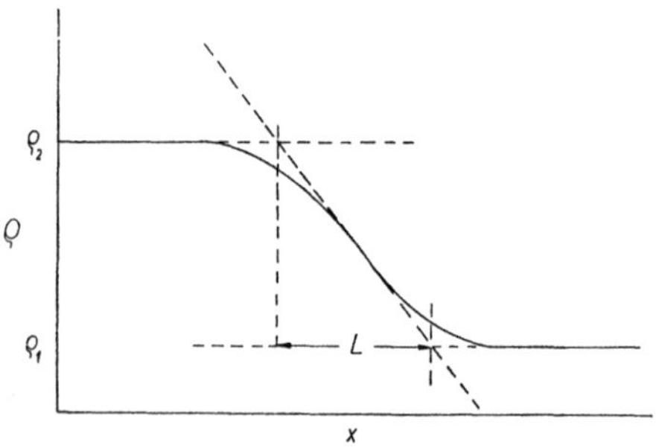

Abb. 33. Dicke der Stoßfront aus der maximalen Neigung.

Abb. 33 zeigt ein typisches Dichteprofil, für das man auf verschiedene Weise (jede ist mehr oder weniger willkürlich), eine Dicke der Stoßfront definieren kann.

Eine solche Definition ist

$$L = \frac{u_1 - u_2}{\left(\frac{\partial u}{\partial x}\right)_{\text{Max}}} \quad \text{oder} \quad \frac{\varrho_2 - \varrho_1}{\left(\frac{d\varrho}{dx}\right)_{\text{Max}}}\,.$$

Die wesentliche Schwierigkeit bei dieser Definition ist, daß sie von der Neigung in einem willkürlichen Punkt der Stoßfront abhängt und nicht von einer integrierten Größe dieses Überganges. GRAD[1]) hat eine logisch bessere Definition vorgeschlagen:

$$L = \frac{8A}{u_1 - u_2}\,.$$

Dabei wird die Fläche A aus dem Stoßprofil auf die in Abb. 34 angegebene Weise bestimmt.

Hier soll jedoch die erstgenannte Definition verwendet werden, bei der die maximale Neigung der Stoßfront eingeht, da sie in der Literatur häufiger benützt wird. Für die wirkliche Berechnung der Stoßfront in speziellen Fällen behandeln GILBARG und PAOLUCCI einatomige

[1]) H. GRAD, Comm. Pure Appl. Math. 5, 257 (1952).

und mehratomige Gase getrennt. Experimentelle Ergebnisse (Ultraschallabsorption) zeigen, daß für einatomige Gase die STOKESsche Beziehung gilt, so daß $\mu = \frac{4}{3}\,\mu_{\mathrm{I}}$; weiter gilt für die PRANDTLsche Zahl in guter Näherung $Pr = \frac{c_p\,\mu_{\mathrm{I}}}{\lambda} = \frac{2}{3}$. Das Verhältnis der spezifischen Wärmen ist $\varkappa = \frac{c_p}{c_v} = \frac{5}{3}$. Schließlich braucht man noch die Abhängigkeit der Zähigkeit von der Temperatur. Man setzt $\frac{\mu_{\mathrm{I}}}{\mu_{\mathrm{I}_0}} = \left(\frac{T}{T_0}\right)^s$, wobei μ_{I_0} eine Konstante ist. Diese Beziehung stimmt mit dem wirklichen Verhalten im allgemeinen gut genug überein.

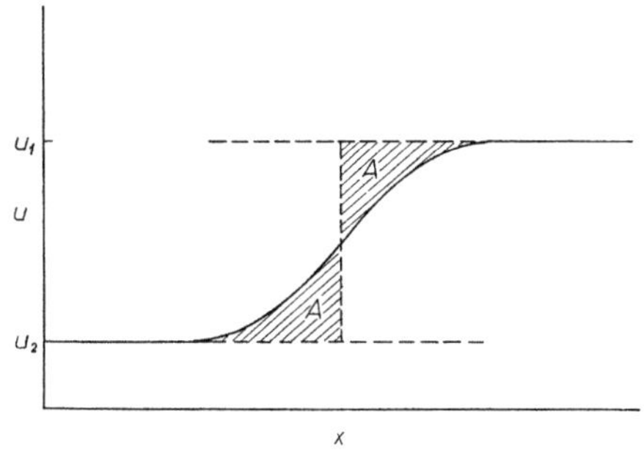

Abb. 34. Dicke der Stoßfront aus der Fläche unter der Kurve.

Für s setzt man die experimentell ermittelten Werte von 0,647 für Helium und 0,816 für Argon. Diese Werte liegen zwischen dem häufig verwendeten Wert 1/2, der aus der kinetischen Gastheorie für elastische Kugeln folgt und dem Wert 1 für MAXWELLsche Moleküle $\left(\frac{1}{r^4}\ \text{Abstoßungspotential}\right)$. In Abb. 35 ist die reziproke Stoßfrontdicke als Funktion der MAXWELLschen mittleren freien Weglänge vor dem Stoß, definiert durch

$$\overline{l_1} = \frac{16}{5}\,\frac{\mu_{\mathrm{I}_1}}{\varrho_1\sqrt{2\pi R T_1}}$$

aufgetragen gegen die MACH-Zahl des Stoßes.

Die Ergebnisse von GILBARG und PAOLUCCI sind wiedergegeben für Werte von $s = 1/2$, 0,647 (He), 0,816 (Ar) und 1; ebenso sind verschiedene Ergebnisse aus Behandlungen nach der kinetischen Theorie eingetragen. Die in Kap. VII beschriebenen experimentellen Werte zeigen, daß die NAVIER-STOKESschen Gleichungen bis herauf zu MACH-Zahlen $M = 2$ vernünftige Ergebnisse für die Stoßfrontdicken ergeben.

GILBARG und PAOLUCCI geben an, daß die Verwendung von quadratischen Gliedern für den auf die Viskosität entfallenden Druckanteil noch größere Werte für die Dicke der Stoßfront ergeben (30% bei $M = 4$). Man darf also nicht annehmen, daß die NAVIER-STOKESschen Gleichungen die beste mit der Kontinuumstheorie erreichbare Annäherung ergeben.

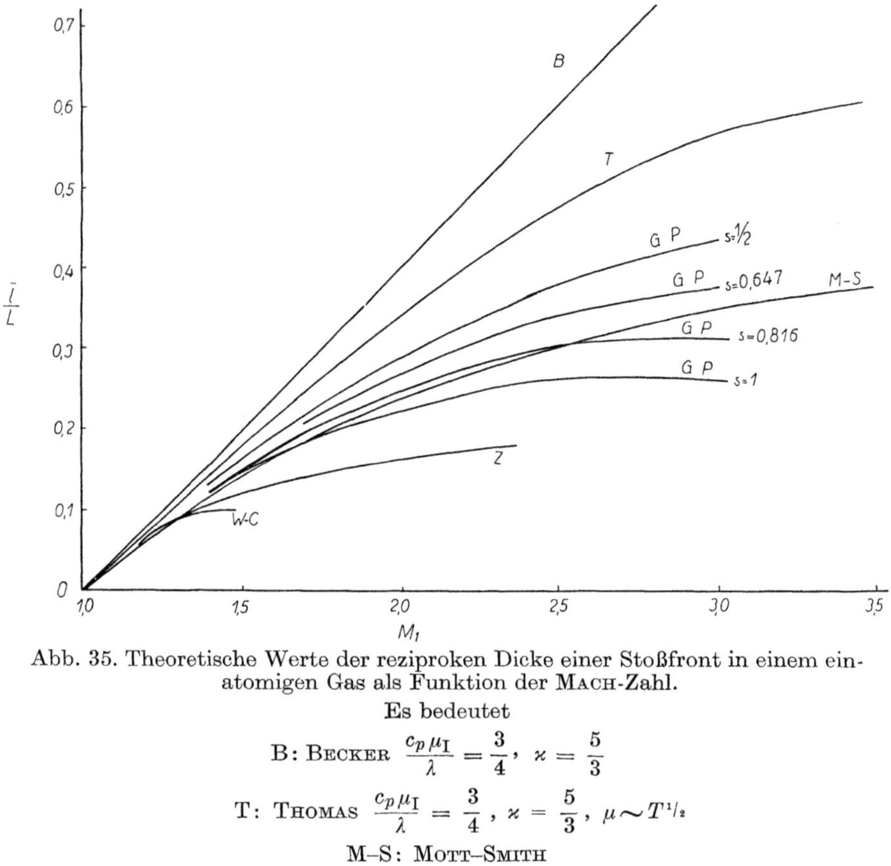

Abb. 35. Theoretische Werte der reziproken Dicke einer Stoßfront in einem einatomigen Gas als Funktion der MACH-Zahl.

Es bedeutet

B: BECKER $\frac{c_p \mu_I}{\lambda} = \frac{3}{4}$, $\varkappa = \frac{5}{3}$

T: THOMAS $\frac{c_p \mu_I}{\lambda} = \frac{3}{4}$, $\varkappa = \frac{5}{3}$, $\mu \sim T^{1/2}$

M–S: MOTT-SMITH

GP: GILBARG, PAOLUCCI $\frac{c_p \mu_I}{\lambda} = \frac{2}{3}$, $\varkappa = \frac{5}{3}$, $\mu \sim T^s$

Z: ZOLLER

W–C: WANG CHANG

2. Dicke der Stoßfront in einem einatomigen Gas nach der kinetischen Gastheorie

Eine andere interessante Näherung im Rahmen der Kontinuumstheorie besteht darin, daß man mittels der kinetischen Theorie versucht, die makroskopischen Eigenschaften eines Gases mit einem mikroskopischen Modell einer Gruppe von Molekülen in Zusammenhang zu bringen.

Die makroskopischen Daten eines Gases kann man berechnen, wenn die Geschwindigkeitsverteilungsfunktion bekannt ist. Diese Verteilungsfunktion findet man als Lösung der BOLTZMANNschen Gleichung[1]). Bis heute konnte ein völliges Verständnis der für die Ableitung der BOLTZMANNschen Gleichung erforderlichen Annahmen und deren Folgen noch nicht erzielt werden. Man darf hoffen, daß hier die experimentellen Untersuchungen der Dicke von Stoßfronten nützlich sind.

Leider haben Versuche, Lösungen der BOLTZMANNschen Gleichung zu finden, die bessere Annäherungen ergeben als die NAVIER-STOKESschen Gleichungen, zu Ergebnissen geführt, die nicht gut mit den experimentellen Werten übereinstimmen.

WANG-CHANG[2]) hat die BURNETTschen Terme mit berücksichtigt, um höhere Näherungen zu erhalten. Wegen Konvergenzschwierigkeiten ist ihre Lösung für MACH-Zahlen größer als 1,4 nicht mehr anwendbar. ZOLLERS[3]) Arbeit basiert ebenfalls auf den BURNETTschen Gleichungen der CHAPMAN-ENSKOGschen Näherungsreihe für die Lösung der BOLTZMANNschen Gleichung. Er findet gedämpfte Schwingungen für seine Stoßwellenprofile für MACH-Zahlen größer als 1,23. Auch findet er Gründe, die die Existenz von Lösungen für MACH-Zahlen über 2,36 zweifelhaft erscheinen lassen. GRADS[4]) „thirteen-moment"-Näherung ergibt dickere Stoßfronten als andere Methoden (auch dicker als das Experiment) und sie gilt nicht mehr für $M > 1{,}65$. Bis jetzt sind bei den Behandlungen nach der kinetischen Theorie zur Erzielung höherer Näherungen, als sie den NAVIER-STOKESschen Gleichungen entsprechen, nicht alle möglichen Glieder berücksichtigt worden und es scheint so, als ob einige wichtige Glieder vernachlässigt worden wären[5]). Schließlich hat MOTT-SMITH[6]) versucht, eine Lösung zu finden, die besonders für starke Stöße anwendbar sein sollte. Zur Ermittlung der Verteilungsfunktion überlagert er zwei MAXWELLsche Verteilungsfunktionen, eine für das Ausgangsgas und eine für das erhitzte Gas hinter der Stoßwelle, die er so einschränkt, daß sie einer willkürlichen Transportgleichung gehorchen. Seine Lösung ist zu schwachen Stößen hin nicht mehr richtig, für starke Stöße ist ihre Gültigkeit wahrscheinlich fraglich.

---

1) S. CHAPMAN und T. G. COWLING, The Mathematical Theory of Non-Uniform Gases, Seite 46 (Cambridge 1952).

2) C. S. WANG-CHANG, On the Theory of the Thickness of Weak Shock Waves. Univ. Michigan, Dept. Eng. Res. (1948).

3) K. ZOLLER, Z. Physik **130**, 1 (1951).

4) H. GRAD, Commun. Pure Appl. Math. **5**, 257 (1952).

5) Vgl. Diskussion dieser Frage bei E. V. LAITONE, J. Aeronaut. Sci. **23**, 846 (1956).

6) H. M. MOTT-SMITH, Phys. Rev. **82**, 885 (1951).

3. Theorie der Dicke der Stoßfront in zwei- und mehratomigen Gasen

Obgleich die Frage nach der Dicke der Stoßfront in einatomigen Gasen sehr interessant ist, und als wichtiger Prüfstein der kinetischen Theorie gelten kann, ist ein Chemiker im allgemeinen doch an Molekülen interessiert.

Die auf Grund der inneren Freiheitsgrade (Rotation und Schwingung) in zwei- und mehratomigen Gasen auftretenden Schwierigkeiten machen die Lösung des Problems der Dicke der Stoßfront nach der kinetischen Theorie bis jetzt zu schwierig. Dagegen besteht für das Kontinuumsmodell keine ähnliche grundsätzliche Schwierigkeit, da es wiederum möglich ist, von experimentell ermittelten Viskositätsdaten auszugehen und nach der Dicke der Stoßfront zu fragen. Die Annahme verschiedener Autoren, daß die STOKESsche Beziehung auch für zweiatomige Gase gilt, hat früher viel Verwirrung gestiftet. Es gibt weder einen experimentellen noch einen theoretischen Grund für die Gültigkeit dieser Annahme. Läßt man sie fallen, dann bekommt man tatsächlich gute Übereinstimmung zwischen Kontinuumsmodell und Experiment. Zur Bestimmung der Abweichung von der STOKESschen Beziehung wird eine neue Größe eingeführt: $\varkappa' = \frac{2}{3}\,\mu_{\mathrm{I}} + \mu_{\mathrm{II}}$. Die STOKESsche Beziehung gilt, wenn $\varkappa' = 0$, d. h. $\mu = \frac{4}{3}\,\mu_{\mathrm{I}} + \varkappa'$. Setzt man jetzt für mehratomige Gase

$$\frac{\lambda}{\mu_{\mathrm{I}} c_v} = \text{const}^{1)}; \qquad \frac{\varkappa'}{\mu_{\mathrm{I}}} = \text{const}; \qquad \frac{\mu_{\mathrm{I}}}{\mu_{\mathrm{I}_0}} = \left(\frac{T}{T_0}\right)^s,$$

dann läßt sich die Lösung für das Stoßfrontprofil genau wie für einatomige Gase auffinden. Das Ergebnis zeigt, daß die wirksame Viskosität größer und die Stoßfront dicker ist als bei einem vergleichbaren einatomigen Gas[2]). KOHLER[3]), WAN-CHANG[4]) und UHLENBECK haben gezeigt, daß Messungen von $\varkappa'$ zur Berechnung von Relaxationszeiten der Rotation verwendet werden können, wenn diese Relaxationszeiten sehr kurz sind. Diese Bedingung ist wahrscheinlich erfüllt, wenn die Relaxationszeit vergleichbar ist mit der Zeit, die ein Molekül zum Durchtritt durch die Stoßfront braucht. Messungen an Stoßwellen in Stickstoff liefern Relaxationszeiten, die etwa fünf Zusammenstößen entsprechen und die mit Ultraschallmessungen in

---

[1]) S. CHAPMAN und T. T. COWLING, The Mathematical Theory of Non-Uniform Gases, Seite 241 (Cambridge 1952).

[2]) Zum Vergleich von experimentell und theoretisch bestimmter Stoßfrontdicke vgl. Abb. 77 u. 78.

[3]) M. KOHLER, Z. Physik **124**, 757 (1948).

[4]) C. S. WANG-CHANG und G. E. UHLENBECK, Transport Phenomena in Polyatomic Gases, Univ. of. Michigan, Inst. of Engin. Research Report CM-681 (1951).

Einklang stehen. Sie zeigen nochmal, daß die NAVIER-STOKESschen Gleichungen zur Berechnung einer Stoßfront brauchbar sind.

C. Vorgänge, die langsam verlaufen, verglichen mit der Zeit des Durchgangs durch eine Stoßfront

1. Qualitative Diskussion

Für die meisten chemischen Betrachtungen kann man Vorgänge, die genau so schnell verlaufen wie die Vorgänge in einer Stoßfront, als beliebige schnell ablaufend betrachten und die Stoßfront als diskontinuierlichen Übergang ansehen. Für langsamere chemische Prozesse sind die Gradienten zu klein, als daß Viskositäts- und Wärmeleitungsglieder einen Einfluß ausüben könnten. Man kann in den Stoßwellen-Gleichungen $\mu = \lambda = 0$ setzen. Man erhält einen Verlauf wie in Abb. 36. Die Stoßfront ist vergrößert in der unteren Hälfte des Bildes dargestellt.

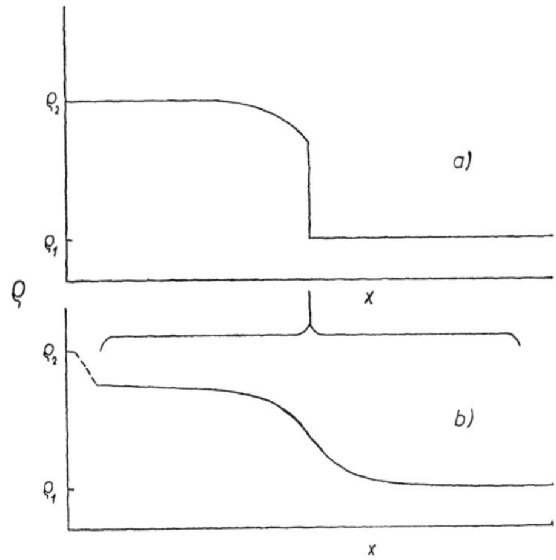

Abb. 36. Form der Stoßfront (qualitativ).

In Kap. II wurden die Erhaltungsgleichungen unter Zuhilfenahme einer thermischen und einer kalorischen Zustandsgleichung gelöst. Es ergab sich $p = p\left(\frac{1}{\varrho}\right)$ bzw. die HUGONIOT-Kurve. Der Schnittpunkt der HUGONIOT-Kurve mit der RAYLEIGH-Geraden, die man aus den ersten beiden Erhaltungsgleichungen bekommt, bestimmt den Gleichgewichtszustand hinter der Stoßwelle. Die RAYLEIGH-Gerade CBDA in Abb. 37a gehört zu einer Stoßwelle, die mit konstanter Geschwindigkeit in ein Gas mit dem Druck p_1 und der Dichte ϱ_1 hineinläuft. Die ausgezogene HUGONIOT-Kurve verbindet alle Punkte, die man von p_1, ϱ_1 aus mit einer Stoßwelle ohne Reaktion erreichen kann. Die obere, gestrichelte HUGONIOT-Kurve ist der Ort der Punkte, die erreicht werden, nachdem durch eine exotherme Reaktion, wie z. B. in einer Detonation Gleichgewicht eingestellt ist. Ähnlich ist die untere gestrichelte HUGONIOT-Kurve der Ort der Punkte, die nach einer endothermen Reaktion erreicht werden. Der Ablauf einer Reaktion hinter der Stoßfront gehört für eine endotherme Reaktion, wie z. B. Schwingungsrelaxation oder Dissoziation, zu einem Übergang von B nach C, für eine exotherme Reaktion zu einem Übergang von B nach D.

Für eine exotherme Reaktion schneidet die RAYLEIGH-Gerade im allgemeinen die HUGONIOT-Kurve für die Endprodukte in zwei Punkten (D und F in Abb. 37a). Mit einer Stoßwelle sind aber nur die Punkte oberhalb E von DEF erreichbar[1]). Die RAYLEIGH-Gerade mit der geringsten Neigung ist die Tangente an die HUGONIOT-Kurve der Reaktionsprodukte. Sie erfüllt die CHAPMAN-JOUGUET-Bedingung für eine normale Detonation (Abb. 37b). Läuft eine langsamere Stoßwelle in ein Medium, in dem eine exotherme Reaktion stattfinden kann, dann wird im eindimensionalen Fall keine stabile Geschwindigkeit, entsprechend der Stoßwellengeschwindigkeit, erreicht. Vielmehr wird die Stoßwelle durch die aus der Reaktion freiwerdende Energie beschleunigt, bis schließlich das Gleichgewicht und die normale Detonationsgeschwindigkeit erreicht sind[2]). Für Gemische und Bedingungen außerhalb der Detonationsgrenzen wurde dieses Verhalten recht wenig untersucht.[3])

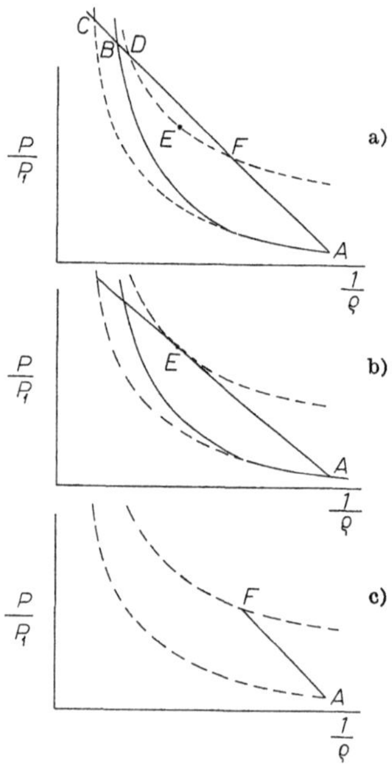

Abb. 37. HUGONIOT-Kurven und RAYLEIGH-Gerade für a) exotherme und endotherme Reaktionen – b) CHAPMAN-JOUGUET-Detonation – c) schwache Detonation.

Wird eine Detonation von einer Stoßwelle unterstützt oder in Gang gesetzt, dann tritt hinter der CHAPMAN-JOUGUET-Ebene keine Verdünnungswelle auf, vielmehr gelten die Gleichgewichtsbedingungen bis zurück zum antreibenden „Kolben“ und die Detonations-

[1]) Hier ist noch ein anderer möglicher Vorgang, der auf die gleiche allgemeine Weise behandelt werden kann, von Interesse. Er wurde zuerst irrtümlicherweise als Stoßwelle aufgefaßt. Da er mit dem Auftreten von Kondensationserscheinungen verbunden ist, wurde er ursprünglich als Kondensationsstoß bezeichnet. [Vgl. K. OSWATITSCH, Gasdynamik (Wien 1952)]. In Wirklichkeit handelt es sich um das einzige bekannte Beispiel einer schwachen Detonation [P. WEGENER, J. Appl. Phys. **25**, 1485 (1954)]. In diesem Falle gehören die aufeinander folgenden Stufen der Reaktion zu dem kontinuierlichen Übergang von A nach F [W. H. HEYBEY und S. G. READ jr., J. Appl. Phys. **26**, 969 (1955)]. Vgl. Abb. 37c.

[2]) A. K. OPPENHEIM, Fourth Symposium on Combustion, Seite 471 (Baltimore 1953).

[3]) W. SCHÜLLER, Dissertation, (Darmstadt 1954).

geschwindigkeit kann gleich der einer Detonation ohne treibenden Kolben oder auch größer sein[1]).

Wenn es möglich ist, einen thermodynamischen Zustand und damit eine Temperatur in jeder Phase der Reaktion anzugeben[2]), dann kann man dazwischenliegende HUGONIOT-Kurven für jeden Zustand berechnen. Die Geschwindigkeit mit der die Geraden zwischen den einzelnen HUGONIOT-Kurven durchlaufen werden, wird von der Kinetik des oder der Einzelvorgänge bestimmt. Nun ändern sich die Konzentrationen der reagierenden Teilchen nicht nur auf Grund der chemischen Reaktion, sondern auch wegen Änderungen der Dichte auf Grund der durch die Reaktion hervorgerufenen Temperaturänderung. Mit der Temperatur ändern sich natürlich auch die Geschwindigkeitskonstanten. Für eine stark exotherme Reaktion, wie z. B. eine Detonation, bei der gewöhnlich auch verschiedene Reaktionen nebeneinander ablaufen und bei der sehr starke Temperaturänderungen auftreten, wird die Umsetzungsgeschwindigkeit eine außerordentlich komplizierte Funktion des Umsetzungsgrades. In diesem Fall ist es wahrscheinlich auch nicht mehr sicher, daß man Transportvorgänge vernachlässigen darf.

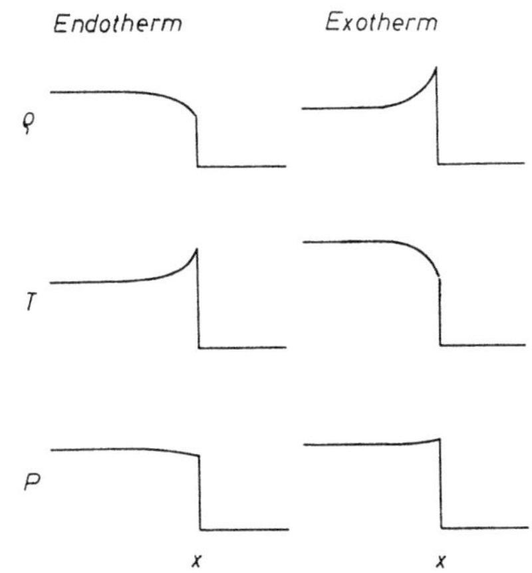

Abb. 38. Qualitativer Verlauf der Änderung der einzelnen Größen hinter einer Stoßfront für endotherme und für exotherme Reaktionen.

In einer Stoßwelle brauchen dagegen keine so großen Temperaturänderungen aufzutreten und man kann auch einfache Reaktionen auswählen. Abb. 38 zeigt den qualitativen Verlauf von Druck, Dichte und Temperatur in einer Stoßwelle, in der Reaktionsvorgänge ablaufen, und zwar sowohl für

[1]) Neuere theoretische Untersuchungen deuten darauf hin, daß in der CHAPMAN-JOUGUET-Ebene das Gleichgewicht nicht immer eingestellt zu sein braucht. Ist das der Fall, dann kann auch eine von einer Verdünnungswelle gefolgte Detonation eine Geschwindigkeit haben, die verschieden ist von der für eingestelltes Gleichgewicht berechneten, vgl. dazu J. G. KIRKWOOD und W. W. WOOD, J. Chem. Phys. **22**, 1915 (1954); W. W. WOOD und J. G. KIRKWOOD, J. Chem. Phys. **25**, 1276 (1956).

[2]) K. F. HERZFELD, Relaxation of Partial Temperatures in: Temperature its Measurement and Control in Science and Industry, Band 2 (New York 1955). Berechnungen von R. J. RUBIN und K. E. SHULER, J. Chem. Phys. **25**, 59, 68 (1956) zeigen, daß man einem sich auf das Gleichgewicht einstellenden System von harmonischen Oszillatoren eine Temperatur zuordnen kann.

exotherme als auch für endotherme Prozesse. In diesen Fällen ist es möglich, den genauen Verlauf der einzelnen Größen zu berechnen, wenn die erforderlichen kinetischen Daten bekannt sind. Diese Rechnungen sind jedoch praktisch sehr mühsam, wenn nicht nur einfache und wenige Reaktionsschritte beteiligt sind. Umgekehrt ist es natürlich möglich, aus beobachteten Änderungen von Dichte oder Teilchenkonzentration von Ausgangs- oder Endprodukten spezieller Reaktionen Aufschlüsse über die Kinetik zu bekommen. Diese Fragestellung tritt auf, wenn man Stoßwellen zu kinetischen Untersuchungen heranzieht und ist daher für den Chemiker von besonderem Interesse. Die Diskussion ist hier und in den folgenden Kapiteln auf Stoßwellen konstanter Geschwindigkeit beschränkt.

Der erste Teil des zu besprechenden Problems ist relativ einfach und behandelt die Bestimmung von Schwingungsrelaxationsgeschwindigkeiten bzw. Relaxationszeiten auf Grund der Ermittlung der Dichteprofile von Stoßwellen in reinen Gasen. Daran schließt sich die etwas komplizierte Frage des Auffindens von Geschwindigkeitskonstanten chemischer Reaktionen aus Konzentrationsmessungen für den Fall verschiedener, unabhängig voneinander und gleichzeitig ablaufender Reaktionen an. Diese Rechnungen werden so unübersichtlich, daß es nicht zweckmäßig ist, die einzelnen Beziehungen für diesen Fall explizit anzugeben. Schließlich wird zur Erläuterung der Methode der Fall einer einfachen idealisierten Reaktion im einzelnen behandelt.

2. *Schwingungsrelaxation*

Verschiedene Autoren[2]) haben das Problem der Stoßwellen in nicht reagierenden Gasen, in denen Relaxationseffekte auftreten, behandelt. Aber auch für diesen Fall bekam man keine vollständige analytische Lösung. Es ist notwendig, numerische Methoden anzuwenden. In den meisten Fällen wurde so vorgegangen, daß man die Relaxationsgeschwindigkeit als Geschwindigkeit der Änderung der Schwingungsenergie E_{vib} ansetzte:

$$\frac{dE_{\text{vib}}}{dt} = k(E'_{\text{vib}}(T) - E_{\text{vib}}). \qquad \text{(IV, 9)}$$

Hier ist $E'_{\text{vib}}(T)$ die Schwingungsenergie im Gleichgewicht bei einer Temperatur, die der Temperatur der aktiven Freiheitsgrade, Translation und

[1]) Für die Behandlung instationärer Strömungen in einem reagierenden Gas vgl.: W. W. Wood und J. G. Kirkwood, J. Appl. Phys. **28**, 395 (1957).

[2]) Ya. B. Zel'dovich, Zhur. Eks. Teor. Fiz. **16**, 365 (1946). — P. E. Stepanov, Zhur. Eks. Teor. Fiz. **17**, 377 (1947). — H. A. Bethe und E. Teller, Deviations from Thermal Equilibrium in Shock Waves. Issued by Eng. Res. Inst. Univ. of Michigan (1951). — L. J. F. Broer, Appl. Sci. Res. A **2**, 447 (1951). — S. P. Dyakov, Zhur. Eks. Teor. Fiz. **27**, 728 (1954).

Rotation entspricht. BETHE und TELLER[1]) haben diese Gleichung mit konstantem k als vernünftige Annäherung verwendet, obwohl in Wirklichkeit k temperaturabhängig ist[2]). Damit man Gl. (IV, 9) einfacher behandeln kann, wird häufig die folgende Annahme gemacht:

$$\frac{d E'_{\text{vib}}(T)}{d E_{\text{vib}}} = -\zeta,$$

dabei ist ζ konstant. Diese Näherung ist gültig, wenn $E'_{\text{vib}}(T) - E_{\text{vib}}$ klein ist gegen $E'_{\text{vib}}(T)$. Das gilt nicht für starke Stöße unmittelbar hinter der Front. Gl. (IV, 9) läßt sich jetzt leicht integrieren und man sieht, daß die Abweichungen vom Gleichgewicht exponentiell abnehmen. Bei der Schwingungsrelaxation ändert sich von keiner Komponente des Gases die Molzahl pro Gramm und man kann für den Umsatz schreiben:

$$\frac{E_{\text{vib}} - E_{\text{vib}_1}}{E_{\text{vib}_2} - E_{\text{vib}_1}}.$$

Dabei sind E_{vib_1} und E_{vib_2} die Schwingungsenergien im Gleichgewicht vor und hinter der Stoßfront. Beide Größen sind für eine gegebene Stoßwelle konstant. Die innere Energie wird in zwei Anteile aufgeteilt: einen Anteil für die aktiven Freiheitsgrade, von denen angenommen wird, daß sie immer im Gleichgewicht sind und einen anderen Anteil für die sich langsam einstellende Schwingung.

Dann gilt:

$$E - E_1 = E_a + E_{\text{vib}} - E_{a_1} - E_{\text{vib}_1} = c_{va}\,(T - T_1) + E_{\text{vib}} - E_{\text{vib}_1}. \quad \text{(IV, 10)}$$

Dabei ist E_a die Energie in den aktiven Freiheitsgraden. Die spezifische Wärme c_{va} der aktiven Freiheitsgrade wird als konstant angenommen. In vielen Fällen ist $E_{\text{vib}_1} = 0$.

Die an einer Stoßwelle mit Relaxationseffekten zu messende Größe ist die Änderung der Dichte mit der Zeit. Sie muß mit der Relaxationsgeschwindigkeitskonstanten in Zusammenhang gebracht werden.

Die Änderung der Stoßwellendaten als Funktion des Ortes hinter der Stoßfront ist für Stoßwellen konstanter Geschwindigkeit äquivalent mit deren zeitlicher Veränderung an einem bestimmten Ort.

Aus Gl. (II, 1) folgt

$$\frac{dG}{dt} = \left(\frac{\partial G}{\partial t}\right)^{\text{Stoss}} - u\left(\frac{\partial G}{\partial x}\right)^{\text{Stoss}} = \left(\frac{\partial G}{\partial t}\right)^{\text{Lab}} + (u_1 - u)\left(\frac{\partial G}{\partial x}\right)^{\text{Lab}}.$$

[1]) H. A. BETHE und E. TELLER, Deviations from Thermal Equilibrium in Shock Waves, Issued by Eng. Res. Inst., Univ. of Michigan (1951).

[2]) L. LANDAU und E. TELLER, Physik. Z. Sowjetunion. **10**, 34 (1936).

Dabei ist G eine willkürliche Kenngröße des Gases. Die Indices „Stoß“ und „Lab“ bedeuten, daß die Gradienten in einem mit der Stoßwellenfront mitbewegtem Koordinatensystem, bzw. in einem ruhenden, im Laboratorium fixierten Koordinatensystem (vergl. Abb. 3 dort sind die Strömungsrichtungen angegeben) gemessen werden. Wenn die Geschwindigkeit der Stoßwelle konstant ist, dann ist

$$\left(\frac{\partial G}{\partial t}\right)^{\text{Stoss}} = 0\,.$$

Daraus folgt

$$\left(\frac{\partial G}{\partial x}\right)^{\text{Stoss}} = \left(\frac{\partial G}{\partial x}\right)^{\text{Lab}}\text{[1]}$$

und aus obiger Gleichung erhält man

$$-u_1\left(\frac{\partial G}{\partial x}\right)^{\text{Lab}} = \left(\frac{\partial G}{\partial t}\right)^{\text{Lab}}. \qquad \text{(IV, 11)}$$

Verwendet man diese Beziehung, sowie die Annahme $\mu = \lambda = 0$, dann lassen sich die Gln. (II; 12, 13 und 14) schreiben:

$$\varrho\left(\frac{\partial u}{\partial t}\right)^{\text{Lab}} + u\left(\frac{\partial \varrho}{\partial t}\right)^{\text{Lab}} = 0\,, \qquad \text{(IV, 12)}$$

$$u^2\left(\frac{\partial \varrho}{\partial t}\right)^{\text{Lab}} - \left(\frac{\partial p}{\partial t}\right)^{\text{Lab}} = 0\,, \qquad \text{(IV, 13)}$$

$$\varrho u\left(\frac{\partial E}{\partial t}\right)^{\text{Lab}} - \frac{p u}{\varrho}\left(\frac{\partial \varrho}{\partial t}\right)^{\text{Lab}} = 0\,. \qquad \text{(IV, 14)}$$

Es ist wichtig zu bedenken, daß Gl. (IV, 9) sich auf zeitliche Änderungen in einem mit dem Gas mitbewegten Koordinatensystem bezieht. Da die Messungen in einem ruhenden Koordinatensystem ausgeführt werden, auf welches sich die weitere Diskussion bezieht, muß Gl. (IV, 9) transformiert

[1] Bei der Transformation der Gradienten von einem Koordinatensystem ins andere werden die folgenden Gleichungen differenziert

$$x^{\text{Stoss}} = x^{\text{Lab}} - u_1 t\,; \quad t^{\text{Stoss}} = t^{\text{Lab}}$$

mit dem Ergebnis

$$\left(\frac{\partial G}{\partial x}\right)_t^{\text{Lab}} = \left(\frac{\partial G}{\partial x}\right)^{\text{Stoss}} \frac{\partial x^{\text{Stoss}}}{\partial x^{\text{Lab}}} + \left(\frac{\partial G}{\partial t}\right)^{\text{Stoss}} \frac{\partial t}{\partial x^{\text{Lab}}}\,,$$

Diese Beziehung führt zu $\left(\frac{\partial G}{\partial x}\right)^{\text{Stoss}} = \left(\frac{\partial G}{\partial x}\right)^{\text{Lab}}$ wenn $\left(\frac{\partial G}{\partial t}\right)^{\text{Stoss}} = 0\,.$

werden. Es wird

$$\left(\frac{\partial E_{\text{vib}}}{\partial t}\right)^{\text{Lab}} = Z k (E'_{\text{vib}}(T) - E_{\text{vib}}). \qquad \text{(IV, 15)}$$

Dabei ist Z das Verhältnis der Zeit, die der Reaktion tatsächlich in dem strömenden Gas zur Verfügung stand, zur Zeit, die an einer festen Beobachtungsstelle gemessen wurde. Für eine Stoßwelle, die in ein ruhende Gas hineinläuft, wird $Z = \frac{u_1}{u}$ [1]). Aus den Gln. (IV; 10, 12, 13, 14, 15), sowie

[1]) Dieses Verhältnis folgt aus den Gln. (IV, 11) und (II, 1)

$$\frac{dG}{dt} = \left(\frac{\partial G}{\partial t}\right)^{\text{Lab}} + (u_1 - u)\left(\frac{\partial G}{\partial x}\right)^{\text{Lab}} = \left(\frac{\partial G}{\partial t}\right)^{\text{Lab}} + \frac{u - u_1}{u_1}\left(\frac{\partial G}{\partial t}\right)^{\text{Lab}} = \frac{u}{u_1}\left(\frac{\partial G}{\partial t}\right)^{\text{Lab}}.$$

Es ist auch aus dem folgenden anschaulichen Modell zu verstehen.

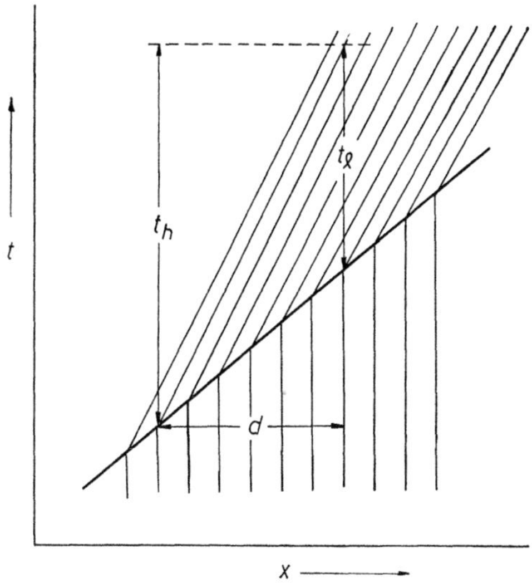

Abb. 39. Zeit-Weg-Diagramm zur Darstellung der Beziehung zwischen der im ruhenden Bezugssystem gemessenen Zeit und der Aufenthaltsdauer bei der hohen Temperatur hinter der Stoßfront.

In Abb. 39 ist die Zeit nach dem Vorbeilaufen der Stoßwelle im ruhenden Koordinatensystem t_e. Die Zeit, die das Gas erhitzt worden ist, ist t_h. Die ausgezogene Linie mit 45° Neigung stellt die Stoßwelle dar, die Linienschar die Strömung. Die Zeiten, die der Stoß bzw. das Gas brauchen, um eine Strecke d zu laufen, sind

$$\frac{d}{u_1} \text{ bzw. } \frac{d}{u_1 - u} \quad \text{d. h.} \quad \frac{t_e}{t_h} = \frac{\frac{1}{u_1 - u} - \frac{1}{u_1}}{\frac{1}{u_1 - u}} = \frac{u}{u_1}.$$

(II; 18, 19, 20a) und den Zustandsgleichungen kann man nun k finden als Funktion der gemessenen Größen ϱ und $\left(\frac{\partial \varrho}{\partial t}\right)^{\mathrm{Lab}}$, sowie der Gleichgewichtsdaten des Gases hinter der Stoßfront. Letztere lassen sich durch Messungen von u_1 oder ϱ_2 bestimmen. Das Ergebnis lautet in diesem Fall:

$$k = \frac{\left[p\left(1 + \frac{c_{v\,a}}{R}\right) - \frac{c_{t\,a}}{R\varrho}\, u_1^2 \varrho_1^2\right]\left(\frac{\partial \varrho}{\partial t}\right)^{\mathrm{Lab}}}{Z\varrho^2\left[E'_{\mathrm{vib}}(\varrho) - E_{\mathrm{vib}_1} + \left(\frac{p}{\varrho} - \frac{p_1}{\varrho_1}\right)\left(1 + \frac{c_{v\,a}}{R}\right) + \frac{u_1^2}{2}\left(\frac{\varrho_1^2}{\varrho^2} - 1\right)\right]}, \qquad \text{(IV, 16)}$$

wobei $p = p_1 + u_1^2 \varrho_1\left(1 - \frac{\varrho_1}{\varrho}\right)$. $E'_{\mathrm{vib}}(T)$ läßt sich mit den Erhaltungsgleichungen (II; 12, 13, 14) und der Zustandsgleichung in $E'_{\mathrm{vib}}(\varrho)$ umrechnen. Prinzipiell kann man diesen Ausdruck integrieren, wenn die Temperatur und Dichteabhängigkeit von k bekannt ist. In praktischen Fällen wird diese Integration jedoch unter Verwendung vereinfachender Annahmen ausgeführt[1]) [2]).

3. *Chemische Reaktionen*

Die Ableitung der Geschwindigkeitskonstanten aus Messungen von Konzentrationsänderungen wird im Fall komplizierter Reaktionen schwieriger, da sich die Molzahlen der verschiedenen Komponenten pro Gramm Gemisch ändern. Als besondere Schwierigkeit kommt hinzu, daß im allgemeinen die ablaufenden Reaktionen nicht unabhängig voneinander sind. So kann sich z. B. ein Endprodukt in verschiedenen, gleichzeitig nebeneinander herlaufenden Reaktionen bilden, wie z. B.

$$A + B \rightarrow C + D \quad \text{und} \quad A + B \rightarrow E + F \rightarrow C + D.$$

Dieser allgemeine Fall kann behandelt werden, solange in jeder neuen Reaktion ein neues Reaktionsprodukt auftritt (z. B., indem die Konzentrationsänderung von C und E im obigen Fall gemessen wird). Lassen sich die

[1]) E. F. Smiley und E. H. Winkler, J. Chem. Phys. **22**, 2018 (1954). — V. Blackman, J. Fluid Mechanics **1**, 61 (1956).

[2]) Wellen, die sich nur wenig schneller als mit Schallgeschwindigkeit in einem Gas mit Relaxationserscheinungen fortpflanzen, haben keine wohldefinierte steile, sondern eine diffuse Front. Diese schwachen Stöße haben eine Ausbreitungsgeschwindigkeit, die größer ist als die Schallgeschwindigkeit, wenn sich vollkommenes Gleichgewicht in Gas eingestellt hat, die aber kleiner ist als eine Schallgeschwindigkeit, bei der nur die Beiträge von Translation und Rotation zur spezifischen Wärme in Betracht gezogen werden. Diese Art von Stoßwellen ist für die meisten chemischen Anwendungen ohne Bedeutung. Die Lösung der Erhaltungsgleichungen für diese diffusen Stoßwellen ist anders als die für normale Stoßwellen. Vgl. dazu die Literaturangaben S. 66.

Zwischenprodukte nicht messen, dann kann man unter Umständen Schlüsse auf die einzelnen Reaktionen aus der Temperaturabhängigkeit ziehen.

Der Einfachheit halber wird im folgenden ein Gasgemisch betrachtet, das aus i-Komponenten besteht, welche an r voneinander unabhängigen Reaktionen bei der hohen Temperatur hinter der Stoßfront beteiligt sind, derart, daß jede Teilchenart nur an einer der r-Reaktionen teilnimmt. Jede Reaktion sei durch einen Ausdruck der folgenden Art dargestellt:

$$\sum_{i_R} \nu_{iR} i_R \xrightarrow{\alpha_r(t)} \sum_{i_P} \nu_{iP} i_P \,. \tag{IV, 17}$$

Dabei ist ν_{iR} der stöchiometrische Koeffizient des Reaktionspartners i_R, ν_{iP} der stöchiometrische Koeffizient des Produktes i_P. Zuerst soll jede Reaktion einzeln betrachtet werden.

Es wird als Maß für die Reaktionsgeschwindigkeit die zeitliche Änderung $\alpha_r(t)$ des Umsatzes einer einzelnen Reaktion eingeführt. $\alpha_r(t)$ ist definiert als Funktion der Dichte einer jeden an dieser Reaktion beteiligten Teilchensorte.

$$\alpha_r(t) = \frac{\dfrac{\varrho_i(t)}{\varrho(t)} - \beta_i^0}{\beta_i' - \beta_i^0} \,. \tag{IV, 18}$$

Dabei ist β_i^0 der Massenbruch von i, wenn keine Reaktion stattgefunden hat (z. B. wenn eines der Produkte nicht vorhanden ist); β_i' ist der Massenbruch von i, wenn keine weitere Reaktion mehr möglich ist (z. B. wenn einer der Reaktionspartner verbraucht ist). $\varrho_i(t)$ ist die Dichte einer Teilchensorte i zur Zeit t und $\varrho(t)$ ist die gesamte Dichte zur Zeit t. Im Gleichgewicht ist $\alpha_r(t) = \alpha_r$, ein Maß für den Umsatz im Gleichgewicht (vergl. Kap. III). Wie α_r kann auch $\alpha_r(t)$ Werte zwischen 0 und 1 annehmen.

Sind k_r^+ und k_r^- die Reaktionsgeschwindigkeitskonstanten von Hin- und Rückreaktion, dann ist die Reaktionsgeschwindigkeit

$$\pm \left(\frac{\partial \varrho_i}{dt}\right)_{\varrho}^{\text{Lab}} = Z\left[k_r^+ \prod_{i_P} \varrho_{iP}^{\nu_{iP}} - k_r^- \prod_{i_R} \varrho_{iR}^{\nu_{iR}}\right]. \tag{IV, 19}$$

Die Größe Z wurde bei der Behandlung der Schwingungsrelaxation eingeführt, um den unterschiedlichen Zeitmaßstäben des ruhenden und des mit dem Gas mitbewegten Beobachters Rechnung zu tragen. Leider ist es bei Stoßwellenexperimenten meistens nur möglich, $\left(\frac{\partial \varrho_i}{\partial t}\right)^{\text{Lab}}$ unter gleichzeitiger Veränderung der gesamten Dichte zu messen, so daß die beobachteten Geschwindigkeiten korrigiert werden müssen, bevor man sie in Gl. (IV, 19) einsetzen kann. Hier ist es zweckmäßig, die Reaktionsgeschwindigkeit auszudrücken als

$$\left(\frac{\partial \varrho_i}{\partial t}\right)_\varrho^{\text{Lab}} = \varrho\,(\beta_i' - \beta_i^0)\left(\frac{\partial \alpha_r}{\partial t}\right)^{\text{Lab}}. \tag{IV, 20}$$

Diesen Ausdruck bekommt man durch Differenzieren von Gl. (IV, 18). Damit man $\left(\frac{d\alpha_r}{dt}\right)^{\text{Lab}}$ als Funktion von $\left(\frac{\partial \varrho_i}{\partial t}\right)^{\text{Lab}}$ erhält, wird Gl. (IV, 18) differenziert, ohne daß ϱ konstant gehalten wird. Es wird

$$\left(\frac{\partial \alpha_r}{\partial t}\right)^{\text{Lab}} = \frac{1}{\varrho\,(\beta_i' - \beta_i^0)}\left(\frac{\partial \varrho_i}{\partial t}\right)^{\text{Lab}} - \frac{\varrho_i}{\varrho^2\,(\beta_i' - \beta_i^0)}\left(\frac{\partial \varrho}{\partial t}\right)^{\text{Lab}}. \tag{IV, 21}$$

Als nächstes wird $\left(\frac{\partial \varrho}{\partial t}\right)^{\text{Lab}}$ aus (IV, 21) eliminiert mittels einer zweiten Beziehung zwischen $\left(\frac{\partial \alpha_r}{\partial t}\right)^{\text{Lab}}$ und $\left(\frac{\partial \varrho}{\partial t}\right)^{\text{Lab}}$, welche folgt aus der differenzierten Form der Stoßwellengleichung (IV, 12, 13, 14) und der differenzierten Form der kalorischen Zustandsgleichung (III, 21):

$$\left(\frac{\partial E}{\partial t}\right)^{\text{Lab}} = E\left(E_i, \beta_i, \alpha_r, \left(\frac{\partial E_i}{\partial t}\right)^{\text{Lab}}, \left(\frac{\partial \beta_i}{\partial t}\right)^{\text{Lab}}, \left(\frac{\partial \alpha_r}{\partial t}\right)^{\text{Lab}}\right) \tag{IV, 22}$$

sowie der differenzierten Form der thermischen Zustandsgleichung (III, 8)

$$-\frac{p}{\varrho^2}\left(\frac{\partial \varrho}{\partial t}\right)^{\text{Lab}} + \frac{1}{\varrho}\left(\frac{\partial p}{\partial t}\right)^{\text{Lab}} = \sum_i \left\{\left(\frac{\partial \beta_i}{\partial t}\right)^{\text{Lab}} R_i T + \beta_i R_i \left(\frac{\partial T}{\partial t}\right)^{\text{Lab}}\right\}. \tag{IV, 23}$$

Bei der Verwendung dieser Gleichungen macht man implizite die Annahme, daß an jeder Stelle in der Reaktionszone der thermodynamische Zustand genau definiert ist. Jetzt läßt sich (IV, 21) auflösen als Funktion von $\left(\frac{\partial \varrho_i}{\partial t}\right)^{\text{Lab}}$, von den thermodynamischen Daten und von der Strömungsgeschwindigkeit an jedem Punkt der Reaktionszone. Schließlich bekommt man aus den Erhaltungsgleichungen (II, 18, 19, 20), den Zustandsgleichungen (III; 8, 21) und Gl. (IV, 18) die Größe $\left(\frac{\partial \varrho_i}{\partial t}\right)_\varrho^{\text{Lab}}$ nur als Funktion von ϱ_i, $\left(\frac{\partial \varrho_i}{\partial t}\right)^{\text{Lab}}$ sowie von den Anfangsbedingungen und der Stoßstärke. Gewöhnlich erhält man die Stoßstärke aus einer Messung der Stoßwellengeschwindigkeit, obgleich eine Bestimmung einer anderen Größe, wie z. B. der Dichte im Gleichgewicht bei T_2 und p_2 oder unmittelbar hinter der Stoßfront, wo noch keine merkliche Reaktion stattgefunden hat, ausreichend wäre. Werden ϱ_i und $\left(\frac{\partial \varrho_i}{\partial t}\right)^{\text{Lab}}$ an vielen Stellen in der Übergangszone einer Stoßwelle bekannter Stärke gemessen, dann ist es möglich, die Reaktionsgeschwindigkeitskonstante an jedem dieser Punkte zu ermitteln. Da zu jedem Punkt ein anderer Druck und eine andere Temperatur gehört, ist es grundsätzlich möglich, den angenommenen Geschwindigkeitsausdruck zu prüfen und aus einem einzigen Experiment sogar die Temperaturabhängigkeit der Geschwindigkeitskonstanten zu ermitteln. Bis jetzt wurde jedoch ein solches Experiment noch nicht durchgeführt, und zwar nicht nur wegen der experimentellen Schwierigkeiten, sondern auch wegen des beschriebenen Rechenaufwandes.

4. Vereinfachte Dissoziationsreaktionen

Bei vielen der bis heute ausgeführten chemischen Untersuchungen wurde eine einfache Dissoziationsreaktion nur unmittelbar hinter der Stoßfront untersucht. Verschiedene Temperaturen und Drucke wurden durch die Anwendung von Stoßwellen mit verschiedenen Anfangsbedingungen eingestellt. Oft wurde das reagierende Gas auch verdünnt, um $\frac{\partial E}{\partial t}$ klein zu halten. So ist es möglich, die Berechnungen auf ein vernünftiges Maß zu reduzieren.

Als Beispiel wollen wir eine einfache Dissoziationsreaktion in einem reinen Gas betrachten. Die Elementarreaktion sei

$$M + M \rightleftarrows A + B + M .$$

Die Konzentration von A und B im Ausgangsgas wird zu 0 angenommen. Wenn bei dem Experiment die Konzentration von M beobachtet wird, dann wird

$$\alpha = 1 - \frac{\varrho_M}{\varrho} . \tag{IV, 24}$$

Dabei ist ϱ_M die Dichte der Moleküle M und ϱ die gesamte Dichte. Die Reaktionsgeschwindigkeit wird

$$-\left(\frac{\partial \varrho_M}{\partial t}\right)_\varrho^{\text{Lab}} = Z\,[k_r^+ \varrho_M^2 - k_r^- \varrho_A \varrho_B \varrho_M] . \tag{IV, 25}$$

Sie ist mit der Messung von $\frac{\partial \varrho_M}{\partial t}$ verbunden durch

$$-\left(\frac{\partial \varrho_M}{\partial t}\right)_\varrho^{\text{Lab}} = \varrho \left(\frac{\partial \alpha}{\partial t}\right)^{\text{Lab}} = -\left(\frac{\partial \varrho_M}{\partial t}\right)^{\text{Lab}} + (1 - \alpha)\left(\frac{\partial \varrho}{\partial t}\right)^{\text{Lab}} . \tag{IV, 26}$$

Die Zustandsgleichung wird $p/\varrho = (1 + \alpha) R_M T$.

Die spezifischen Wärmen der einzelnen Teilchensorten werden als konstant vorausgesetzt. Die kalorische Gleichung ist durch (III, 22) gegeben und lautet im Fall konstanter spezifischer Wärme:

$$\begin{aligned} E - E_1 = (1 - \alpha)\, c_{vM}(T - T_1) &+ \alpha\, c_{vA} \frac{m_A}{m_M} (T - T_1) \\ &+ \alpha\, c_{vB} \frac{m_B}{m_M} (T - T_1) + \alpha D_1 . \end{aligned} \tag{IV, 27}$$

Dabei ist m_i das Molekulargewicht und D_1 die Dissoziationsenergie bei T_1.

Aus der Ableitung von (IV, 27), den zeitabhängigen Erhaltungsgleichungen und der Ableitung der Zustandsgleichung errechnet sich Gl. (IV, 28). Gl. (IV, 28) kann man

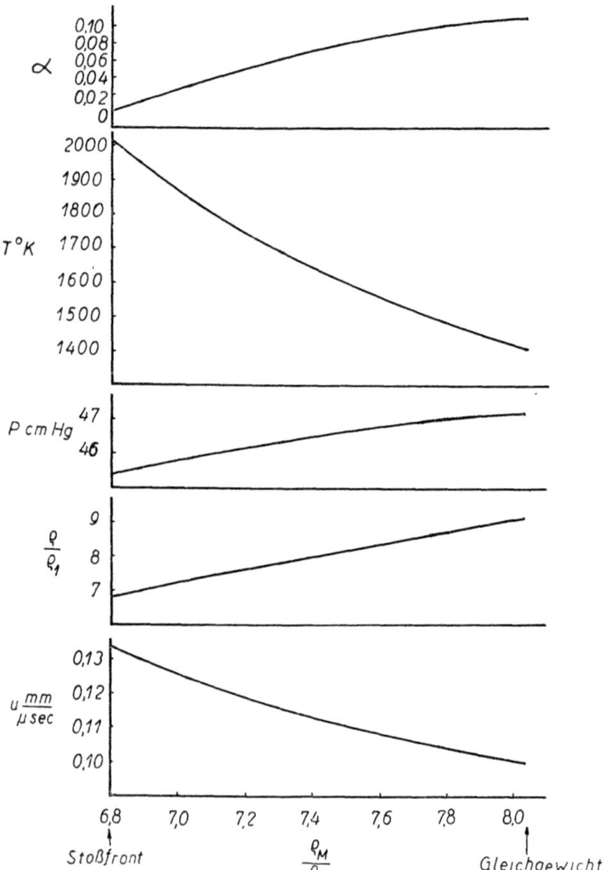

Abb. 40. Veränderung der einzelnen Größen hinter der Stoßfront für eine idealisierte Dissoziationsreaktion $2M \rightarrow 2A + M$, $u_1 = 0{,}900\,\text{mm}/\mu\,\text{sec}$, $T_1 = 300\,°\text{K}$, $p_1 = 1{,}0$ cm Hg, D $= 45{,}5$ Kcal/Mol, Molgewicht $M = 160$.

grundsätzlich unter Verwendung der Erhaltungsgleichungen (II; 18, 19, 20), der thermischen Zustandsgleichung, der kalorischen Zustandsgleichung und der Gl. (IV, 24) auflösen, so

$$\varrho\left(\frac{\partial\alpha}{\partial t}\right)^{\mathrm{Lab}} = \left(\frac{\partial\varrho_M}{\partial t}\right)^{\mathrm{Lab}} \left[(1-\alpha)\,\frac{(T-T_1)\left\{\frac{m_A c_{vA}}{m_M}+\frac{m_B c_{vB}}{m_M}-c_{vM}\right\}+D_1-\frac{T}{1+\alpha}\left(c_{vM}+\alpha\left\{\frac{m_A}{m_M}c_{vA}+\frac{m_B c_{vB}}{m_M}-c_{vM}\right\}\right)}{\frac{p}{\varrho}+\left[c_{vM}+\alpha\left(\frac{m_A c_{vA}}{m_M}+\frac{m_B c_{vB}}{m_M}-c_{vM}\right)\right]\left[T-\frac{u^2}{R_M(1+\alpha)}\right]}-1\right]^{-1} \quad \text{(IV, 28)}$$

daß man $\varrho\left(\frac{\partial \alpha}{\partial t}\right)^{\text{Lab}}$ als Funktion von $\left(\frac{\partial \varrho_M}{\partial t}\right)^{\text{Lab}}$, ϱ_M, der Stoßstärke und der Anfangsbedingungen erhält. In praktischen Fällen ist aber eine explizite Auflösung ohne vereinfachende Annahmen zu kompliziert. Deshalb wird zweckmäßigerweise T, ϱ, p, α und u für eine vorgegebene Stoßstärke als Funktion von ϱ_M numerisch berechnet. Als ein Beispiel für diese Methode und um den typischen Verlauf der einzelnen Größen hinter der Stoßfront deutlich zu machen, wurde der spezielle Fall $M \to 2A$ numerisch durchgerechnet.

In Abb. 40 ist α, T, $\frac{\varrho}{\varrho_1}$, p und u als Funktion der Größe $\frac{\varrho_M}{\varrho_1}$ von der Stoßfront ($\alpha = 0$) bis zum thermodynamischen Gleichgewicht ($\alpha = 0{,}113$) aufgetragen. Die Berechnungen entsprechen ungefähr dem folgenden Fall: MACH-Zahl $M_1 = 6{,}4$ für eine Stoßwelle in Brom mit einem Ausgangsdruck von $p_1 = 1$ cm Hg und einer Ausgangstemperatur von $T_1 = 300$ °K. Mittels dieser numerischen Werte kann nun aus Gl. (IV, 28) $\left(\varrho\frac{\partial \alpha}{\partial t}\right)^{\text{Lab}}$ errechnet werden. Es sei noch darauf hingewiesen, daß sich die einzelnen Größen nahezu linear mit ϱ_M ändern, so daß bequem interpoliert werden kann. ϱ_M steigt an mit fortschreitender Dissoziation, da die Wirkung der Abkühlung den Einfluß der Konzentrationsverminderung von M durch Reaktion überwiegt.

Jetzt ist es auch möglich, k_r^+ aus (IV, 25, 26) und der Beziehung $k_r^- = \frac{k^+_r}{K_\varrho}$ auszurechnen. K_ϱ ist die Gleichgewichtskonstante.

Unmittelbar hinter der Stoßfront ist $\alpha = 0$ und $\varrho = \varrho_M$. Für diesen Fall vereinfacht sich die Gl. (IV, 28) zu

$$\varrho\left(\frac{\partial \alpha}{\partial t}\right)^{\text{Lab}}_{\alpha=0} = \left(\frac{\partial \varrho_M}{\partial t}\right)^{\text{Lab}} \left[\frac{(T - T_i)\left(\frac{m_A}{m_M} c_{v_A} + \frac{m_B}{m_M} c_{v_B} - c_{v_M}\right) + D_1 - T c_{v_M}}{R_M T + c_{v_M}\left[T - \frac{u^2}{R_M}\right]} - 1\right]^{-1}. \tag{IV, 29}$$

Die Lösung ist hier als Funktion von $\left(\frac{\partial \varrho_M}{\partial t}\right)^{\text{Lab}}$, ϱ_M und der Stoßstärke explizit anzugeben. Sie lautet:

$$k_r^+ = \frac{-\varrho\left(\frac{\partial \alpha}{\partial t}\right)^{\text{Lab}}_{\alpha=0}}{Z \varrho_M^2} \tag{IV, 30}$$

$$= \frac{-\varrho_1\left(\frac{\partial \varrho_M}{\partial t}\right)^{\text{Lab}}}{\varrho_M^3} \left[\frac{\frac{m_A c_{v_A} + m_B c_{v_B} - m_M c_{v_M}}{m_M R_M}(Y - R_M T_1) + D_1 - \frac{c_{v_M}}{R_M} Y}{Y + \frac{c_{v_M}}{R_M}\left[Y - \frac{u_1^2 \varrho_1^2}{\varrho_M^2}\right]} - 1\right]^{-1}.$$

Dabei ist

$$Y = \frac{p_1}{\varrho_M} + \frac{u_1^2 \varrho_1}{\varrho_M} - \frac{u_1^2 \varrho_1^2}{\varrho_M^2}$$

und Z ist gleich $\frac{\varrho_M}{\varrho_1}$ für $\alpha = 0$.

Läuft die Reaktion in Gegenwart eines großen Überschusses von Inertgas ab, so wird die Behandlung wesentlich vereinfacht, da Temperatur, Druck und Gesamtdichte nahezu konstant bleiben. In diesem Fall wird die Reaktion wie bei den üblichen kinetischen Experimenten behandelt, allerdings mit einer Einschränkung: Um die tatsächliche Aufenthaltszeit des Gases bei der hohen Temperatur zu erhalten, muß die „Laboratoriumszeit" mit Z multipliziert werden. Für Stoßwellen, die in ein ruhendes Gas hineinlaufen, ist $Z = \frac{u_1}{u}$.

5. *Zusammenfassung*

Zur Untersuchung einer jeden Reaktion ist es notwendig, eine geeignete Konzentration als Funktion der Zeit zu bestimmen. Man erhält dann zumindest grundsätzlich die Geschwindigkeitskonstante an jedem Punkt der Reaktionszone. Praktisch wurden die Messungen gewöhnlich an einer einzelnen Reaktion unmittelbar hinter der Stoßfront ausgeführt. In vielen Fällen wurden große Mengen Inertgas zugefügt, damit die Temperaturänderung in dem reagierenden Gemisch klein bleibt. Führt man die Untersuchungen mit Stoßwellen verschiedener Stärke und verschiedener Anfangsbedingungen aus, so kann man Aktivierungsenergien bestimmen und einen Geschwindigkeitsausdruck ermitteln.

Kapitel V

Die Erzeugung von Stoßwellen

A. Einleitende Bemerkungen

Sollen Stoßwellen für chemische Untersuchungen verwendet werden, dann muß man sich die Frage stellen, wie man diese Stoßwellen erzeugt. Es gibt dazu viele Möglichkeiten, für die meisten chemischen Untersuchungen wurde bisher jedoch dem „Stoßrohr“ der Vorzug gegeben. Aus diesen und auch aus anderen, weiter unten angeführten Gründen, befaßt sich dieser Abschnitt fast ausschließlich mit der Erzeugung von Stoßwellen in einem Stoßrohr. Die anderen Verfahren werden vorher nur kurz behandelt.

B. Methoden zur Erzeugung von Stoßwellen

1. Windkanal

Viele der aerodynamischen Untersuchungen, die so viel zur Entwicklung der Luftfahrt beigetragen haben, wurden an Modellen in Windkanälen gemacht[1]. Hält man das Modell in dem strömenden Gas fest, dann kann man sorgfältige Messungen von Druck und Strömung um das Modell herum anstellen. Das Gas wird meist im Kreislauf mittels großer Gebläse oder Ventilatoren an dem Modell vorbeigeführt (Abb. 41). Bekommt die Strömung im Gas Überschallgeschwindigkeit, dann beginnen Stoßwellen in Erscheinung zu treten. Eine Methode zur Untersuchung dieser Stoßwellen besteht darin, daß man geeignete Stoßwellenhalter oder Modelle (zwei- oder dreidimensional) wie Keile, Zylinder oder Kugeln in die Strömung bringt. Der Stoß steht dann vor dem Modell dort, wo die Strömung von Überschall- in Unterschallströmung umschlägt.

Der Windkanal hat für chemische Untersuchungen den Vorteil, daß der Stoß stationär ist, d. h. an einem Ort bleibt und man ihn daher über längere Zeit, z. B. eine oder einige Minuten, beobachten kann. Daher ist es z. B. möglich, Dichtebestimmungen mit einer Röntgenstrahlabsorptionsmethode[2]) die eine lange Einstellzeit benötigt und Messungen der Stoßfrontdicke mit einem Thermoelement[3]) zu machen. Leider gibt es aber auch einige bedeutsame Nach-

---

[1]) Vgl. z. B. W. F. Hilton, High Speed Aerodynamics (London 1952).
[2]) E. M. Winkler, J. Appl. Phys. 22, 201 (1951).
[3]) F. S. Sherman, Nat. Advisory. Comm. Aeronaut. Tech. Note 3298 (1955).

teile. Einer davon ist die Kostenfrage. Ein Überschallwindkanal ist eine sehr große und komplizierte Anlage, deren Gestehungskosten in der Gegend von einigen hunderttausend Mark liegt. Ausströmwindkanäle[1]) sind billiger, da bei ihnen das Gas nicht umgepumpt wird, sondern aus einer Bombe (oder einem anderen Reservoir) durch den Kanal ausströmt. Bei diesen Anordnungen hängt die Zeit, über die man eine stationäre Strömung aufrecht-

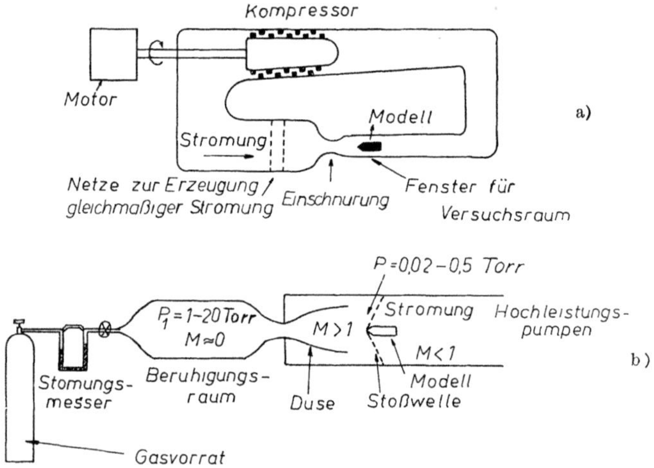

Abb. 41. Windkanäle. a) Umlaufwindkanal, b) Ausströmwindkanal.

erhalten kann ab von der verfügbaren Gasmenge, sonst haben sie die gleichen Nachteile wie die anderen Windkanäle. Die Verwendung eines anderen Gases als Luft ist für die meisten Windkanäle außerordentlich teuer, weil alle Undichtigkeiten beseitigt werden müssen und sehr große Gasmengen gebraucht werden. Auch ist es nicht leicht, die Luft für Windkanalversuche zu trocknen. Weiter liegt die bis heute in einem Windkanal maximal erreichbare Mach-Zahl etwa bei $M = 5$ (d. h. viel niedriger als bei anderen Anordnungen zur Erzeugung von Stoßwellen). Der schwerwiegendste Nachteil ist, daß die mögliche Erwärmung nur zu relativ niedrigen Temperaturen führt. Der Grund dafür ist, daß für die schnelleren Strömungen das umlaufende Gas durch Entspannung in einer Düse beschleunigt werden muß. Dadurch wird das Gas vor dem Stoß auf Temperaturen abgekühlt, die unter Umständen weit unter Zimmertemperatur liegen (und die bis in die Nähe des Siedepunktes von Sauerstoff bei starker Expansion reichen). Die Tem-

[1]) Vgl. z. B. S. A. Schaaf Experimental Methods and Results in Rarified Gas Dynamics in "Heat Transfer, A Symposium", Eng. Inst., Univ. of Michigan (1953).

peraturerhöhung in der Stoßwelle bringt das Gas zurück auf Zimmertemperatur oder etwas darüber, wenn die Kompression hinreichend irreversibel ist. Das bedeutet, daß man nur solche chemische Reaktionen untersuchen kann, in denen schon bei Zimmertemperatur eine hinreichende Menge Endprodukt entsteht. Das gilt für die Einstellung des Gleichgewichts der Translationsenergie (Dicke der Stoßfront, für Rotations-Relaxation und für die Relaxation einiger Schwingungen ($\nu_{vib} \leq 200\ cm^{-1}$). Ebenso für Reaktionen wie $N_2O_4 \rightleftharpoons 2NO_2$. Speziell die Messungen der Dicke einer Stoßfront in ein- und zweiatomigen Gasen unter Verwendung eines bei geringer Dichte arbeitenden Ausström-Windkanals sind von Interesse[1]).

Obwohl Windkanäle für Aerodynamiker sehr nützlich sind, haben sie aus den oben angegebenen Gründen nur wenige neue Erkenntnisse für chemische Probleme gebracht.

2. *Geschosse*

Die wohl einfachste Methode zur Erzeugung einer Stoßwelle besteht darin, ein Geschoß durch ein Medium hindurchzuschießen. Hier ist das Medium in Ruhe, während sich das Modell bewegt. Der Fall liegt also gerade umgekehrt wie in einem Windkanal. Man kann mit geeigneten Geschossen Geschwindigkeiten bis zu $4 \cdot 10^5$ cm/sec[2]) erreichen, was einer MACH-Zahl von etwa 11 in Argon oder 18 in Chlor entspricht. Die Versuchsanordnung ist leicht aufzubauen, da man nur das Geschoß durch ein dünnes Plastikfenster in den Versuchsraum hineinzuschießen braucht. Für Messungen benötigt man Geräte sehr hoher Zeitauflösung. Ein schwerwiegender Nachteil dieser Methode ist, daß die Strömung durch die Stoßwelle und besonders der Bereich zwischen Stoßfront und Geschoß nicht mehr als eindimensional betrachtet werden kann. Durch die zwei- oder dreidimensionale Strömung werden sowohl Messungen als auch Berechnungen für die meisten chemischen Probleme sehr viel schwieriger, deshalb wurde diese Methode auch kaum verwendet. Nur ZEL'DOVICH[3]), LEIPUNSKY und SHLYAPINTOKH haben sie zur Untersuchung der Entzündung von Gasgemischen und SCHWARTZ[4]) und ECKERMAN zur Abschätzung von Relaxationszeiten in Chlor verwendet. Die zuletzt genannten Autoren haben die Verteilung der Stoßwellen um das

---

[1]) F. S. SHERMAN, Nat. Advisory Comm. Aeronaut. Tech. Note 3298 (1955). — L. TALBOT und F. S. SHERMAN, Structure of Weak Shock Waves in a Monatomic Gas, Univ. of California, Inst. Engineering Res. Report No. HE-150-137.

[2]) W. D. CROZIER und W. HUME, J. Appl. Phys. **28**, 892 (1957).

[3]) YA. B. ZEL'DOVICH und O. LEIPUNSKY, Acta Physicochim. (U.S.S.R.) **18**, 167 (1943).
YA. B. ZEL'DOVICH und I. YA. SHLYAPINTOKH, Doklady Akad. Nauk U.S.S.R. **65**, 871 (1949).

[4]) R. N. SCHWARTZ und J. ECKERMAN, J. Appl. Phys. **27**, 169 (1956).

Geschoß herum photographiert, das mit Funken kurzer Zeitdauer (kürzer als 1 μsec) beleuchtet wurde. Eine von HEYBEY[1]) entwickelte Theorie gibt einen Zusammenhang zwischen dem Abstand Stoßfront—Geschoß mit der Relaxationszeit (vgl. Abb. 42).

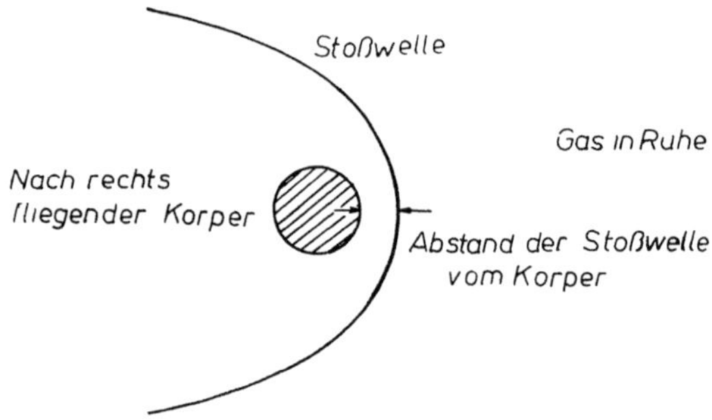

Abb. 42. Von einem Geschoß erzeugte Stoßwelle.

Eine besondere Art von Geschoß ist ein mechanischer Kolben, den man z. B. durch Preßluft antreiben kann. Die erreichbare Beschleunigung ist groß genug ($2{,}5 \times 10^6$ cm/sec^2), um auf einer Strecke von fünf Meter von der Ausgangslage des Kolbens Stoßwellen zu erzeugen. Diese Methode wurde zur Untersuchung der Ausbildung einer Stoßwelle im Stoßrohr benutzt[2]).

3. *Explosionen*

Eine ausgezeichnete Methode zur Erzeugung von Stoßwellen bietet das plötzliche Freiwerden von chemischer Energie, wie man es in Detonationen von Gasen, Flüssigkeiten und Festkörpern hat. Eine zweckmäßige Anordnung besteht darin, eine ebene Detonationswelle auf ein inertes Material laufen zu lassen, welches dann den Stoß auf die zu untersuchende Substanz überträgt. Die ebene Detonationswelle kann man mit einer sorgfältig aufgebauten Ladung[3]) besonderer Form (Abb. 43), in der ein Explosivstoff hoher Detonationsgeschwindigkeit eine zweite Ladung geringerer Detonationsgeschwindigkeit umschließt, erzeugen. Ein Zünder leitet die Reaktion ein und während normalerweise eine sphärische Front in den Explosivstoff mit der geringeren Ausbreitungsgeschwindigkeit hineinliefe, erhält man jetzt eine ebene Welle, da an den Rändern wegen des umgebenden Sprengstoffes hoher Detonationsgeschwindigkeit, die Detonation früher einsetzt.

[1]) W. H. HEYBEY, Shock Distances in Front of symmetrical Bodies NAVORD Report 3594 (to be published in J. Aeronaut. Sci.).

[2]) A. B. LAPONSKY, Observation of Shock Formation and Growth, Lehigh Univ., Inst. Res., Report No. 1 (1951).

[3]) J. H. COOK, Research **1**, 474 (1948).

Man kann erreichen, daß die Front bis auf Abweichungen von 0,01 μsec[1]) eben ist. Wird die sich ausbreitende Welle nicht von einem Rohr umschlossen (das ist nur bei Gasen leicht zu machen), dann bleibt die Front nicht eben, außer in solchen Abständen vom Sprengstoff, bei denen die Ver-

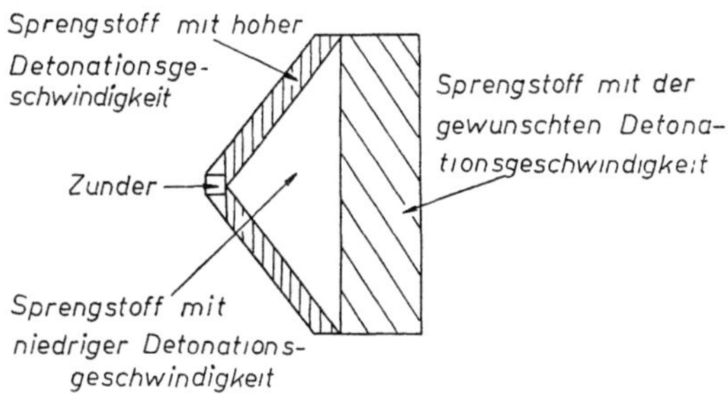

Abb. 43. Sprengladung zur Erzeugung ebener Stoßwellen Sprengstofflinse genannt.

dünnungswellen, die vom Rand herkommen, das Zentrum noch nicht erreicht haben. Da die Front einer Verdünnungswelle mit Schallgeschwindigkeit in das erhitzte Medium hineinläuft und da die Schallgeschwindigkeit von der Größenordnung der Stoßwellengeschwindigkeit ist, muß man die Messungen in einem Abstand vom Sprengstoff machen, der merklich kleiner als der Radius der Ladung ist. Für Experimente dieser Art wurden Geschwindigkeitsmessungen mit einer Zeitauflösung entwickelt, die im Bereich von Millimikrosekunden liegt (vgl. Kap. VI). Mit festen Sprengstoffen lassen sich bei einem Ausgangsdruck von einigen Atmosphären außerordentlich starke Stöße mit Drucken bis zu Megabars (ein Bar = 10^6 dyn/cm^2 bzw. 0,987 atm) ergänzen. Damit können Zustandsfunktionen und andere Größen in einem Druckbereich untersucht werden, der mit keiner anderen Versuchstechnik zugänglich ist. Der maximal erreichbare Druck übersteigt statisch erreichbare Drucke (z. B. bei Bridgman)[2]) um einen Faktor zehn. Untersuchungen lassen sich an Festkörpern, Flüssigkeiten und an Gasen (das Stoßrohr ist auf Gase beschränkt) ausführen. Die Stärke des von einem Sprengstoff auf die Versuchssubstanz übertragenen Stoßes hängt von der akustischen Anpassung zwischen den beiden Stoffen ab, d. h. davon, wieweit das Produkt aus Dichte und Schallgeschwindigkeit für beide Stoffe gleich ist. Die dadurch gegebenen Grenzen lassen sich etwas erweitern. An

---

1) R. W. Goranson, D. Bancroft, B. L. Burton, T. Blechar, E. E. Houston, E. F. Gittings und S. A. Landeen, J. Appl. Phys. **26**, 1472 (1955).
2) P. M. Bridgman, Rev. Mod. Phys. **7**, 1 (1935).

der unteren Grenze geschieht das durch sorgfältiges Abschwächen des Stoßes in einem Material, das vor der Probe eingeführt wurde, an der oberen Grenze durch die Verwendung reflektierter Stoßwellen. Trotzdem bleibt diese Methode aber auf einen bestimmten Bereich hohen Druckes beschränkt. Bei einem typischen Experiment mit Aluminium lagen die gemessenen Drucke zwischen 140000 und 350000 atm[1]).

Abgesehen davon, daß die Methode auf starke Stöße beschränkt ist, ist sie sehr teuer und nicht überall anwendbar, da man große Ladungen braucht. Wenn man häufig größere Mengen Sprengstoff verwendet (Kilogramm und mehr), so erfordert das ausgedehnte weitabliegende Versuchsstationen und sorgfältigen Schutz für Apparate und Personal. Es ist weiterhin notwendig, daß nach jedem Versuch die ganze Versuchsanordnung neu aufgebaut wird.

Man kann sagen, daß Stoßwellen, die mit Sprengstoffen erzeugt werden, ein sehr nützliches Hilfsmittel für Untersuchungen bei extrem hohen Drucken sind. Sie sind jedoch zur Untersuchung chemischer Reaktionen in Gasen nicht so vielseitig anwendbar und einfach wie das Stoßrohr.

4. Das Stoßrohr

Der gebräuchlichste und zweckmäßigste Weg zur Erzeugung von Stoßwellen in Gasen besteht in der Verwendung eines Stoßrohres. Daher wird sich auch der Hauptteil dieses Kapitels mit der Theorie und der praktischen Anwendung von Stoßrohren befassen[2]).

Schon im Jahre 1899 untersuchte Vieille[3]) die Strömung, die sich ausbildet, wenn eine Membran zerreißt, die zwei Gase verschiedenen Druckes trennt. Er verwendete ein Rohr von 22 mm Durchmesser mit Membranen aus Kollodium oder Papier zur Erzeugung von Stoßwellen in Luft bis zu einer Mach-Zahl von 2. Er konnte sogar die Abschwächung der Stoßwellen in einem vier Meter langen Rohr messen. Später untersuchte Kobes[4]) in einer theoretischen Arbeit über die Wirkungsweise von Luftbremsen die Druckverteilung und die Strömung, wenn darin ein masseloser Kolben freigegeben wird, der zwei Bereiche verschiedenen Druckes trennt.

Schardin[5]) untersuchte in einer theoretischen Arbeit die Druckeinstellung in Rohren und die Bedingungen für die Entzündung von Wasserstoff-Sauerstoff-Gemischen durch einfallende und reflektierte Stoßwellen.

---

[1]) J. M. Walsh und R. H. Christian, Phys. Rev. **97**, 1544 (1955).
[2]) Bibliographie über Stoßrohre bis 1955 vgl.: K. Dolder und R. Hide, Atomic Energy Research Establishment (Harwell) Rep G/R 2055 (1957).
[3]) P. Vieille, Compt. rend. **129**, 1228 (1899).
[4]) K. Kobes, Z. österr. Ing. Architekt. Ver. **62**, 553 (1910).
[5]) H. Schardin, Physik. Z. **33**, 60 (1932).

In der sechsten einer Reihe von Arbeiten von PAYMAN und Mitarb., die der Untersuchung von Explosionen und Stoßwellen gewidmet waren, beschreiben PAYMAN[1]) und SHEPHERD die Konstruktion, die Wirkungsweise und die Theorie eines Stoßrohres. Sie verfolgten ihre Stoßwellen mittels Schlierenanordnung und rotierender Kamera.

Obwohl diese frühen Arbeiten viele Vorteile von Stoßrohrexperimenten klar zeigten, so hat doch die rasche Entwicklung des Stoßrohres erst nach dem Kriege begonnen, als man in vielen Laboratorien anfing, sich mit der Theorie und der Erzeugung von Stoßwellen zu befassen[2]).

Die meisten Stoßrohre erhalten ihre Energie durch die Entspannung verdichteter Gase. Es wurden jedoch auch einige andere Energiequellen untersucht. FOWLER[3]), ATKINSON, COMPTON und LEE, sowie ATKINSON[4]) und HOLDEN haben z. B. Experimente mit einem Rohr gemacht, in dem durch elektrische Entladung ein Teil des Gases schnell genug erhitzt wird, so daß seine Expansion eine Stoßwelle erzeugt, die in den anderen Teil des Stoßrohres hineinläuft. Die bis jetzt gemachten Beobachtungen wurden an dem expandierenden ionisierten Gas ausgeführt. Die Ergebnisse lassen sich schwer interpretieren. Auch detonierende Gase[5]) wurden zur Erzeugung von Stößen in Rohren verwendet. Kommt eine Detonation an die Grenzfläche zwischen dem explosiven Gemisch und dem Gas, in dem die Stoßwelle erzeugt werden soll, dann läuft in dieses Gas eine Stoßwelle hinein. Auf Grund der nicht konstanten Bedingungen hinter einer Detonation wird diese Stoßwelle sehr schnell geschwächt (etwa 0,01 mm/μsec pro Zentimeter Laufweg). Fast alle Untersuchungen von chemischen Problemen in Stoßrohren wurden in solchen Rohren durchgeführt, bei denen ein Gas, das sich auf hohem Druck befindet, nach Zerplatzen einer Membran plötzlich entspannt wird.

---

[1]) W. PAYMAN und W. C. F. SHEPHERD, Proc. Roy. Soc. (London) A **186**, 293 (1946).

[2]) Vgl. z. B. W. BLEAKNEY, D. K. WEIMER und C. H. FLETCHER, Rev. Sci. Inst. **20**, 807 (1949). — I. I. GLASS und G. N. PATTERSON, J. Aeronaut. Sci. **22**, 73 (1955). — B. D. HENSHALL, J. Roy. Aeronaut. Soc. **58**, 541 (1954). — F. W. GEIGER und G. W. MAUTZ, The Shock Tube as an Instrument for the Investigation of Transonic und Supersonic Flow Patterns, Eng. Res. Inst., Univ. of Michigan (1949). — A. HERTZBERG und A. KANTROWITZ, J. Appl. Phys. **21**, 874 (1950). — A. HERTZBERG, Appl. Mech. Rev. **9**, 505 (1956). — F. C. HARSCHBARGER, Z. Elektrochem. **61**, 592 (1957). — W. JOST, Chem.-Ing.-Tech. **28**, 708 (1956).

[3]) R. G. FOWLER, W. R. ATKINSON, W. D. COMPTON und R. J. LEE, Phys. Rev. **88**, 137 (1952).

[4]) W. R. ATKINSON und W. R. HOLDEN, Ionized Gas Flow in Electrically Energized Shock Tubes, Univ. of Oklahoma, Res. Inst. Tech. Report, Project 87 (1954).

[5]) D. J. BERETS, E. F. GREENE und G. B. KISTIAKOWSKY, J. Amer. Chem. Soc. **72**, 1086 (1950).

C. Theorie eines gasbetriebenen Stoßrohres

Abb. 44b zeigt eine schematische Darstellung eines Stoßrohres. Es ist im wesentlichen ein Rohr, das durch eine Membran in zwei Teile unterteilt wird. Enthalten diese zwei Kammern Gas von verschiedenem Druck, so wird sich bei plötzlicher Entfernung der Membran das Gas mit höherem Druck ausdehnen und abkühlen, während gleichzeitig das Gas mit niedrigerem Ausgangsdruck komprimiert und aufgeheizt wird. Die einfachste Behandlung des Stoßrohres macht folgende Voraussetzung. 1. Die Membran wird plötzlich und ohne Wechselwirkung mit dem Gas entfernt. 2. Die Strömung durch das Rohr erfolgt ohne Energie- und Impulsabgabe an die Rohrwand. Die Auswirkungen dieser Vernachlässigungen werden in Abschnitt D diskutiert. Für den Anfang ist es zweckmäßig anzunehmen, daß man ein ideales Gas mit konstanter spezifischer Wärme und ohne Relaxation verwendet. Die Strömung, die sich nach Entfernung der Membran ausbildet, ist in Abb. 44a dargestellt. Dieses Zeit-Weg-Diagramm zeigt eine Stoßwelle, die sich mit konstanter Geschwindigkeit in ein Gas mit niedrigerem Druck fortpflanzt, während sich im Hochdruckteil eine Verdünnungswelle ausbreitet. Die Fläche, die das Gas ursprünglich in zwei Bereiche aufteilte, wird als Kontaktfläche (oder Kontaktdiskontinuität) bezeichnet. Sie bewegt sich mit Strömungsgeschwindigkeit in den Niederdruckteil. Während Dichte und Temperatur an der Kontaktfläche einen diskontinuierlichen Übergang haben können, ändern sich Druck und Strömungsgeschwindigkeit senkrecht zur Kontaktfläche nicht. Diese Kontaktfläche ist also zeitlich stabil (abgesehen von der Wirkung der relativ langsam ablaufenden Vorgänge von Wärmeleitung und Diffusion). Die Daten einer Stoßwelle, die man bei einem gegebenen Ausgangsdruckverhältnis zwischen Versuchsgas und Treibgas erwarten kann, bekommt man, indem man Druck und Strömungsgeschwindigkeit von Stoß und Verdünnungswelle an der Kontaktfläche richtig zusammenfügt.

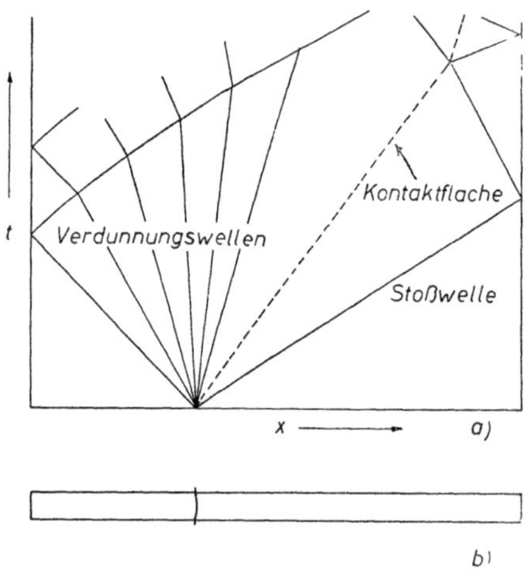

Abb. 44. a) Zeit-Weg-Diagramm der Strömung in einem Stoßrohr – b) Stoßrohr. Das Gas in der linken Kammer hat einen höheren Druck als das in der rechten Kammer.

Wird ein ruhendes Gas durch Expansion von einer Dichte ϱ' auf eine Enddichte ϱ'' beschleunigt, dann ist die Strömungsgeschwindigkeit im ruhenden Koordinatensystem wie RIEMANN zeigte

$$w = -\int\limits_{\varrho'}^{\varrho''} \sqrt{\left(\frac{\partial p}{\partial \varrho}\right)_s} \, \frac{d\varrho}{\varrho}. \tag{V, 1}$$

Für die adiabatische Expansion eines idealen Gases mit konstanter spezifischer Wärme gilt:

$$a = \sqrt{\left(\frac{\partial p}{\partial \varrho}\right)_s} = \sqrt{\varkappa R T} \quad \text{und} \quad \frac{d\varrho}{\varrho} = \frac{1}{\varkappa - 1} \frac{dT}{T},$$

so daß

$$w = \frac{2}{\varkappa - 1} \sqrt{\varkappa R T'} \left[1 - \left(\frac{T''}{T'}\right)^{\frac{1}{2}}\right] = \frac{2a'}{\varkappa - 1}\left[1 - \left(\frac{p''}{p'}\right)^{\frac{\varkappa - 1}{2\varkappa}}\right]. \tag{V, 2}$$

An der Kontaktfläche treten für Druck und Strömungsgeschwindigkeit keine Sprünge auf. Die in das Niederdruckgas laufende Stoßwelle muß dieses Gas also derart beschleunigen und komprimieren, daß sich an dieser Fläche die gleichen Werte für Druck und Strömungsgeschwindigkeit des Treib- und des Versuchsgases ergeben. Diese zusätzliche Bedingung bedeutet, daß für eine gegebene Stoßwelle (p_2 und w vorgegeben) und ein bestimmtes Treibgas ($\varkappa_4$ vorgegeben) nur ein Wert des Druckes p_4 im Hochdruckteil möglich ist. Eine Beziehung zwischen p_4/p_1 und p_2/p_1 für ein ideales Gas mit konstanter spezifischer Wärme wurde von verschiedenen Autoren[1]) angegeben.

Man geht dabei so vor, daß man $w = u_1 - u_2$ aus den Gleichungen (V, 2), (II, 28 und 30) eliminiert. Das Ergebnis ist:

$$\frac{p_4}{p_1} = \frac{p_2}{p_1}\left[1 - \frac{a_1(\varkappa_4 - 1)\left(\frac{p_2}{p_1} - 1\right)}{a_4(\varkappa_1 \quad 1)\sqrt{\frac{2\varkappa_1}{\varkappa_1 - 1}\frac{p_2}{p_1}\left(\frac{\varkappa_1 + 1}{\varkappa_1 - 1} + \frac{p_1}{p_2}\right)}}\right]^{-\frac{2\varkappa_4}{\varkappa_4 - 1}}. \tag{V, 3}$$

Daraus lassen sich verschiedene wichtige Schlüsse ziehen. Für vorgegebenes p_4 und p_1 erhält man um so stärkere Stöße, je größer das Verhältnis der Schallgeschwindigkeiten a_4/a_1 und je größer $\varkappa_1 = c_p/c_v$ für das Gas im Niederdruckteil ist. Die ausgezogenen Linien in den Abb. 45, 46 und 47 zeigen das Verhältnis p_4/p_1, das man nach Gl. (V, 3) und (II, 28) braucht, um eine bestimmte MACH-Zahl M_1 für Stoßwellen in Argon, Stickstoff und Azetylen ($\varkappa_1$ = konstant) mit drei verschiedenen Gasen (H_2, He und Ar) im Hoch-

[1]) K. KOBES, Z. österr. Ing. Architekt. Ver. **62**, 553 (1910). — H. SCHARDIN, Physik. Z. **33**, 61 (1932). — A. H. TAUB, in: BLEAKNEY, WEIMER und FLETCHER, Rev. Sci. Instruments **20**, 814 (1949). — W. PAYMAN und W. C. F. SHEPHERD, Proc. Roy. Soc. (London) A **186**, 293 (1946).

druckteil zu erzeugen. Man sieht deutlich, daß H_2 und He wesentlich stärkere Stöße bei vorgegebenem p_4/p_1 ergeben als Ar. Das ist auf ihr kleines Molekulargewicht und die daraus folgende hohe Schallgeschwindigkeit zurück-

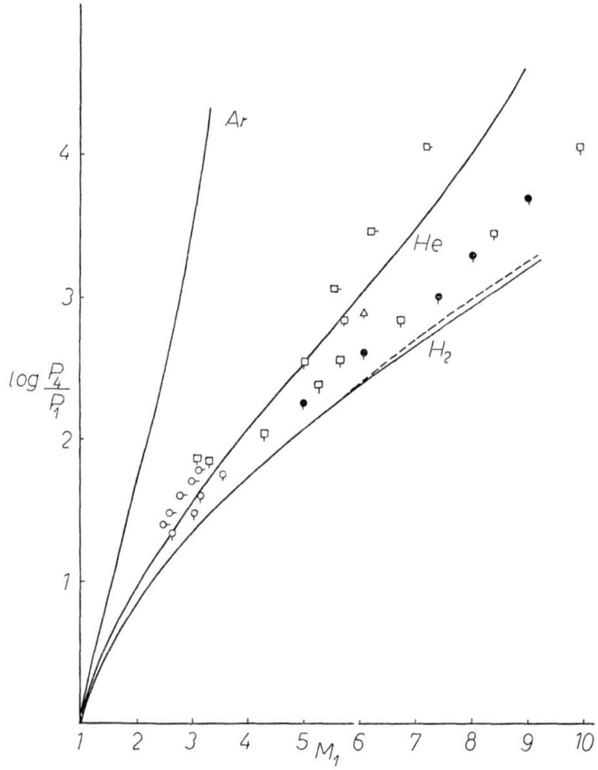

Abb. 45. log p_4/p_1 für Stoßwelle in Ar als Funktion der MACH-Zahl. Verschiedene Gase im Hochdruckteil des Stoßrohres (Treibgas). Argon im Niederdruckteil, T_1 = 300 °K. Messpunkte vgl. Tabelle 1.

zuführen. H_2 ist dabei noch wirksamer als He, man kann es aber manchmal nicht verwenden, wenn es mit dem Gas im Niederdruckteil reagiert. Dieselben Abbildungen zeigen, daß es einen Grenzwert für p_2/p_1 gibt, wenn $p_4/p_1 \to \infty$. Dieser Grenzwert ist dann erreicht, wenn die Klammer in Gl. (V, 3) Null wird.

Ist die spezifische Wärme nicht konstant, dann kann man Gl. (V, 3) nicht mehr anwenden und die Rechnung wird etwas mühsamer, aber immer noch ausführbar. Bei starken Stößen kann das Gas im Hochdruckteil durch die Expansion so stark abgekühlt werden, daß Kondensationserscheinungen auftreten können. Verwendet man als Treibgas H_2, dann kann sich dessen spezifische Wärme dabei vermindern, weil dann die Rotationsfreiheitsgrade nicht mehr länger voll angeregt sind, wie das bei

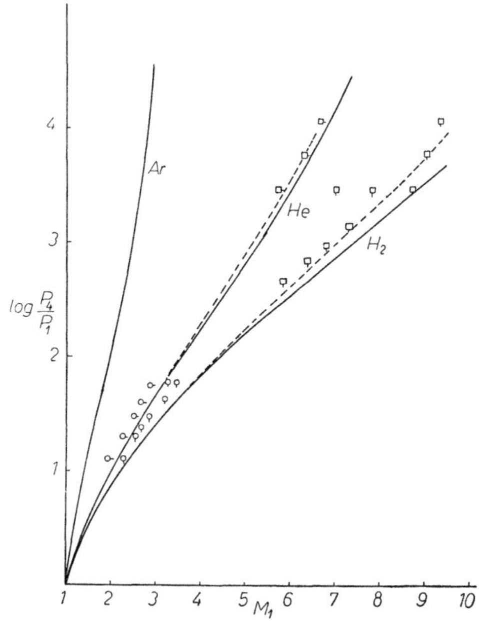

Abb. 46. $\log p_4/p_1$ für Stoßwellen in N_2 als Funktion der MACH-Zahl. Verschiedene Treibgase. Stickstoff im Niederdruckteil $T_1 = 300\,°K$. Messpunkte vgl. Tabelle 1.

Zimmertemperatur mit $c_v = 5/2 R$ der Fall ist. Man muß Gl. (V, 1) entweder numerisch oder unter Verwendung eines analytischen Ausdruckes für $c_v(T)$ integrieren, damit man die Strömungsgeschwindigkeit erhält, die sich einstellt, wenn H_2 von p_4 auf p_2 entspannt wird[1]). Da nur das Verhältnis p_4/p_2 auftritt, kann man das Ergebnis mit H_2 als Treibgas mit jedem anderen Gas im Niederdruckteil zur Bestimmung der Stoßstärke als Funktion von p_4/p_1 verwenden. Man braucht nur p_2/p_1 und w für die gewünschte Stoßwelle in dem aufzuheizenden Gas berechnen und dann für dieses w das Verhältnis p_4/p_2 zu ermitteln. Aus diesem ergibt sich dann direkt p_4/p_1. Für einatomige Gase ist Gl. (V, 2) bis zum Einsetzen der Kondensation gültig. Bei der Verwendung von Helium tritt hier also kein Problem auf.

---

[1]) R. E. DUFF, The Use of Real Gases in a Shock Tube, Univ. of Michigan, Eng. Res. Inst. Report (Michigan 1951).

Ist das Gas im Niederdruckteil nicht ideal oder hat es keine konstante spezifische Wärme, dann müssen p_2 und w als Fuktionen von M_1 oder p_2/p_1 nach den in Kap. III behandelten Methoden für reale Gase berechnet werden. Das gewünschte p_4/p_1 findet man wie oben, indem man die w zusammen-

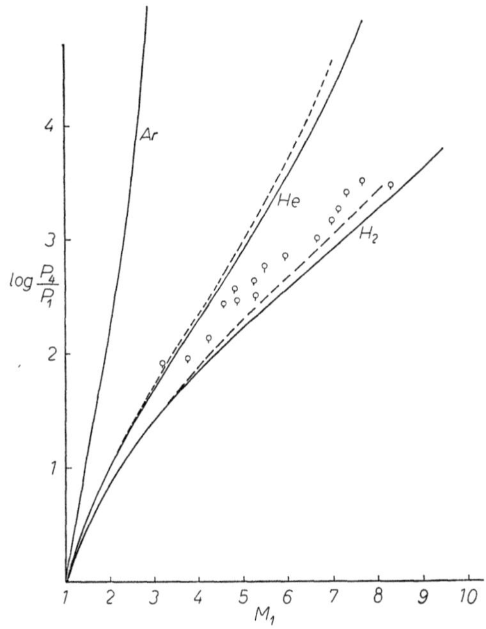

Abb. 47. $\log p_4/p_1$ für Stoßwellen in C_2H_2 als Funktion der Mach-Zahl. Verschiedene Treibgase. Azetylen im Niederdruckteil $T_1 = 300\,°K$. Meßpunkte vgl. Tabelle 1.

fügt. Tab. 2 gibt die Werte von p_4/p_2, die man braucht, um verschiedene w für He und H_2 einzustellen (konstantes $c_v = 5/2 R$ und $c_v = c_v(T)$[1]). Abb. 45–47 zeigen auch (gestrichelte Linien) Kurven für H_2 und He getriebene Stoßwellen in Ar, N_2 und C_2H_2. Hier wurden für alle Gase experimentell ermittelte spezifische Wärmen verwendet. Zum Vergleich sind einige Messungen aufgeführt (vgl. Tab. 1).

Im allgemeinen besteht für eine gegebene Stoßwelle mit $M_1 < 1{,}5$ innerhalb weniger Prozent Übereinstimmung zwischen experimentell ermitteltem p_4/p_1 und den berechneten Werten. Für höhere Mach-Zahlen wird die Übereinstimmung schlechter. Für Mach-Zahlen zwischen 5 und 10 sind die berechneten Werte nur noch etwa halb so groß wie die experimentell er-

[1]) A. Farkas, Orthohydrogen, Parahydrogen and Heavy Hydrogen, Seite 19 (Cambridge 1935).

Tabelle 1

Angaben zu den Abb. 45, 46, 47; Berstdruck aufgetragen gegen M_1

Symbol	Treibgas	Auf- geheiztes Gas	Abstand von der Membran (m)	Bereich von p_1 (mm)	Stoßrohr-Durchmesser	Literatur
⊙	H_2	Ar	3,2	50–90	5 × 17,5 cm Stahl	Hollyer, Univ. of Michigan, Eng. Res. Inst. Report 1953
⊙	He	Ar	3,2	60–90	5 × 17,5 cm Stahl	Hollyer, Univ. of Michigan, Eng. Res. Inst. Report 1953
●	H_2	Ar	—	10–150	37,5 mm Stahl oder Messing	Resler, Lin u. Kantrowitz, J. Appl. Phys. **23**, 1390 (1952)
⊡	H_2	Ar	2	0,6–100	5 cm Glas	J. P. Toennies, unveröffentlicht
⊡	H_2	Ar	2	0,6–6	5 cm Glas	J. P. Toennies, unveröffentlicht
△	H_2	Ar	2	9	2,5 cm Glas	J. P. Toennies, unveröffentlicht
⊙	H_2	N_2	3,2	15–150	5 × 17,5 cm Stahl	Hollyer, Univ. of Mich. Eng. Res. Inst. Report 1953
⊙	He	N_2	3,2	35–70	5 × 17,5 cm Stahl	Hollyer, Univ. of Mich. Eng. Res. Inst. Report 1953
⊡	H_2	N_2	2	0,6–15	5 cm Glas	J. P. Toennies, unveröffentlicht
⊡	He	N_2	2	0,6–2,4	5 cm Glas	J. P. Toennies, unveröffentlicht
⊙	H_2	C_2H_2	1,5	2–60	7,5 cm Glas	C. F. Aten, unveröffentlicht

mittelten. Trotz dieser Unterschiede sind die berechneten Kurven zur Interpolation der gemessenen Werte recht nützlich.

RESLER, LIN und KANTROWITZ[1]) haben verschiedene Methoden untersucht, mit denen man stärkere Stöße, als nach Gl. (V, **3**) zu erwarten bekommt. Diese Methoden lassen sich in zwei Gruppen einteilen. Bei der einen wird versucht, die Schallgeschwindigkeit a_4 im Treibgas zu erhöhen.

Tabelle 2

Temperaturen und Strömungsgeschwindigkeiten von He und H_2 nach Expansionen von verschiedener Stärke

T°K	H_2, $c_v = 5/2R$		H_2, $c_v = c_v(T)$		He, $c_v = 3/2R$	
	p_4/p_2	w [mm/μsec]	p_4/p_2	w [mm/μsec]	p_4/p_2	w [mm/μsec]
300	1	0	1	0	1	0
275	1,356	0,280	1,338	0,276	1,24	0,13
250	1,983	0,573	1,856	0,562	1,58	0,266
225	2,74	0,882	2,65	0,858	2,05	0,410
200	4,13	1,208	3,92	1,164	2,76	0,561
175	6,60	1,555	6,04	1,479	3,85	0,722
150	11,31	1,927	9,77	1,804	5,66	0,895
125	21,4	2,33	16,80	2,14	8,92	1,084
100	46,8	2,78	31,5	2,48	15,6	1,292
75	128	3,29	67,2	2,84	32,0	1,529
50	529	3,89	189,6	3,24	88,2	1,809
40	1155	4,18	332	3,43	154,1	1,941
30	3160	4,50	685	3,64	316	2,09
25	5990	4,68	1008	3,76	499	2,18
20	13070	4,88	1897	3,89	871	2,27

Das erreicht man, indem man das Gas auf irgendeine Weise aufheizt. Eine äußere Heizung für den Hochdruckteil ist nicht praktisch, dagegen erscheint Aufheizung durch Heizelemente im Innern des Gasraumes nicht unzweckmäßig. Besser dürfte jedoch Aufheizung durch eine elektrische Entladung oder durch Verbrennung geeignet sein. Eine gebräuchliche Methode besteht darin, als Treibgas Wasserstoff mit geringem Sauerstoffzusatz zu verwenden und kurz vor dem Bersten der Membran das Gemisch zu entzünden. Für ein Gemisch mit 12% Sauerstoff ist die Schallgeschwindigkeit nach der Verbrennung 1,67mal so groß wie in Wasserstoff bei Zimmertemperatur. Das führt in einem speziellen Fall zu einem Anstieg der MACH-Zahl in Argon von 12 auf 17. Von Nachteil ist, daß die Mischung unter Umständen detonieren kann[2]). Eine verwandte Methode zur Erzeugung einer ähnlichen Steigerung der MACH-Zahl besteht darin, daß man

[1]) E. L. RESLER, S. C. LIN und A. KANTROWITZ, J. Appl. Phys. **23**, 1390 (1952).
[2]) D. R. WHITE, J. Fluid Mechan. **2**, 513 (1957).

den Hochdruckteil mit zusätzlichen Membranen in zwei oder mehr Teile unterteilt. Der Druck ist am höchsten in dem Teil, der am weitesten vom Niederdruckteil entfernt ist. Bei dieser Methode wird das wirksame Treibgas durch eine Stoßwelle aus dem Teil mit dem höchsten Druck erhitzt[1]).

Die zweite Art zur Erzielung höherer MACH-Zahlen erfordert eine Veränderung in der Geometrie des Stoßrohres. Man gibt dem Hochdruckteil einen größeren Durchmesser und verbindet ihn durch einen konischen Übergang mit dem Niederdruckteil. Die Steigerung des wirksamen p_4 hängt von der Stoßstärke ab.

Die sorgfältigsten Untersuchungen dazu wurden von ALPHER[2]) und WHITE gemacht. Ihr Bericht enthält viele nützliche graphische Darstellungen und Tabellen, die die mögliche Steigerung der Stoßstärke auf Grund von Veränderungen des Verhältnisses von Fläche des Hochdruckteiles zur Fläche des Niederdruckteiles beschreiben. Leider beträgt die maximale Steigerung der MACH-Zahl gegenüber einem Stoßrohr konstanten Querschnittes nur 10%.

Zur Erzeugung stärkerer Stöße kann man auch den Durchmesser des Niederdruckteiles verändern. Eine Verminderung des Durchmessers entlang des Niederdruckteiles bewirkt, daß ein Teil der Stoßwelle reflektiert wird. Der weiterlaufende Teil wird dadurch schneller. Für starke Stöße in Argon ist eine Erhöhung der MACH-Zahl um etwa 20% möglich. BLACKMAN[3]) hat diese Methode zur Erzeugung stärkerer Stöße in zweiatomigen Gasen benützt. Sein Rohr hatte ein Flächenverhältnis von 34:1. Bei Stoßwellen in Stickstoff mit einer MACH-Zahl von 4 wuchs die MACH-Zahl nach der Verengung auf $M = 7{,}5$.

PERRY und KANTROWITZ[4]) haben ein Stoßrohr verwendet, dessen Ende so geformt war, daß konvergierende zylindrische Stoßwellen entstanden. Man kann auf diese Weise sehr hohe Temperaturen erhalten. Wegen der nichtlinearen Strömung und wegen Störungen durch kleine Unregelmäßigkeiten im Rohr oder in der Strömung ist es aber schwierig, solche Messungen auszuwerten.

Mit den genannten Methoden kann man eine merkliche Erhöhung der Stoßstärke erzielen. Sie sind aber nur dann angebracht, wenn ein normales Stoßrohr auf keinen Fall mehr ausreichend ist. Die Gründe dafür sind,

---

[1]) I. I. GLASS und G. N. PATTERSON, J. Aeronaut. Sci. **22**, 73 (1955).

[2]) R. A. ALPHER und D. R. WHITE, Ideal Theory of Shock Tubes with Area Change near Diaphragm. General Electr. Res. Lab. Report No 57-RL-1664 (1957); J. Fluid Mechan. **3**, 457 (1958). Vgl. auch J. LUKASIEWICZ, Flow in a Shock Tube of Non-Uniform Cross Section, Nat. Res. Council (Canada) Report MF-11, (1950).

[3]) V. BLACKMAN, J. Fluid Mechan. **1**, 61 (1956).

[4]) R. W. PERRY und A. KANTROWITZ, J. Appl. Phys. **22**, 878 (1951).

daß die Strömung weniger gleichmäßig ist, daß sie schwerer zu berechnen und daß sie experimentell schwerer herzustellen ist.

Wünscht man höhere Temperaturen, höhere Drucke und im wesentlichen stationäres Gas, dann ist es am einfachsten, die Stoßwelle zu benutzen, nachdem sie von einer ebenen Endplatte reflektiert wurde.

Für stärkere Stöße ist die erreichbare Enthalpie nach der Reflexion etwa doppelt so groß. Das bedeutet merklich höhere Dichten (meist $\varrho_5/\varrho_2 > 3$) und viel höhere Temperaturen ($T_5/T_2 \approx 2$), wenn sich die Wärmekapazität nicht plötzlich wegen einer chemischen Reaktion erhöht. Reflektierte Stoßwellen wurden in den Kapiteln II und III etwas ausführlicher behandelt, da sie für den Bereich höherer Dichte und höherer Temperatur, der durch sie erfaßbar wird, wichtig sind. Eine Schwierigkeit ergibt sich allerdings dadurch, daß häufig eine Wechselwirkung zwischen der reflektierten Stoßwelle und der Grenzschicht der einfallenden Stoßwelle auftritt[2]). Dadurch können merkliche Abweichungen von der eindimensionalen Strömung auftreten.

D. Konstruktion eines Stoßrohres

Bei der Planung eines Stoßrohres muß man sich die Länge der beiden Teile überlegen. Häufig möchte man gerne eine möglichst lange Zeit zur Beobachtung des aufgeheizten Gases haben. Die verfügbare Zeit wird durch einen der beiden folgenden Gründe begrenzt: Ist der Hochdruckteil zu kurz, dann wird die Verdünnungswelle vom geschlossenen Ende des Hochdruckteiles reflektiert. Sie läuft dann zurück, holt die Stoßwelle ein und schwächt sie ab. Anfänglich ist diese Schwächung zwar gering, es ist aber besser sie ganz zu vermeiden, und den Hochdruckteil lang genug zu machen, damit der Anfang der Verdünnungswelle, der mit Schallgeschwindigkeit in das Gas hineinwandert, die Kontaktfläche nicht einholen kann. Andererseits ist die Beobachtungszeit dann beendet, wenn die Kontaktfläche an der Beobachtungsstelle vorbeigelaufen ist, oder wenn die reflektierte Stoßwelle zurückkommt. Da die Kontaktfläche sich langsamer bewegt als die Stoßfront, wächst die Zeit, nach der diese Flächen an einer Stelle vorbeilaufen, mit wachsendem Abstand von der Membran. Schließlich wird der Stoß reflektiert und läuft auf die Kontaktfläche zu. Ist x der Abstand von der Membran, und wird die Beobachtung durch die vorbeilaufende Kontaktfläche beendet, dann ergibt sich die verfügbare Aufheizzeit aus

$$\frac{x}{u_1 - u_2} - \frac{x}{u_1} = \frac{u_2}{u_1} \frac{x}{u_1 - u_2}.$$

(vgl. Abb. 44a). Man wird gewöhnlich den Hochdruckteil 1–2 m und den

---

[2]) H. Mark, J. Aeronaut. Sci. **24**, 304 (1957).

Niederdurck 2–4 m lang machen[1]). In Tab. 3 sind für verschieden starke Stöße in Argon die Zeiten aufgeführt, die an einer Stelle 2 m hinter der Membran zwischen dem Vorbeilaufen der Stoßfront und der Kontaktfläche vergehen. Für starke Stöße ($M \approx 8$) werden wegen der Abschwächung der Stoßwelle auf Grund der Einwirkung der Wand die wirklichen Zeiten nur etwa die Hälfte oder ein Drittel der berechneten Zeiten sein (vgl. Abschn. E).

Die Einzelheiten der Konstruktion eines Stoßrohres sind an verschiedenen Stellen[2]) beschrieben worden. Es gibt aber darüber hinaus natürlich noch eine große Zahl von Veränderungsmöglichkeiten.

Tabelle 3

Die Zeit, die zwischen dem Vorbeilaufen der Stoßfront und der Kontaktfläche an einer zwei Meter von der Membran entfernten Stelle vergeht für verschiedene Stoßstärken in Argon (berechnet, Dämpfung vernachlässigt). $T_1 = 300°K$

M_1	Zeitlicher Abstand zwischen Stoßfront und Kontaktfläche milli sec
1,205	16,8
1,408	7,44
1,598	4,61
1,939	2,61
2,236	1,85
3,070	0,993
4,502	0,554
7,184	0,310

Der Querschnitt des Stoßrohres kann entweder kreisförmig sein, wodurch bei einfacher Bauweise große Festigkeit erreicht wird, oder er ist rechteckig, was die Befestigung der Fenster einfacher macht. Für große Fenster hoher optischer Qualität, wie man sie bei den meisten Interferometern braucht, ist ein rechteckiger Querschnitt am besten. Gebräuchliche Durchmesser liegen zwischen 2 und 50 cm. Als Material wird Stahl, Monel, Messing und Glas verwendet. Stoßrohre aus Glas sind leicht zu reinigen, chemisch resistent und man braucht keine besonderen Fenster. Andererseits ist es etwas schwieriger, Sonden anzubringen, und es besteht eine gewisse Bruchgefahr (der maximale statische Arbeitsdruck liegt für die CORNING-PYREX-Rohre von

---

[1]) In einem Fall war es nicht möglich, ein hinreichend langes Stoßrohr unterzubringen. Es wurde ein gekrümmtes Rohr verwendet. Der Krümmungsradius war etwa 30mal so groß wie der Rohrdurchmesser. Die Stoßwelle, die aus dem gekrümmten Rohr herauskam, schien nicht wesentlich gestört. J. P. TOENNIES, Dissertation, Brown University (1957).

[2]) Vgl. z. B. F. W. GEIGER und C. W. MAUTZ, The Shock Tube as an Instrument for the Investigation of Transonic and Supersonic Flow Patterns, Eng. Res. Inst., Univ. of Michigan (Michigan 1949). — W. BLEAKNEY, D. K. WEIMER und C. H. FLETCHER, Rev. Sci. Instruments **20**, 807 (1949). — E. L. RESLER, S. C. LIN und A. KANTROWITZ, J. Appl. Phys. **23**, 1390 (1952). — I. I. GLASS und G. N. PATTERSON, J. Aeronaut. Sci. **22**, 73 (1955). — B. D. HENSHALL, J. Roy. Aeronaut. Soc. **58** 541, (1954). — A. HERTZBERG und A. KANTROWITZ, J. Appl. Phys. **21**, 874 (1950).

2,5 cm Durchmesser bei 3 at). Die stärkste Beanspruchung hat das Glas unmittelbar nach dem Bersten der Membran auszuhalten, wenn Bruchstücke dieser Membran mit hoher Geschwindigkeit gegen die Glaswand schlagen. Hier kann man leicht Abhilfe schaffen, indem man in das Stoßrohr auf der Niederdruckseite und unmittelbar hinter der Membran ein dünnes Metallrohr einfügt, das etwa einen Rohrdurchmesser lang ist. Die andere Möglichkeit ist, den ersten Teil des Stoßrohres ganz aus Metall zu machen. Das Öffnen des Stoßrohres zum Reinigen und zum Entfernen der Membranreste nach jedem Versuch kann sehr mühsam sein, wenn man nicht dafür gesorgt hat, daß das Auseinandernehmen und Zusammensetzen beider Stoßrohrteile hinreichend schnell und einfach geht. Die meisten heute für chemische Untersuchungen verwendeten Stoßrohre lassen sich bis zu Drucken von 10^{-3} torr oder weniger auspumpen. Nach Abtrennen der Pumpe steigt der Druck um weniger als 10^{-3} torr/min, was meistens auf Entgasung zurückzuführen ist. Wenn es nicht möglich ist, die Undichtigkeit hinreichend zu verringern, oder wenn das Stoßrohr nach dem Füllen längere Zeit stehen muß, dann läßt sich der Einfluß dieser Undichtigkeiten etwas vermindern, indem man das Gas durch den Niederdruckteil hindurchströmen läßt. Inwieweit Undichtigkeiten stören, hängt von den auszuführenden Versuchen ab. Sogar Spuren von Verunreinigungen ($< 1\%$), die bei niedrigerer Temperatur als die zu untersuchende Substanz reagieren, müssen vermieden werden. Während z. B. N_2 im allgemeinen als hinreichend inert anzusehen ist, stellt es bei der Untersuchung der Ionisation in Argon eine sehr unerwünschte Verunreinigung dar, weil die Dissoziation und die Ionisierungsenergie von N_2 vergleichsweise niedrig liegen.

Tabelle 4: Typische Berstdrucke für Membrane aus verschiedenen Materialien

Membran-Material	Membran-Dicke (cm)	Stoßrohr-durchmesser (cm)	Druckdifferenz p_4–p_1 (at), bei der die Membran von selbst platzt
Messing	0,005	6,9	7
Messing	0,0075	6,9	10
Messing	0,010	6,9	13
rotes Zellophan	0,005	6,9	2
Kodatrace	0,011	6,9	4
Zellophan	0,0025	5	1,2
rotes Zellophan	0,005	5	1,4
Kodatrace	0,011	5	4
Kodatrace	2 × 0,011	5	8
Kodatrace	0,011	7,5	3
Kodatrace	2 × 0,011	7,5	6

Für die Membranen wurden verschiedene Materialien verwendet. Besonders geeignet sind dünne Metall- oder Plastikfolien. Der Berstdruck hängt merklich von dem verwendeten Stoßrohr ab. Tab. 4 gibt einige Anhaltswerte für zylindrische Glas- und Metallstoßrohre von 5 bzw. 7,5 cm Durchmesser. Die Membran wird gewöhnlich durch Dichtungen zwischen den beiden Teilen des Stoßrohres festgehalten. Häufig werden auch Rundschnur- oder „O"-Ringe aus Gummi verwendet. Sie scheinen bis zu Drucken von mehr als 10 at gute Dichtigkeit zu ergeben und lassen die Membranen nicht herausrutschen. Die Stoßwelle kann man in Gang setzen, indem man die Membran spontan unter dem Einfluß des Druckes bersten läßt, man bekommt dann etwa 10% Schwankungen des Wertes $p_4 - p_1$ (bei Metallmembranen kann man durch vorheriges Anritzen bessere Reproduzierbarkeit erhalten). Der Ausgangsdruck läßt sich genauer festlegen, wenn man die Membran bei dem gewünschten Druck mit einer Nadel ansticht. Damit die Membran schnell und vollkommen zerreißt, sollte man in diesem Fall ihre Dicke so wählen, daß der Arbeitsdruck nur wenig unter dem Berstdruck liegt (innerhalb 20%). Der Querschnitt der Nadel ist üblicherweise weniger als 5% der Stoßrohrfläche. Es konnte gezeigt werden, daß die Nadel keine merkliche Beeinflussung der Stoßwellengeschwindigkeit bewirkt[1]). Soll eine Stoßwelle mit einem anderen Vorgang synchronisiert werden, dann kann man zwischen zwei aufeinanderliegenden Membranen einen dünnen Draht einlegen, der sehr rasch elektrisch aufgeheizt wird und dadurch die Membran zum Platzen bringt. Im allgemeinen ist es aber zweckmäßiger, mit Hilfe der Stoßwelle die Meßeinrichtung zu triggern.

Die Stücke einer Metallmembran können mit einer solchen Geschwindigkeit durch den ganzen Niederdruckteil des Rohres fliegen, daß sie sogar eine Endplatte aus Messing ernstlich beschädigen können. Besonders wenn empfindliche Modelle oder Meßgeräte in dem Rohr angebracht sind, ist es wünschenswert, Membranteile davon fernzuhalten. PAYMAN[2]) und SHEPHERD brachten unmittelbar hinter der Membran einen Auffänger an, der die größten Stücke abfing. Am günstigsten ist es vermutlich, wenn in die Membran eines Stoßrohres mit rechteckigem Querschnitt diagonal ein Kreuz eingeritzt wird[3]). Dann birst die Membran schon bei geringerem Druck und wird so nach außen gedrückt, daß die vier dreieckigen Stücke nicht abreißen und sich fest an die Rohrwand anlegen.

---

[1]) R. N. HOLLYER jr., A Study of Attenuation in the Shock Tube. Univ. of Michigan, Eng. Res. Inst. (Michigan 1953).

[2]) W. PAYMAN und W. C. F. SHEPHERD, Proc. Roy. Soc. (London) A **186**, 293 (1946).

[3]) E. L. RESLER, S. C. LIN und A. KANTROWITZ, J. Appl. Phys. **23**, 1390 (1952).

E. Abweichungen der Versuche von Berechnungen unter Voraussetzung idealen Verhaltens

Berechnungen zu Stoßwellenexperimenten enthalten meist die Annahme, daß die Strömung eindimensional wäre, daß die Membran plötzlich entfernt wird und daß keinerlei Wechselwirkung mit der Wand auftrete. Jede sorgfältig durchgeführte Geschwindigkeitsmessung ergibt Abweichungen von den unter diesen Voraussetzungen berechneten Werten. Die Abweichung besteht in einer Abschwächung der Stoßwelle während sie durch das Rohr läuft und in einer Anfangsstoßstärke, die kleiner ist, als auf Grund des Druckverhältnisses zu erwarten wäre.

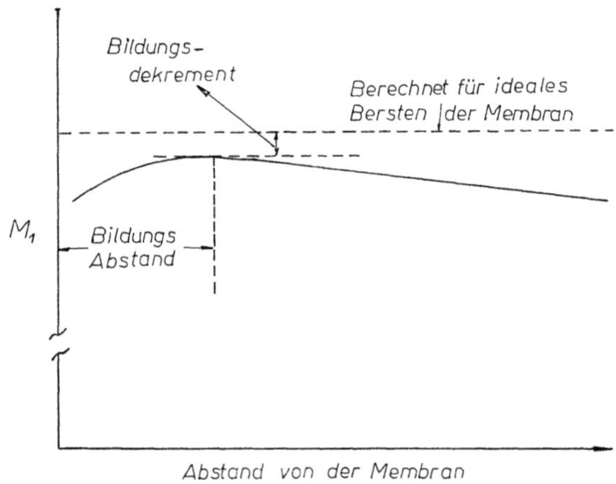

Abb. 48. MACH-Zahl in verschiedenen Abständen von der Membran (qualitativ).

Das Bersten von Zellophanmembranen wurde von GEIGER und MAUTZ[1]) mit einer Schattenkamera untersucht. Man kann aus ihren Bildern deutlich das Zerreißen der Membran in kleine Teile, die einsetzende Turbulenz und die Ausbildung einer gekrümmten Stoßfront innerhalb weniger Rohrdurchmesser erkennen. Wegen MACHscher Reflektionen von der Wand wird diese Stoßfront auf einer Strecke von 10 bis 20 Rohrdurchmessern eben. Die Kontaktfläche ist nicht scharf ausgebildet, sondern erstreckt sich über etwa einen Rohrdurchmesser. Messungen zeigen, daß die Stoßgeschwindigkeit dort ansteigt, wo sich die Stoßwelle auszubilden beginnt, einen Maximalwert erreicht und dann durch Dämpfung abfällt. GLASS[2]) und

[1]) F. W. GEIGER und C. N. MAUTZ, The Shock Tube as an Instrument for the Investigation of Transonic and Supersonic Flow Patterns. Univ. of Michigan, Eng. Res. Inst. (Michigan 1949).

[2]) I. I. GLASS und W. A. MARTIN, J. Appl. Phys. **26**, 113 (1955).

Martin nennen die Differenz zwischen erwarteter und gemessener Mach-Zahl der Strömung das Bildungsdekrement. Abb. 48 zeigt diese Verhältnisse, wobei die Abschwächung absichtlich übertrieben ist. Bei Messungen an Stoßwellen ist es immer zweckmäßig, mindestens den 10fachen Rohrdurchmesser von der Membran wegzubleiben, damit sich die Stoßwelle gut ausbilden kann. Über das Bildungsdekrement gibt es nur wenig theoretische Arbeiten.

Damit eng verknüpft ist die Wirkung von Membranteilchen (besonders bei Metallmembranen), die in der Nähe ihrer ursprünglichen Lage bleiben können und dadurch die Strömung stören. Hollyer[1]) konnte durch Experimente zeigen, daß unter seinen Bedingungen eine künstlich angebrachte Verkleinerung des Querschnitts von 8% an der Membran keine Änderung der Stoßwellengeschwindigkeit ergab, während eine Verengung von 29% einen Abfall der Stoßgeschwindigkeit um 2% bewirkte (gemessen wurde 3 m hinter der Membran in einem Stoßrohr von 5 × 17,5 cm Querschnitt, $M = 2$ bis 3,5 in N_2). Es erscheint unwahrscheinlich, daß kleine Membranteilchen oder Nadeln zum Anstechen der Membran eine störende Wirkung ausüben. Daß die Kontaktfläche nicht scharf, sondern diffus ist, beruht hauptsächlich auf Turbulenzerscheinungen, die ihre Ursache im Bersten der Membran haben. Diffusionsvorgänge sind viel zu langsam, als daß sie eine solch starke Durchmischung hervorrufen können. Auf Schlierenaufnahmen, die mit einer Trommelkamera gemacht wurden, erscheint dieses Gebiet ebenfalls viel breiter, als die Stoßfront[2]). Bei Lichtabsorptions- oder Emissionsmessungen ist die Stoßfront normalerweise sehr scharf, während die Kontaktfläche stärker verschmiert ist (einige Millimeter oder mehr)[3]).

Hall[4]) untersuchte den Übergang im Kontaktgebiet für schwache Stöße, wobei er Turbulenzeffekte vernachlässigte. Als Ausgangsbedingung setzte er konstanten Druck und einen Sprung in Dichte und Temperatur an. Er bestimmte ein Gebiet monotoner Dichte- und Temperaturänderung, daß sich proportional zur Wurzel aus der Zeit vergrößert und fand qualitative Übereinstimmung der Rechnung mit seinen experimentellen Ergebnissen.

Das Vorhandensein eines Bildungsdekrementes und die endliche Zeit, bis zur Ausbildung der Stoßwelle nach dem Platzen der Membran, sind an sich keine ernsten Abweichungen vom idealen Verhalten, denn aus einer Messung der Stoßwellengeschwindigkeit, nachdem die Front einmal eben

---

[1]) R. N. Hollyer jr., A Study of Attenuation in the Shock Tube. Univ. of Michigan, Eng. Res. Inst. (Michigan 1953).

[2]) I. I. Glass und G. N. Patterson, J. Aeronaut. Sci. **22**, 73 (1955).

[3]) H. B. Palmer, J. Appl. Phys. **27**, 1105 (1956).

[4]) J. G. Hall, The Transition Through a Contact Region. Univ. of Toronto. Inst. Aerophysics, Report 26 (Toronto 1954).

geworden ist, können die Stoßwellendaten vollkommen bestimmt werden. Viel wichtiger ist dagegen die Dämpfung der Stoßwelle und die sich daraus ergebende Abweichung vom stationären Verhalten.

Durch verschiedene experimentelle Untersuchungen wurde gezeigt, daß die Stoßwellengeschwindigkeit in den verschiedenen Abschnitten des Stoßrohres oft um mehr als 5% pro Meter Laufweg absinkt. In Tab. 5 sind einige Ergebnisse für spezielle Fälle zusammengestellt.

Diese Glas- oder Metallrohre hatten alle gewöhnliche glatte Oberflächen. Es ergibt sich kein großer Unterschied zwischen Metall und Glas. Wenn aber die Oberfläche des Stoßrohres künstlich aufgerauht wird, z. B. durch aufgebrachtes Sandpapier, dann wächst die Abschwächung (Dämpfung) der Stoßwelle sehr stark an[1]).

Für Gase mit großer spezifischer Wärme (z. B. Azetylen oder ein Gemisch im chemischen Gleichgewicht) scheint die Dämpfung wesentlich geringer zu sein.

Neben der Geschwindigkeitsabnahme findet man noch andere Anzeichen einer Wechselwirkung mit der Wand, z. B. aus Messungen von Druck und Dichte hinter der Stoßfront. Für Stöße mit $M_1 \approx 2$ ($p_4/p_1 = 50$) in Stickstoff bei $p_1 = 0{,}1$ at (3,5 cm Durchmesser des Stoßrohres, Meßstelle 3 m von der Membran entfernt) geben solche Messungen einen Anstieg der Dichte ϱ_2 von etwa 5% pro msec im heißen Gas hinter der Stoßfront[2]). In größerer Entfernung von der Membran wird der Dichteanstieg geringer. Leider waren Druckmessungen in dem gleichen Stoßrohr nicht sehr genau. Ein zeitlicher Druckanstieg in dem heißen Gas, der nicht auszuschließen ist, lag innerhalb der Fehlergrenzen[3]).

Bei einer anderen Untersuchung[4]) in einem 7,5-cm-Rohr von quadratischem Querschnitt wurde ein Abfall des Drucks von etwa 1% pro millisec festgestellt ($p_1 = 1$ at Luft, $p_2/p_1 = 1{,}5$). Da bei den Mackschen Versuchen die Dichte mit einem Interferometer bestimmt wurden, mit dem man auch die Grenzschicht an den Fenstern durchleuchten mußte, mag ein Teil des Anstieges auf die wachsende Dicke der kalten Grenzschicht zurückzuführen sein. Bei Stoßwellenexperimenten in Brom[5]) wurde innerhalb $100\,\mu$sec eine auf 1% konstante Dichte gefunden. Verschiedene in Kap. VII diskutierte Messungen zeigen, daß sich der zu einer gemessenen Stoßwellengeschwindigkeit berechnete Gleichgewichtszustand im Bereich der experi-

---

[1]) R. E. Duff, J. Appl. Phys. **23**, 1373 (1952).

[2]) J. E. Mack, Density Measurements in Shock Tube Flow with the Chronointerferometer, Inst. of Res., Lehigh Univ. (1954).

[3]) R. J. Emrich und R. L. Peterson, Pressure Variation with Time in the Shock Tube, Inst. of Res., Lehigh Univ. (1956).

[4]) P. W. Huber, C. E. Fitton jr. und F. Delpino, Nat. Advisory Comm. Aeronaut. Tech. Note 1903 (1949).

[5]) H. B. Palmer, J. Appl. Phys. **27**, 1105 (1956).

Tabelle 5

Gemessene Verkleinerung der Stoßwellengeschwindigkeit in Stoßrohren

Stoßrohrquerschnitt	Material	Treib-gas	Auf-ge-heiz-tes Gas	p_1 (mm)	M_1	$\Delta u_1/u_1$ pro Meter	Ab-stand von der Mem-bran Meter	Literatur
3,5 cm Durchm.	Messing	Luft	Luft	760	1,04–1,4	0–0,01	4,5	EMRICH u. CURTIS
0,64 × 7,6 cm	Duraluminium	Luft	Luft	760	1,04–1,4	0,004–0,03	4,5	EMRICH u. CURTIS
15 cm Durchm.	—	Luft	Luft	—	1–1,2	0–0,002	—	EMRICH u. HARRISON
0,64 × 7,6 cm	Glas	Luft	Luft	760	1,14–1,33	0,04–0,02	0,5	HOOVER
7,5 × 7,5 cm	Stahl	Luft	Luft	0,8–29	3,1–2,4	0,03	2,3	BOYER
5 × 17,5 cm	Stahl	H_2	N_2	9,5–3,8	2,5–3,2	0,05	3,7	HOLLYER
5 × 17,5 cm	Stahl	H_2	N_2	37–15	2,5–3,3	0,06–0,08	3,7	HOLLYER
7,5 cm Durchm.	Glas	H_2	C_2H_2	2–60	3–8	0±0,02	1,3	ATEN
5 cm Durchm.	Glas	H_2	Ar	0,6–100	4–8	0,1–0,01	2	TOENNIES
5 cm Durchm.	Glas	H_2	N_2	0,6–15	4–9	0,1–0,02	2	TOENNIES
2,5 cm Durchm.	Glas	He	Br_2	2–80	5	0,02	1	PALMER u. HORNIG
5,15 cm Durchm. . . .	Monel	He	Ar	10	7	0,045	2	WRAY

C. F. ATEN, nicht veröffentlicht. — D. W. BOYER, Effects of Kinematic Viscosity and Wave Speed on Shock Wave Attenuation, Univ. of Toronto, Inst. of Aerophysics, Tech. Note 8 (1956). — R. J. EMRICH und C. W. CURTIS, J. Appl. Phys. **24**, 360 (1953). — R. J. EMRICH und F. B. HARRISON, Phys. Rev. **73**, 1225 (1948). — R. N. HOLLYER jr., A Study of Attenuation in the Shock Tube, Univ. of Michigan, Eng. Res. Inst. 1953. — H. L. HOOVER, Measurement by Timed Spark Shadowgraphs of Shock Velocities in the Shock Tube, Lehigh University Inst. of Res. — H. B. PALMER und D. F. HORNIG, J. Chem. Phys. **26**, 98 (1957). — J. P. TOENNIES, unveröffentlicht. — K. L. WRAY, Dissertation, Brown University (1955).

mentellen Fehlergrenzen einstellt. Auch stimmen die meisten Experimente darin überein, daß sich die Kontaktfläche merklich schneller bewegt, als man nach der idealisierten Theorie unter Verwendung der gemessenen Stoßwellengeschwindigkeit erwarten sollte. Tatsächlich wandert aber die Kontaktfläche fast mit einer Geschwindigkeit, wie man sie nach dem Ausgangdruckverhältnis p_4/p_1 bei einer ideal berstenden Membran berechnet. Ein Teil dieser zusätzlichen Geschwindigkeit wird dazu gebraucht, weiteres Gas in die sich verlängernde und dickerwerdende Grenzschicht hineinzubringen. Die Strömung muß also eine nach außen auf die Wand gerichtete radiale Komponente haben. Ein weiterer Grund für erhöhte Kontaktflächengeschwindigkeit ergibt sich, wenn Gas durch die Grenzschicht in das Gebiet hinter der Kontaktfläche entweicht. Chemische Reaktionen sind ein ausgezeichnetes Mittel zur Feststellung von Gleichgewichtsbedingungen und es sollten tatsächlich mehr Untersuchungen ausgeführt werden, um das Ausmaß der Abweichungen von der einfachen Theorie festzustellen.

Ein beachtlicher Fortschritt wurde bei der Berechnung der Dämpfung von Stoßwellen erzielt, wie man sie unter verschiedenen Bedingungen zu erwarten hat. HOLLYER[1]) hat dazu eine laminare Grenzschicht und eine eindimensionale Stoßwelle betrachtet, bei der, hinter der Stoßfront verteilt, eine Reihe von Impuls- und Energiesenken eine langsame Abschwächung der Stoßwelle bewirken. Er findet, daß $\Delta(p_2/p_1)/(p_2/p_1)$ für Stöße im Bereich von $5 < p_2/p_1 < 25$ nahezu konstant ist. $\Delta p_2/p_1$ ist die Abweichung des beobachteten Verhältnisses p_2/p_1 von dem ohne Dämpfung berechneten Wert. Weiter gilt für gegebene Stoßstärke:

$$\frac{\Delta\left(\frac{p_2}{p_1}\right)}{\frac{p_2}{p_1}} = K \mu_{\mathrm{I}_1}^{\frac{1}{2}} (\varrho_1 a_1)^{-\frac{1}{2}} r^{-1} x^{\frac{1}{2}} .$$

Dabei ist K eine schwach veränderliche Funktion von p_2/p_1. μ_{I_1} ist die Scherviskosität, ϱ die Dichte, a die Schallgeschwindigkeit, r der hydraulische Radius des Rohres (Verhältnis von Fläche zu Umfang), x der Abstand von der Membran. Der Index 1 kennzeichnet die Daten des kalten Gases vor der Stoßwelle. Da die Stoßwellengeschwindigkeit etwa proportional zu $(p_2/p_1)^{\frac{1}{2}}$ (vgl. Kap. II) ist, sollte die Geschwindigkeitsabnahme der Stoßwelle in einem bestimmten Gas proportional zu $u_1\, \varrho_1^{-\frac{1}{2}}\, r^{-1}\, x^{\frac{1}{2}}$ sein[2]). HOLLYERS Meßpunkte ergeben für Stöße in N_2 bis zu MACH-Zahlen von $M = 4$, das Doppelte der erwarteten Dämpfung. Der Effekt wird also in der

---

[1]) R. N. HOLLYER jr., J. Appl. Phys. 27, 254 (1956).

[2]) Es ist vorausgesetzt, daß $\frac{\Delta p_2/p_1}{p_2/p_1} \ll 1$.

Größenordnung richtig wiedergegeben. HOLLYER hat damit einen ermutigenden Schritt zum Verständnis des Vorganges getan.

In einer Arbeit mit der gleichen Zielsetzung verwenden TRIMPI[1]) und COHEN einen linealisierten Störungsansatz zur Berechnung der durch turbulente Grenzschicht bewirkten Abweichungen von der idealen Strömung im Stoßrohr. Sie nehmen an, daß diese Grenzschicht die gleiche ist, wie sie sich bei einer equivalenten Strömung über eine ebene Platte ausbildet. Sie finden, daß

$$\frac{\Delta p_2}{p_1} = \left[f'\left(\eta, \frac{p_2}{p_1}\right)\right] \left(\frac{\mu_{I_1}}{a_1 \varrho_1}\right)^{\frac{2}{\eta+3}} x^{\frac{\eta+1}{\eta+3}} r^{-1},$$

dabei ist η definiert durch

$$\frac{(u_1 - u_2)_y}{(u_1 - u_2)_{\text{Rohrmitte}}} = \left(\frac{y}{\delta}\right)^{\frac{1}{\eta}}$$

y ist der Abstand von der Wand des Stoßrohres, δ ist die Dicke der Grenzschicht und f' ist eine Funktion von η und p_2/p_1.

Für eine typische turbulente Grenzschicht verwenden TRIMPI und COHEN $\eta = 7$. Zum Vergleich mit HOLLYERs Ergebnissen führt man zweckmäßigerweise eine neue Funktion f ein:

$$\frac{\Delta\left(\frac{p_2}{p_1}\right)}{\frac{p_2}{p_1}} = f\left(\eta, \frac{p_2}{p_1}\right) \left(\frac{\mu_{I_1}}{a_1 \varrho_1}\right)^{\frac{2}{\eta+3}} x^{\frac{\eta+1}{\eta+3}} r^{-1}. \tag{V, 4}$$

f ist innerhalb 20% für Stöße zwischen $2{,}5 < p_2/p_1 < 10$ konstant. Für den von HOLLYER behandelten laminaren Fall ist $\eta = 1$. Die beiden Ergebnisse sind sich dann sehr ähnlich. TRIMPI und COHEN und auch BOYER[2]) machten neue Versuche und verglichen sie mit der berechneten Dämpfung. Es besteht brauchbare Übereinstimmung für $\eta = 7$. In einer Arbeit, der ein ähnliches Modell für die Wechselwirkung zwischen Grenzschicht und Stoßwelle zugrunde liegt, fand MIRELS[3]) Ausdrücke ähnlich Gl. (V, 4) mit $\eta = 1$ und 7 für laminare bzw. turbulente Grenzschichten. Die Übereinstimmung der Rechnung für turbulente Grenzschicht mit dem Experiment ist sehr gut[4]).

Diese theoretischen Abschätzungen der Dämpfung sind nicht nur wegen ihres grundsätzlichen Interesses von Bedeutung. Sie sind auch nützliche Anhaltspunkte für experimentelle Untersuchungen. Sie zeigen nämlich, wie man für Ergebnisse bei verschiedenen Rohrdurchmessern, verschiedenen

---

[1]) R. L. TRIMPI und N. B. COHEN, Nat. Advisory Comm. Aeronaut. Tech. Note 3375 (1955); vgl. A. C. WILLIAMS, Dissertation Abstr. **16**, 2188 (1956).

[2]) D. W. BOYER, Effects of kinematic viscosity and wave speed on shock wave attenuation. Univ. of Toronto Inst. Aerophys. Tech. Note 8 (1956).

[3]) H. MIRELS, Nat. Advisory Comm. Aeronaut. Tech. Note 3278 (1956).

[4]) R. J. EMRICH und D. WHEELER, jr., Phys. Fluids **1**, 14 (1958).

Dichten und verschiedenen Abständen von der Membran auf Dämpfung 0 extrapolieren muß. TOENNIES und GREENE wandten diese Methode auf Stoßwellen im Argon ($M_1 = 5$–10) an. Es ergab sich gute Übereinstimmung der extrapolierten Geschwindigkeit der reflektierten Stoßwelle mit der aus M_1 und den bekannten thermodynamischen Daten berechneten. In ihrem Fall ergab eine Auftragung von $u_{R\,\mathrm{gemessen}}/u_{R\,\mathrm{berechnet}}$ gegen $p_1^{-\frac{1}{2}} r^{-1} x^{\frac{1}{2}}$ innerhalb der experimentellen Fehlergrenzen eine Gerade. Für ein 2 m langes Stoßrohr von 5 cm Durchmesser, $M_1 = 5{,}5$; Ausgangsdruck $p_1 = 10$ mm, $u_{R\,\mathrm{gemessen}}/u_{R\,\mathrm{berechnet}} \cong 0{,}80$ (vgl. Abb. 73). Das bedeutet, daß für Messungen in Stoßrohren mit 2,5 und 5 cm Durchmesser bei niederen Drucken der Einfluß der Dämpfung berücksichtigt werden muß.

Ein anderer Vorgang, der zu Energieverlust führt, ist die Strahlung. Berechnungen[1]) der dadurch bei Stoßwellen in Argon zu erwartenden Abnahme von Temperatur und Geschwindigkeit stehen in guter Übereinstimmung mit dem Experiment. Diese Verluste werden zum größten Teil durch die kontinuierlichen Strahlungen hervorgerufen, die sich bei der Rekombination von Ar^+ und einem Elektron ergibt. Sie werden bei Temperaturen unterhalb 9000 °K vernachlässigbar. TOENNIES[2]) und GREENE fanden, daß sich die Geschwindigkeiten reflektierter Stoßwellen in Argon erklären ließen, wenn man die Strahlungsverluste nach der von PETSHEK und anderen angegebenen Methode berücksichtigt. Unterhalb 9000 °K sind auch hier die Strahlungsverluste zu vernachlässigen. Ebenso dürften für die meisten chemisch interessanten Systeme in Stoßwellen Strahlungsverluste ohne Bedeutung sein.

Eine weitere Möglichkeit für Abweichungen von der idealisierten Theorie besteht darin, daß die Stoßfront nicht eben ist oder nicht senkrecht zur Rohrwand verläuft. Durch kleine Unebenheiten in der Wand des Stoßrohres können schräglaufende Wellen entstehen, die Abweichungen von der eindimensionalen Strömung hervorrufen. Aus theoretischen Überlegungen folgert FREEMAN[3]), daß diese Störungen in Form von Schwingungen wie $x^{-\frac{3}{2}}$ schwächer werden, x ist der Abstand, den die Stoßfront von der Stelle der Störung weggelaufen ist. Die Übereinstimmung mit dem Experiment ist nicht schlecht. DUFF[4]) konnte zeigen, daß die Abweichungen von der Lage senkrecht zur Rohrwand bei einer Reihe von Stoßwellen ziemlich statistisch verteilt war, im Mittel aber nur 1/15° betrug. Mit eben dieser Abweichung kann man auch die Schwankungen in den Messungen des Reflektionsver-

---

[1]) H. E. PETSCHEK, P. H. ROSE, H. S. GLICK, A. KANE und A. KANTROWITZ, J. Appl. Phys. **26**, 83 (1955).
[2]) J. P. TOENNIES und E. E. GREENE, J. Chem. Phys. **26**, 655 (1957).
[3]) N. C. FREEMAN, J. Fluid Mechan. **2**, 397 (1957).
[4]) R. E. DUFF, J. Appl. Phys. **23**, 1373 (1952).

mögens[1]) deuten. Wenn nämlich die Stoßfronten nicht nahezu eben gewesen wären, hätte das Reflektionsvermögen sehr viel stärker geschwankt. Man kann also sagen, daß für die meisten Zwecke die in einem geraden Stoßrohr erzeugten Stoßwellen innerhalb 10–20 Rohrdurchmesser hinter der Membran eben werden, und sich senkrecht zur Rohrwand einstellen (durch MACHsche Reflektionen an der Wand)[2]).

---

[1]) E. F. GREENE und D. F. HORNIG, J. Chem. Phys. **21**, 617 (1953).

[2]) Vgl. z. B. F. W. GEIGER und C. W. MAUTZ, The Shock Tube as an Instrument for the Investigation of Transonic and Supersonic Flow Patterns, Univ. of Michigan Eng. Res. Inst. (Michigan 1949).

Kapitel VI

Messung von Stoßwellendaten

A. Einleitende Bemerkungen

Die Erzeugung von Stoßwellen führt nicht zu brauchbaren Informationen, so lange man nicht an diesen Stoßwellen entsprechende Messungen durchführen kann. Man erkennt von vorneherein aus den vier Gleichungen für p, ϱ, T, u in Kap. II, daß man außer p_1, ϱ_1, T_1 noch eine Größe messen muß, damit man genügend Bestimmungsstücke zum Auflösen der Gleichungen hat. Es kann z. B. eine der Veränderlichen p, ϱ, T, u sein. Gewöhnlich bestimmt man u_1, da es am einfachsten zu messen ist. Damit sind u_1, p_1, T_1 und ϱ_1 bekannt und man kann, wenn die Zustandsgleichung bekannt ist, die Gleichgewichtsbedingungen hinter der Stoßwelle berechnen. Ist anderseits ein Parameter in der Zustandsgleichung unbekannt (z. B. α für ein zweiatomiges Gas mit unbekannter Dissoziationsenergie in $\frac{p}{\varrho} = (1+\alpha)RT$) dann gestattet die Messung einer zusätzlichen Variablen diesen Parameter zu bestimmen. Das bedeutet, daß zur Bestimmung von Gleichgewichtsdaten eines unbekannten Systemes mindestens zwei Messungen gemacht werden müssen. Ist man z. B. an der Geschwindigkeit der Einstellung des Gleichgewichtes hinter der Stoßwelle interessiert, dann ist es notwendig, zusätzlich zur Messung der Geschwindigkeit oder einer anderen Gleichgewichtsgröße deren Änderung oder die einer anderen Größe hinter der Stoßfront zu verfolgen.

In diesem Kapitel werden einige Methoden beschrieben, die zur Bestimmung der einzelnen Größen hinter der Stoßfront verwendet wurden. Einen guten Überblick und eine ausführliche Beschreibung vieler Meßmethoden gibt Band IX der Reihe "High Speed Aerodynamics and Jet Propulsion: "Physical Measurements in Gas Dynamics and Combustion" (Princeton 1954).

B. Geschwindigkeit der einfallenden Stoßwelle

Am praktischsten und einfachsten läßt sich die Geschwindigkeit der einfallenden Stoßwelle messen. Es gibt eine große Zahl von Verfahren, die unter verschiedenen Bedingungen erfolgreich angewandt wurden, da jede meßbare Änderung der verschiedenen Größen über die Stoßfront anwendbar ist. Hat man einmal eine Methode ausgewählt, mit der das Vorbeilaufen einer Stoßwelle an verschiedenen Stellen festgestellt werden kann, dann läßt sich die Stoßwellengeschwindigkeit leicht messen, indem der Abstand zwischen den verschiedenen Meßstellen und der zeitliche Abstand der von ihnen gegebenen Signale bestimmt wird. Die Zeitmessung geschieht meistens so, daß man die Signale gemeinsam mit geeigneten Zeitmarken auf einen Oszillographen gibt und dessen Schirm photographiert. Soll bei hoher Ablenkgeschwindigkeit (mehr als 1 mm pro μ sec) das Bild zum Photographieren noch hell genug sein, dann ist eine Beschleunigungsspannung von 10 kV und mehr im Oszillographen zweckmäßig. Das Kippgerät des Oszillographen wird am einfachsten durch eine extra Meßstelle in der Nähe der Membran getriggert. Andere Möglichkeiten zum Triggern bieten z. B. der plötzliche Druckabfall im Hochdruckteil in der Nähe der Membran oder der elektrische Impuls, der zum Durchbrennen eines Drahtes von kleinem Durchmesser ($\sim$ 0,1 mm) zwischen zwei Plastikmembranen dient und dabei das Brechen der Membran verursacht.

Eine andere Möglichkeit zur Zeitmessung besteht in der Verwendung eines Oszillators und eines Zählers. Der erste Impuls setzt den Oszillator in Gang und der zweite schaltet ihn aus, so daß die Zeitdifferenz direkt am Zähler abgelesen werden kann. Im Handel gibt es Geräte mit Frequenzen bis zu 10 MHz. Eine gewisse Schwierigkeit besteht hier darin, daß man das Signal nicht sehen kann. So können falsche oder verzerrte Signale zu unerwarteten Fehlern führen.

Die unten geschilderten Methoden dienen normalerweise zur Anzeige von Stoßwellen.

1. Elektrische Sonden

Wird an zwei sich nahe gegenüberstehenden Elektroden (Abstand etwa 1 mm), die an der Wand des Stoßrohres befestigt sind, eine Spannung angelegt, bei der gerade noch kein Überschlag erfolgt, dann ändert sich beim Durchgang der Stoßwelle der Entladungsstrom[1]). Die Änderung wird als Ausschlag auf dem Oszillographen registriert. Diese Methode wurde zum Nachweis des Auftretens von Stoßwellen in Argon verwendet, wobei die Temperatur hinter der Stoßwelle höher als 1000 °K war. Der Abstand zwischen den

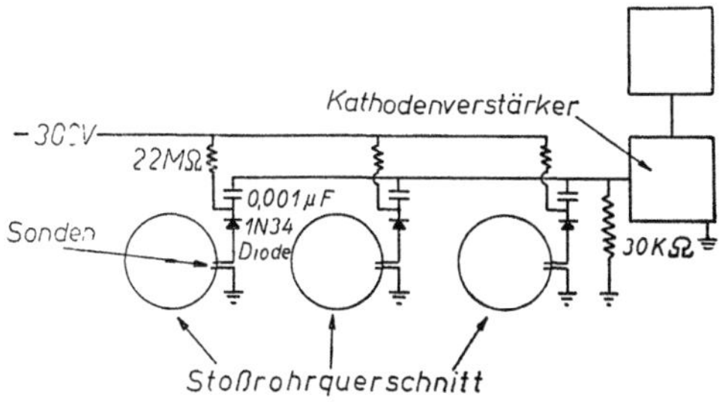

Abb. 49. Anordnung zur Geschwindigkeitsmessung mit elektrischen Sonden.

[1]) H. T. Knight und R. E. Duff, Rev. Sci. Instruments **26**, 257 (1955). —

Elektroden betrug 2,5 mm. Für schwächere Stöße ist dieses Verfahren weniger gut geeignet. Die Methode ist einfach und wenig störanfällig. Die Signale sind in der Größenordnung von 100 Volt, so daß nur geringe oder gar keine Verstärkung erforderlich ist. Deshalb ist die Anordnung zweckmäßiger als manche andere. Das Auflösungsvermögen kann bis auf 10^{-7} sec gebracht werden. Abb. 49 zeigt die Anordnung. Bei Geschwindigkeitsmessungen in Metallen kann das Metall selbst als Elektrode verwendet werden. Abb. 50 zeigt, wie eine Reihe von Spitzen entweder zur Messung der Stoßgeschwindigkeit in Vertiefungen oder zur Messung der Geschwindigkeit der freien Oberfläche in verschiedenen Abständen von der Probe angebracht werden können[1]) (vgl. S. 115). Ähnliche Anordnungen wurden von verschiedenen Autoren beschrieben[2]).

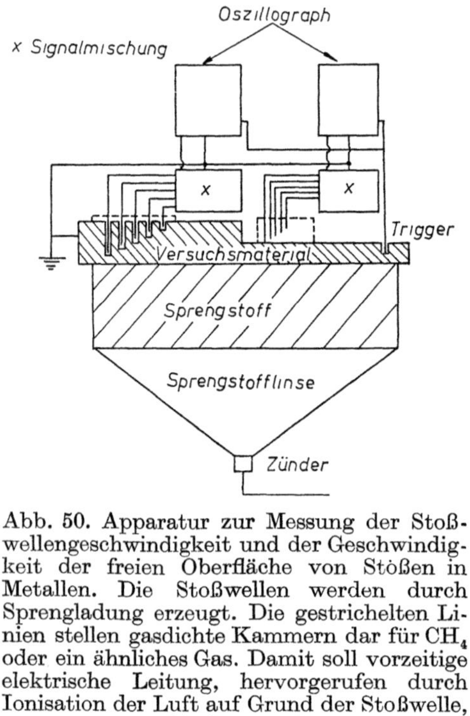

Abb. 50. Apparatur zur Messung der Stoßwellengeschwindigkeit und der Geschwindigkeit der freien Oberfläche von Stößen in Metallen. Die Stoßwellen werden durch Sprengladung erzeugt. Die gestrichelten Linien stellen gasdichte Kammern dar für CH_4 oder ein ähnliches Gas. Damit soll vorzeitige elektrische Leitung, hervorgerufen durch Ionisation der Luft auf Grund der Stoßwelle, verhindert werden.

Bei niedrigeren Drucken (bis herunter zu 0,01 at) im Gas wird häufig die Änderung des Stromes in einer Gasentladung (oder Koronaentladung) gemessen[3]). Für Drucke bis herunter zu 0,5 mm Hg verwendete Venable[4]) in He, Ar und N_2 die Änderung des Stromes der positiven Ionen, um die Stoßwellen festzustellen.

---

[1]) R. W. Goranson, D. Bancroft, B. L. Burton, T. Blechar, E. E. Houston, E. F. Gittings und S. A. Landeen, J. Appl. Phys. **26**, 1472 (1955).

[2]) K. L. Wray, Dissertation, Brown University (1955). — M. Birk, A. Erez, Y. Manheimer und G. Nahmani, Bull. Res. Council Israel **3**, 398 (1954). — J. Savitt und R. H. F. Stressau, J. Appl. Phys. **25**, 89 (1954). — M. Peters, Z. ges. Schieß- Sprengstoffw. **39**, 75 (1944). — A. W. Campbell, M. E. Malin, T. J. Boyd und J. A. Hull, Rev. Sci. Instruments **27**, 567 (1956).

[3]) C. O. Criborn, Appl. Sci. Res. A**3**, 225 (1952). — H. Oertel, Z. angew. Phys. **4**, 177 (1952). — D. Weimer, Rev. Sci. Instruments **23**, 377 (1952). — F. D. Werner, Rev. Sci. Instruments **21**, 61 (1950).

[4]) D. Venable, Rev. Sci. Instruments **26**, 729 (1955).

2. *Schlieren und Reflexionsvermögen*

Eine der gebräuchlichsten Methoden zur Messung von Stoßwellengeschwindigkeiten ist die Verwendung der Lichtablenkung. Dazu dienen z. B. Schlierenanordnungen oder Reflexionsmessungen[1]). Zwei Beispiele solcher Anordnungen sind in Abb. 51a und 51b wiedergegeben.

Bei einer Form der Schlierenanordnung fällt paralleles Licht durch das Stoßrohr und die Lichtquelle wird auf die eine Backe eines Spaltes S abgebildet, der vor dem Sekundärelektronenvervielfacher (SEV) steht. Läuft

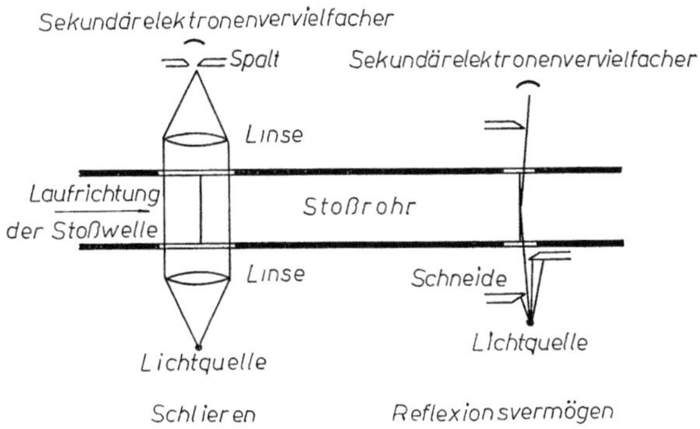

Abb. 51. Optische Anordnungen zur Messung von Geschwindigkeiten.
a) Schlieren – b) Reflexionsvermögen.

nun die Stoßwelle von links her durch das Lichtbündel, so wird das Licht abgelenkt und fällt durch den Spalt solange auf den SEV, wie die Stoßfront durch das Lichtbündel läuft. Es entsteht ein nahezu rechteckiger Impuls. Bei der Benutzung des Reflexionsvermögens zur Messung wird der Lichtstrahl durch drei Schneiden von der Photozelle ferngehalten, bis die Stoßwelle an einer Stelle ist, von der aus die Stoßfront Licht an der letzten Schneide vorbei auf die Photozelle reflektieren kann. Ein Auflösungsvermögen von etwa einer Mikrosekunde kann man leicht erreichen. Die Anordnung ist sehr brauchbar. Die Größe des Signals auf dem SEV hängt ab vom Dichtegradienten und der Dichtedifferenz vor und hinter der Stoßfront. Stoßwellen mit einem Dichteunterschied von weniger als dem 0,01 fachen der Dichte der Luft bei NTP lassen sich nur schwer feststellen.

[1]) E. J. Richards, Acustica **4**, 126 (1954). — W. Bleakney und A. H. Taub, Rev. Mod. Phys. **21**, 584 (1949). — G. W. Mautz, F. W. Geiger und H. T. Epstein, Phys. Rev. **74**, 1872 (1948). — W. Bleakney, D. K. Weimer und C. H. Fletcher, Rev. Sci. Instruments **20**, 807 (1949). — Phys. Meas. in Gas Dynamics and Combustion, S. 159 (Princeton 1955).

3. Piezo – Elektrische Empfänger

Die Geschwindigkeit von Stoßwellen in Flüssigkeiten und bei starker Druckänderung auch in Gasen ist mit Piezoelektrischen Empfängern einfach zu messen[1]). Diese werden aus Turmalin, Quarz, Bariumtitanat oder ROCHELLE-Salz hergestellt. Damit die Strömung nicht gestört wird, montiert man sie entweder in die Wand des Stoßrohres oder auf die Endplatte. Die Empfindlichkeit hängt stark von der Größe des Empfängers und von der Art des Kristalles ab. Druckdifferenzen von weniger als 0,01 at sind auch mit großen Empfängern nur schwer festzustellen. Mit kleinen Empfängern[2]) kann man schon Druckdifferenzen von etwa einer Atmosphäre nicht mehr feststellen. Die Ansprechzeit kann kurz sein (weniger als eine Mikrosekunde), aber die Höhe der Signale ist oft nur ein kleiner Bruchteil eines Voltes, so daß Nachverstärkung erforderlich ist. Werden die Empfänger in der Wand des Stoßrohres angebracht, ist auf sorgfältige Konstruktion und Befestigung zu achten, damit auch sichergestellt ist, daß der gemessene Abstand zwischen den Empfängern mit der Ankunftszeit des Stoßes an den Empfängern in Zusammenhang steht.

4. Erhitzte Drähte und Folien

Das Vorbeilaufen einer Stoßwelle in einem Gas kann man auch mit Hilfe der Widerstandsänderung eines heißen Drahtes (10^{-2} mm Durchmesser, einige Millimeter lang) feststellen, der sich im Gasstrom befindet[3]). Die Drähte haben eine ziemlich große Ansprechzeit (200 μ sec). Durch elektrische Kompensation ist eine Verminderung um einen Faktor 10^2 möglich. Eine Verbesserung stellt die Verwendung von dünnen Gold- oder Rhodiumfilmen oder -folien an Stelle von Drähten[4]) dar (vgl. Abb. 52). Sie haben eine Ansprechzeit von weniger als eine Mikrosekunde und sind stabil genug, eine größere Zahl von Stößen zu überstehen. Nachverstärkung ist jedoch erforderlich, da das Signal nur etwa 10 Millivolt beträgt. Bei den

---

[1]) A. H. BEBB, Philos. Trans. A **244**, 153 (1951). — A. J. MOORADIAN und W. E. GORDON, J. Chem. Phys. **19**, 1166 (1951). — A. B. ARONS und R. H. COLE, Rev. Sci. Instruments **21**, 31 (1950). — G. B. KISTIAKOWSKY, H. T. KNIGHT und M. E. MALIN, J. Chem. Phys. **20**, 876 (1952).

[2]) G. B. KISTIAKOWSKY, H. T. KNIGHT und M. E. MALIN, J. Chem. Phys. **20**, 876 (1952).

[3]) D. S. DOSANJH, Rev. Sci. Instruments **26**, 65 und 888 (1955).

[4]) V. BLACKMAN, J. Fluid Mechan. **1**, 61 (1956). — V. BLACKMAN, Vibrational Relaxation in O_2 and N_2, Dept. of Physics Tech. Report II-20, Princeton Univ. (Princeton, N. J. 1955). — A. J. CHABAI und R. J. EMRICH, J. Appl. Phys. **26**, 779 (1955). — J. G. CLOUSTON, L. J. DRUMMOND und W. F. HUNTER, J. Sci. Instruments **34**, 321 (1957). — J. RABINOWICZ, M. E. JESSEY and C. A. BARTSCH, J. Appl. Phys. **27**, 97 (1956).

BLACKMANschen Versuchen entspricht das etwa dem 100fachen der Höhe der Stör-Pegels für $p_1 \approx 10$ mm und $M_1 = 5 - 10$. Die Verwendung von dünnen Filmen könnte vielleicht die gebräuchlichste Methode zum Fest-

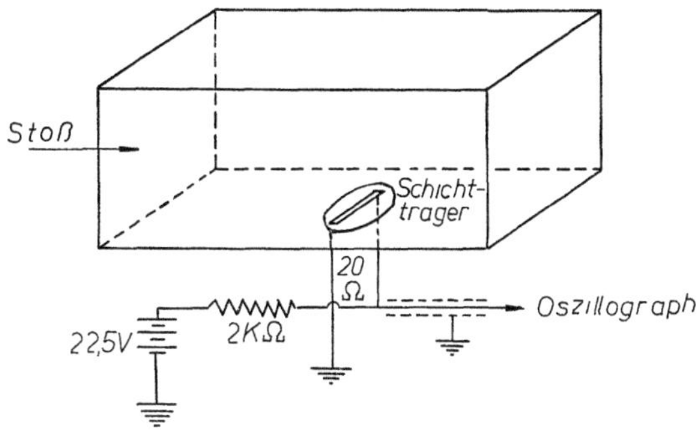

Abb. 52. Vorrichtung zur Geschwindigkeitsmessung durch Aufheizen einer sehr dünnen Schicht. Der Schichtträger ist glatt in die Wand eingefügt. Typische Schicht: 100 Atome dick, Fläche $0,5 \times 7$ mm.

stellen von Stoßwellen werden, da sie einfach ist und einen weiten Anwendungsbereich hat.

5. *Lichtemission oder -absorbtion*

Eine in manchen Fällen anwendbare Methode verwendet das von einer Stoßwelle emittierte[1]) oder absorbierte[2]) Licht. Die meisten Stoßwellen mit $T > 2000°$ K ($M_1 \approx 5$) emittieren genügend Strahlung (häufig von geringen vorhandenen Verunreinigungen), so daß man sie mit einem SEV feststellen kann. Bei manchen Stoffen leuchten schon kältere Stoßwellen hell genug. Die Geschwindigkeit von Stößen in Gasen, die in dem Spektralbereich eines SEV (2200–8000 Å) eine Absorptionsbande haben, kann man leicht messen. Es ist schwierig, eine Grenze für die Anwendbarkeit dieses Verfahrens anzugeben. Werte für p_1 von 1 mm oder weniger sind häufig ausreichend. Die Ansprechzeit ($\sim 1\,\mu$sec) ist etwa durch die Zeit gegeben, die der Stoß zum Durchlaufen des Lichtbündels braucht.

Verschiedene Autoren haben die Absorption von Röntgenstrahlen zur Feststellung von Stößen verwendet. Da diese Methode kompliziert ist, wird sie gewöhnlich nur zu Dichtemessung angewandt (vgl. S. 121).

Absorbiert oder emmittiert das erhitzte Gas nicht selbst, dann ist es zweckmäßig Verunreinigungen zuzusetzen. Zu Stoßwellen in Luft hat man

[1]) J. P. TOENNIES und E. F. GREENE, J. Chem. Phys. **26**, 655 (1957).
[2]) H. B. PALMER und D. F. HORNIG, J. Chem. Phys. **26**, 98 (1957). — T. CARRINGTON und N. DAVIDSON, J. Phys. Chem. **57**, 418 (1953).

aktiven Stickstoff zugesetzt[1]), um die Strömung sichtbar zu machen. Kleine Zusätze von Quecksilber gestatten es, das Vorbeilaufen einer Stoßwelle aus der Änderung der Absorption der Resonanzlinie ($\lambda = 2537$ Å) festzustellen.

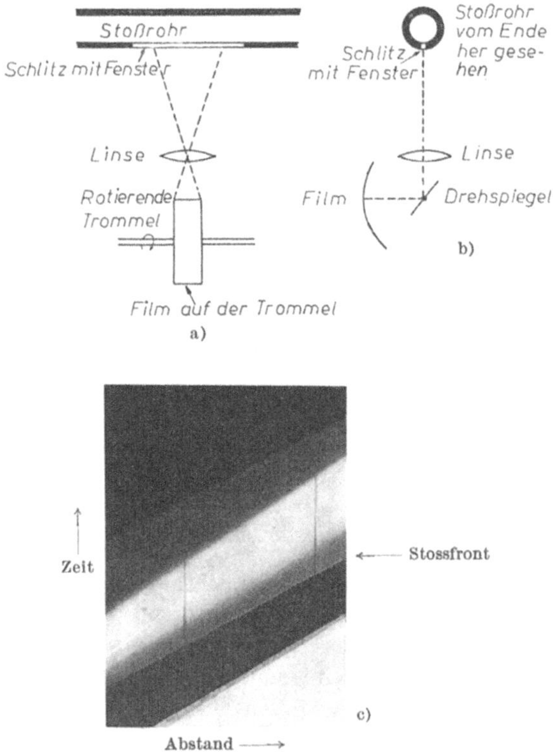

Abb. 53. Kameras mit hoher Zeitauflösung.
a) Rotierende Trommel. – b) Rotierender Spiegel. – c) Beispiel einer Aufnahme in Ar $M_1 = 10$ (R. J. Rosa, Private Mitteilung).

Die Aufnahme des emittierten Lichtes mit einer Kamera hoher Zeitauflösung ist ein schon sehr frühzeitig entwickeltes Verfahren zur Messung der Geschwindigkeit von Detonationen und starken Stößen. Ein parallel zur Strömungsrichtung liegendes und mit einem Schlitz versehenes Fenster wird am Stoßrohr oder am Explosivstoff angebracht. Dieser Schlitz wird entweder auf einem senkrecht zur Richtung des Vorganges sehr schnell bewegten Film oder über einen bewegten Spiegel auf einen ruhenden Film abgebildet (vgl.

[1]) T. W. Williams und J. M. Benson, Phys. Rev. **76**, 456 (1949). — J. M. Benson, Nat. Advisory Comm. Aeronaut., Tech. Note No 2293 (1951).

Abb. 53)[1]. Das Ergebnis ist eine kontinuierliche Ort-Zeit-Darstellung der Emission, die häufig interessante Aufschlüsse gibt. EDELS[2]) und WHITTAKER diskutierten die Theorie und Projektierung solcher Kameras. Auch hier ist es schwierig, eine allgemeine Grenze zu geben, bis zu der Stoßwellen festgestellt werden können. Der Film ist weniger empfindlich als ein SEV, die Methode ist aber für Stoßwellen in Gasen mit Temperaturen über

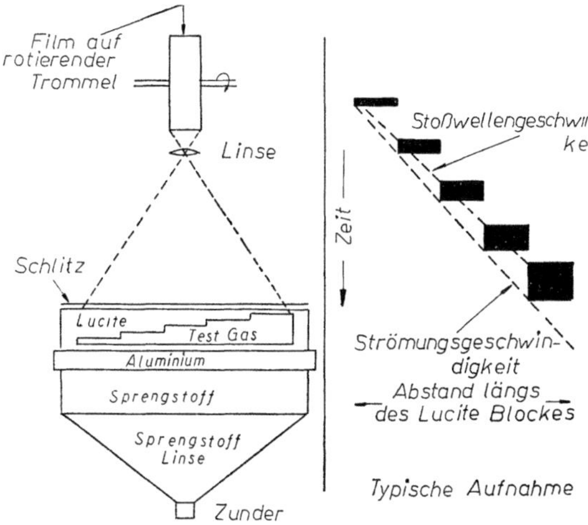

Abb. 54. Anordnung zur gleichzeitigen Messung der Stoß- und der Strömungsgeschwindigkeit in Gasen. Stoßwelle durch Sprengladung erzeugt.

4000° K völlig ausreichend. Ein gut überlegtes Experiment, bei dem sowohl die Stoßwellen- als auch die Strömungsgeschwindigkeit im Gas gemessen wird, zeigt Abb. 54[3]). Der Stoß wird durch eine Luciteplatte angetrieben, die über eine Aluminiumplatte durch einen Sprengstoff angestoßen wird. Das Ankommen der Stoßwelle im Gas an den verschiedenen Stufen der Lucitedeckplatte wird durch das Anwachsen der Helligkeit im reflektierten Stoß sichtbar. Diese Strahlung wird nacheinander ausgelöscht, wenn die Lucite-Grundplatte jeweils die entsprechende Stufe erreicht. Ein Schlitz auf der Oberfläche der Lucite-Deckplatte wird auf den Film einer rotierenden Kamera abgebildet.

---

[1]) W. A. BONE and R. P. FRASER, Phil. Trans. Roy. Soc. (London) A **228**, 197 (1929). — W. PAYMAN, W. F. SHEPHERD und S. W. WOODHEAD, Safety in Mines Research Board Paper No. 99 (1937). High speed Cameras for Measuring Rate of Detonation in Solid Explosives. — C. A. ADAMS, Proc. Roy. Soc. A **204**, 19 (1950).

[2]) E. EDELS und D. WHITTAKER, J. Sci. Instruments **32**, 103 (1955).

[3]) R. H. CHRISTIAN und F. L. YARGER, J. Chem. Phys. **23**, 2042 (1955).

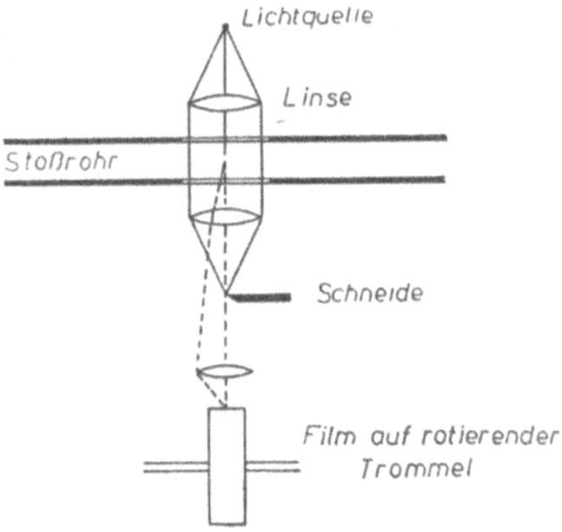

Abb. 55a) Schlierenanordnung mit Kamera hoher Zeitauflösung.

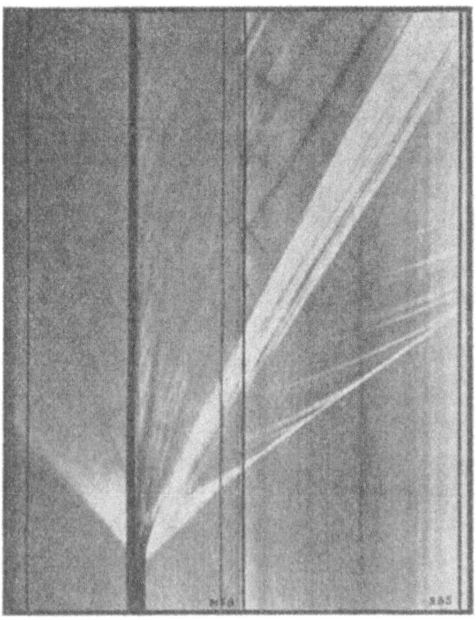

Abb. 55b. Beispiel einer Aufnahme: Strömung im Stoßrohr. Zeit läuft nach oben (auf dem Bild sind zwei millsec). Abstand nach rechts (auf dem Bild sind $\sim$ 60 cm). Luft, $P_1 = 30$ cm Hg $M_1 = 1{,}2$. Vgl. Abb. 44a. (I. I. Glass und W. Martin). J. Appl. Phys. **26**, 113 [1955]).

Wenig experimentelle Arbeiten scheinen mit Kameras höherer Zeitauflösung in Absorption gemacht worden zu sein, obgleich sie für Stoßwellen in absorbierenden Gasen bei niedrigen Drucken recht nützlich wären. Sind Stoßwellen nicht heiß genug, um Licht abzustrahlen, dann kann man sie über eine Schlieren- oder Schattenanordnung und eine Kamera hoher Zeitauflösung photographieren[1]). In diesem Falle beleuchtet man mit einer hellen Lichtquelle (z. B. Quecksilber-Hochdrucklampe) durch einen Schlitz, der am Stoßrohr parallel zu dessen Achse angebracht ist (vgl. Abb. 55). Da nur der Schlitz und nicht der ganze Stoßrohrquerschnitt ausgeleuchtet sind, brauchen die optischen Teile nicht so gut zu sein, wie bei einer normalen Schlierenapparatur. Man kann sogar schon brauchbare Ergebnisse mit Stoßwellen in normalen Glasrohren erhalten. Die Methode hat schöne Ergebnisse für verschiedene Stoßbedingungen geliefert (bis herunter zu einem Druck von 1 mm für $M = 3$ in

[1]) Phys. Meas. in Gas Dynamics and Combustion (Princeton 1954). — W. Payman und D. W. Woodhead, Proc. Roy. Soc. (London), A **132**, 200 (1931). — I. I. Glass, The Design of a Wave Interaction Tube, Univ. of Toronto, Inst. Aerophys. Report No. 6 (1950).

Luft)[1]). Sie ist sehr zweckmäßig, weil sie für Stoßwellen in allen Gasen verwendet werden kann.

Auch Filmkameras (mit bis zu $3{,}5 \cdot 10^6$ Bilder pro Sekunde)[2]) wurden mit Erfolg für Stoßwellen und Detonationsuntersuchungen verwendet. Hierzu sind wiederum sehr hell leuchtende Gegenstände oder helle Lichtquellen erforderlich, wie z. B. Entladungsfunken oder Stoßwellen. Häufig geben die aus den Aufnahmen zu entnehmenden Einzelheiten wertvolle Aufschlüsse, besonders wenn der Stoß von der eindimensionalen Form abweicht. Aus der bekannten Bildfolge und der Strecke, auf der die Stoßwelle sich bewegt hat, läßt sich die Geschwindigkeit bestimmen (vgl. Abb. 56). Bildzerlegung mit Hilfe von Linsenplatten kann ebenfalls nützlich sein[3]). Eine vielversprechende Möglichkeit, schnelle Vorgänge zeitlich aufzulösen, bietet der Bildwandler[4]). Das ist eine Anordnung, bei der die von einer Photokathode emittierten Elektronen beschleunigt und auf einen Leuchtschirm derart fokusiert werden, daß ein Bild auf der Photokathode mit bis zu zehnfacher Helligkeit wiedergegeben wird. Ähnlich wie bei der Anwendung einer Trommelkamera wird auch hier ein Schlitz am Stoßrohr auf die Photokathode des Bildwandlers abgebildet. Die Filmbewegung wird aber durch einen elektronischen Vorgang ersetzt. Das Bild auf dem Leuchtschirm wird mit einer normalen Kamera aufgenommen, da der Bildwandler so eingestellt werden kann, daß er genau zu der gewünschten Zeit das Bild wiedergibt (vgl. Abb. 57). Diese Methode wird wahrscheinlich wegen der hohen verfügbaren Geschwindigkeit und wegen

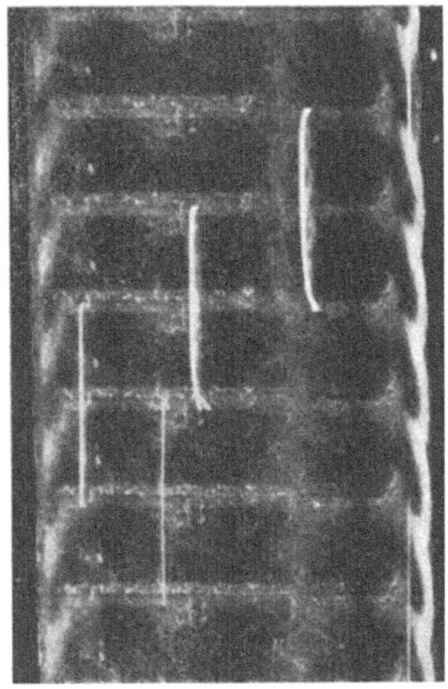

Abb. 56. Sechs Schlierenaufnahmen von einfallender (2) und reflektierter (4) Stoßwellefronten in Luft ($M_1 = 2$). Die Aufnahmen wurden mit einer Filmkamera mit einer Bildfolge (von unten nach oben) von 8500 Bildern pro sec. gemacht. Endplatte steht links. R. A. STREHLOW und A. COHEN, Ballistic Res. Lab., Aberdeen Proving Ground, Maryland. Private Mitteilung).

1) I. I. GLASS, W. MARTIN und G. N. PATTERSON, A Theoretical and Experimental Study of the Shock Tube, Univ. of Toronto, Inst. Aerophys. Report No. 2 (1953).

2) B. BRIXNER, J. Soc. Motion Picture Television Engrs. **59**, 503 (1952).

3) J. S. COURTNEY-PRATT, J. Phot. Sci. **1**, 21 (1953).

4) J. S. COURTNEY-PRATT, Phot. J. **92**B, 137 (1952). — R. A. CHIPPENDALE, Phot. J. **92**B, 149 (1952).

des stationären Filmes weite Verbreitung finden. Trotz der Verstärkung sind ziemlich helle Lichtquellen erforderlich.

6. Druckkontakt

Wo man wegen bestimmter Eigenschaften des durch den Stoß zu erhitzenden Stoffes keine elektrischen Sonden verwenden darf, kann ein druckempfindlicher Kontakt nützlich sein. THURSTON[1]) beschreibt einen solchen Kontakt, der hinter einer dünnen Membran in der Wand des Stoßrohres angebracht war. Wenn auch das Auflösungsvermögen gut zu sein

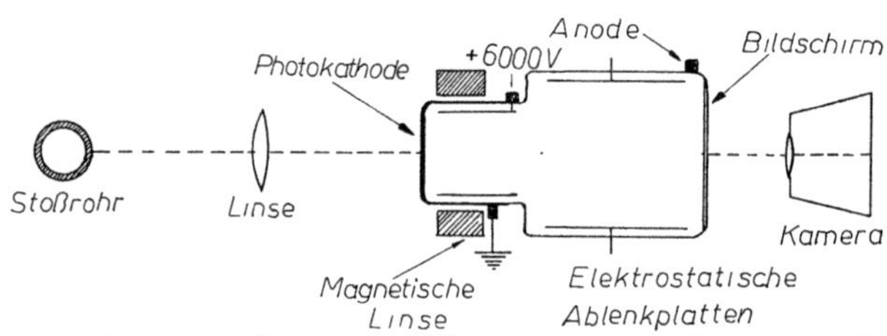

Abb. 57. Anordnung zur Geschwindigkeitsmessung mit einem Bildwandler.

scheint (wenige μsec), so ist doch eine Druckänderung von etwa einer Atmosphäre nötig.

C. Geschwindigkeit der reflektierten Stoßwelle

Wertvolle zusätzliche Informationen über das durch eine Stoßwelle erhitzte Gas kann man aus der Geschwindigkeit der reflektierten Stoßwelle erhalten. Die oben zur Messung der Stoßwellengeschwindigkeit beschriebenen Methoden kann man prinzipiell sowohl für einfallende wie für reflektierte Stoßwellen verwenden. In praktischen Fällen tritt bei reflektierten Stoßwellen jedoch eine Schwierigkeit auf, weil sie sich durch ein Gebiet bewegen, in dem sich eine von der einfallenden Stoßwelle erzeugte Grenzschicht befindet. Die besten Messungen erhält man daher aus Beobachtung von Schlieren, Reflektionsvermögen, Emission oder Absorption, da bei diesen Methoden das gesamte im Rohrquerschnitt befindliche Gas zur Messung verwendet wird. Dünne Folien oder heiße Drähte nahe der Rohrwand liefern weniger befriedigende Ergebnisse. In manchen Fällen kann die reflektierte Stoßwelle auch nur über eine verhältnismäßig kurze Strecke beobachtet werden (in einem Stoßrohr z. B. nur nahe der Abschlußplatte, vgl.

[1]) E. G. THURSTON, J. Acoust. Soc. Amer. **27**, 735 (1955); vgl. E. F. FIOCK, C. F. MARVIN jr., F. R. CALDWELL and C. H. ROEDER, Nat. Advisory Comm. Aeronaut. Report No. 682 (1940).

Abb. 44 u. 75). – Hierzu sind kontinuierliche Aufnahmen der Geschwindigkeit, wie man sie z. B. mit einer Trommelkamera erhält, besonders geeignet. Diese Aufnahmen zeigen auch jede Abweichung von der konstanten Geschwindigkeit, die auf andere Weise nur schwer festzustellen wäre, besonders dann, wenn nur Platz für zwei oder drei Meßstellen zur Verfügung steht.

D. Strömungsgeschwindigkeit

Wichtig ist auch die Messung der Strömungsgeschwindigkeit der heißen Gase. COOLEY[1]) und STEVER haben sie aus der Zeit zwischen der Zugabe und der Messung von Ionen im Gasstrom auf $\pm$ 2%bestimmt. Eine Kombination aus Strömungsgeschwindigkeit und Temperatur (die Strömungs-MACH-Zahl) wird gemessen, indem man im stationären Zustand den Abstand der Beugungswellen von in der Strömung befindlichen Modellen bestimmt[2]). Für einen zweidimensionalen Keil in einem Stoßrohr zeigt Abb. 58 die wichtigen Variablen. Die Strömungs-MACH-Zahl ist unabhängig von Θ und ist gegeben durch

$$M_{\text{Strömung}} = \frac{u_1 - u_2}{a_2} = \left[\left(1{,}558 \cdot \frac{t}{s}\right)^{\frac{2}{3}} + 1\right]^{\frac{1}{2}}.$$

Die Experimente wurden durchgeführt für $1{,}16 < M_{\text{Strömung}} < 1{,}8$. Bei anderen Messungen der Strömungsgeschwindigkeit wurde bestimmt, wieweit Schallsignale mit der Strömung mitgeführt wurden. Man kann die Signale durch einen schwingenden Kristall oder durch aufeinanderfolgende schwache Funken erzeugen und mit Schlieren- oder Schattenphotographie beobachten[3]).

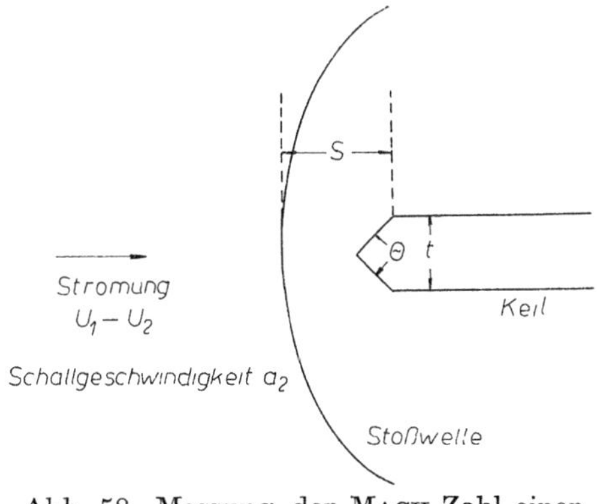

Abb. 58. Messung der MACH-Zahl einer Strömung mit Hilfe eines Keiles.

E. Geschwindigkeit der freien Oberfläche

Bei kondensierten Stoffen ist neben der Stoßgeschwindigkeit die Geschwindigkeit der freien Oberfläche wichtig[4]). Das ist die Bewegung, die erfolgt, wenn die Massenströ-

[1]) W. C. COOLEY und H. G. STEVER, Rev. Sci. Instruments **23**, 151 (1952).
[2]) W. GRIFFITH, J. Aeronaut. Sci. **19**, 249 (1952).
[3]) Phys. Meas. in Gas Dynamics and Combustion (Princeton 1954), Seite 152.
[4]) R. W. GORANSON, D. BANCROFT, B. L. BURTON, T. BLECHAR, E. E. HOUSTON, E. F. GITTINGS und S. A. LANDEEN, J. Appl. Phys. **26**, 1472 (1955).

mung hinter dem Stoß auf eine freie Oberfläche trifft und dort durch die Verdünnungswelle verstärkt wird, die an der Oberfläche entsteht und in die Probe zurückläuft. Zu den Meßmethoden vgl. Abb. 50.

Zusammenfassend kann man sagen, daß es eine große Zahl von Methoden zur Messung der Geschwindigkeit einer Stoßwelle gibt, die man anwenden kann für Stoßwellen mit einer MACH-Zahl $M \geqq 1{,}1$ bei einem Druck von einer Atmosphäre bzw. $M \geqq 2$ bei Drucken bis zu einigen Millimeter herunter.

F. Dichte

Bei den meisten Verfahren zur Bestimmung der Dichte in Stoßwellen wird in Wirklichkeit eine andere Variable gemessen, die in einem mehr oder weniger einfachen Zusammenhang mit der Dichte steht. Die gebräuchlichste Größe ist der Brechungsindex.

1. Interferometer

Mit verschiedenen Interferometern[1]) wurden sehr gute Bilder von Stoßwellen gemacht. Der gebräuchlichste Interferometertyp ist das MACH-ZEHNDER-Interferometer, das in Abb. 59a dargestellt ist. Das von einem Kollimator gesammelte Licht einer hellen Lichtquelle wird in zwei Bündel aufgespaltet, von denen das eine das Versuchsobjekt und das andere Kompensationsplatten durchstrahlt. Diese beiden Strahlengänge werden über einen halbdurchlässigen Spiegel vereinigt und auf der Photoplatte wird der zu untersuchende Gegenstand abgebildet. Dichteänderungen im Versuchsraum [die mit der Änderung des Brechungsindex durch die GLADSTONE-DALEsche Beziehung verknüpft sind $K\varrho = (n - 1)$] verändern die optische Weglänge und können aus der Verschiebung der Interferenzstreifen auf der Photoplatte bestimmt werden. Auch die sehr plötzliche Dichteänderung über die Stoßfront kann man messen. Das erreicht man entweder, indem man dafür sorgt, daß der Lichtstrahl nicht mehr ganz parallel zur Stoßfront verläuft, oder indem man weißes Licht verwendet. Jede der beiden Methoden erlaubt, einen bestimmten Interferenzstreifen über die Stoßfront zu verfolgen. Man kann einen Abstand von weniger als $^1/_{10}$ Streifenbreite bestimmen; das entspricht etwa dem 0,002fachen der Dichte der Luft bei NTP. Abb. 59b zeigt ein solches Interferogramm. Das genannte Interferometer hat den großen Vorteil, daß man den Abstand zwischen den beiden Strahlen sehr groß machen kann, und es möglich ist, mit sehr ausgedehnten Versuchsobjekten zu experimentieren. Auch lassen sich die Interferogramme relativ leicht interpretieren, da das Versuchsobjekt nur einmal vom

---

[1]) Vgl. z. B. Phys. Meas. in Gas Dynamics and Combustion (Princeton 1954), S. 47. — D. BERSHADER, Rev. Sci. Instruments **20**, 260 (1949).

Licht durchlaufen wird. Benützt man Funken als Lichtquellen, dann kann man eine Zeitauflösung von weniger als einer Mikrosekunde erzielen.

Ein von CURTIS[1]), EMRICH und MACK angegebenes Chrono-Interferometer zeigt Abb. 60. Es handelt sich um ein MICHELSON-Interferometer, das so angeordnet ist, daß ein einziger Streifen das ganze Feld bedeckt. Ein SEV

a)

b)

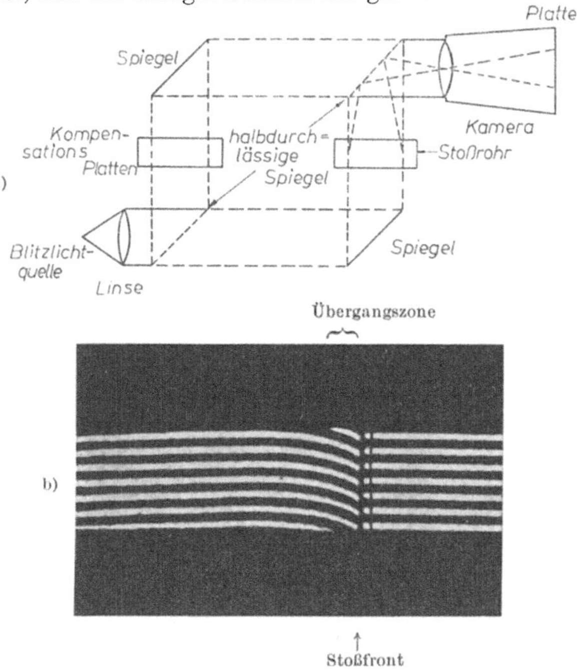

Abb. 59. a) MACH-ZEHNDER-Interferometer für Dichtemessung. – b) Beispiel einer Aufnahme Schwingungsrelaxation in $O_2 \cdot M_1 = 4{,}25 \cdot p_1 = 4{,}9$ mm Hg [V. BLACKMAN, J. Fluid Mechan. 1, 61 (1956)].

zählt dann die auf Grund der Dichteänderung im Versuchsraum an ihm vorbeilaufenden Streifen. Das Lichtbündel hat 3 mm Durchmesser, so daß die Streifen über die Stoßfront nicht verfolgt werden können, langsamere Dichteänderungen hinter der Front lassen sich jedoch messen. Das Gerät gestattet Dichteänderungen von 10^{-5}gr/cm^3 festzustellen, seine Zeitauflösung ist ungefähr 1 μsec. Interferometer sind überall dort sehr nützlich, wo der Brechungsindex eine bekannte Funktion der Dichte ist. Das ist gewöhnlich bei schwachen Stößen der Fall, wo keine Dissoziation in Stoffe mit unbekanntem Brechungsindex vorkommt. Ein weiteres Problem ergibt

[1]) C. W. CURTIS, R. J. EMRICH und J. MACK, Rev. Sci. Instruments **25**, 679 (1954).

sich daraus, daß man eine über den Rohrquerschnitt gemittelte Dichte mißt. Kühlere Schichten in der Nähe der Wand können Fehler verursachen[1]). Eine angenäherte Korrektur[2]) dieser Fehler ist möglich, wenn sich das Interferogramm auch über den Boden des rechteckigen Stoßrohres er-

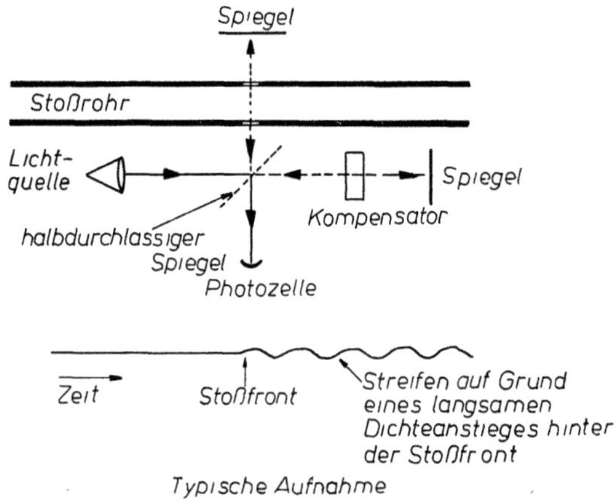

Abb. 60. Chrono-Interferometer zur Messung der Dichteänderung hinter einer Stoßfront.

streckt, denn dann kann die veränderte Dichte aus der Streifenverschiebung in der Nähe des Bodens des Stoßrohres bestimmt werden.

2. Schlieren

Resler[3]) und Scheibe geben eine interessante Kombination einer Schlierenapparatur mit einem SEV an, die zur Messung von Dichten in Stoßwellen verwendet wurde. In Abb. 61 ist die Anordnung skizziert. Die Ablenkung des Lichtstrahls und damit das Signal auf dem SEV hängt ab vom Gradienten des Brechungsindex $\frac{\partial n}{\partial \xi}$, wobei ξ der Abstand im ruhenden Koordinatensystem ist. Für Gase ist $\frac{\partial n}{\partial \xi}$ etwa proportional zu $\frac{\partial \varrho}{\partial \xi}$ (die Gladstone-Dalesche Formel liefert $(n - 1) = K\varrho$). Damit gilt für das an der Schlierenblende vorbeikommende und auf die Photozelle auftreffende Licht in Abhängigkeit von der Zeit

$$I(t) = k \int_0^w \frac{\partial}{\partial \xi} [\varrho(\xi, t] d\xi = k [\varrho(w, t) - \varrho(0,t)].$$

---

[1]) Phys. Meas. in Gas Dynamics and Combustion (Princeton 1954), S. 68.

[2]) D. Bershader, Rev. Sci. Instruments **20**, 260 (1949).

[3]) E. L. Resler und M. Scheibe, J. Acoust. Soc. Amer. **27**, 932 (1955); Ind. Eng. Chem. **47**, 1182 (1955).

k ist eine Konstante, die vom System abhängt, und w ist die Breite des Lichtbündels. Das Dichteprofil des Stoßes $\varrho(x)$ ist dann proportional $I(t)$. Diese Anordnung spricht an, wenn in einem Abstand von 1 mm Dichteänderungen, die das 0,005fache der Dichte von Luft bei NTP betragen, auftreten.

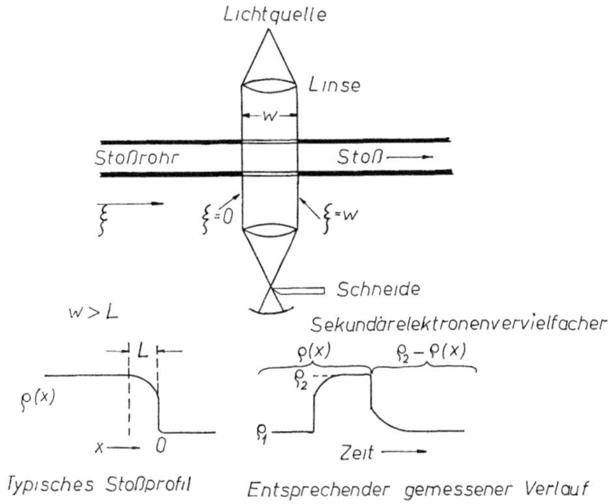

Abb. 61. Schlierenanordnung mit Sekundärelektronenvervielfacher (SEV) zur Messung von Dichteänderungen in Stoßwellen.

Sie hat ein räumliches Auflösungsvermögen von 0,1 mm. Hier wirkt sich wiederum die Grenzschicht auf die mittlere Dichte aus, ebenso treten Schwierigkeiten auf, wenn die Gase so heiß sind, daß sie mit einer Helligkeit strahlen, die der der Lichtquelle vergleichbar ist.

3. *Reflexionsvermögen*

Interessiert man sich für die Dichteänderung direkt hinter der Stoßfront, dann erweist sich ein von Hornig[1]) angegebenes Verfahren als sehr zweckmäßig. Das Reflexionsvermögen einer Stoßfront für ein streifend einfallendes Lichtbündel ist

$$R = \frac{1 + \mathrm{tg}^4\Theta}{4} (\Delta n)^2 = \frac{(1 + \mathrm{tg}^4\Theta)(n_0 - 1)^2}{4\varrho_0^2} (\varrho_2 - \varrho_1)^2. \qquad \text{(VI, 1)}$$

Dabei ist Θ der Einfallswinkel des Lichtbündels (in diesem Falle nahe 90°), Δn die Änderung des Brechungsindex über die Stoßfront. Weiter wurde die Gladstone-Dalesche Formel für den Zusammenhang zwischen ϱ und n

[1]) Phys. Meas. in Gas Dynamics and Combustion (Princeton 1954), S. 203. — G. R. Cowan und D. F. Hornig, J. Chem. Phys. 18, 1008 (1950).

benutzt. Der Index 0 steht für einen Bezugszustand, z. B. Normalbedingungen. Diese Methode wurde von COTTER[1]) zur Messung der Dichteänderung in CH_3NO_2-Detonationen verwendet und von anderen Autoren[2]) zur Messung der relativen Dichteänderungen über eine Stoßfront in Argon und

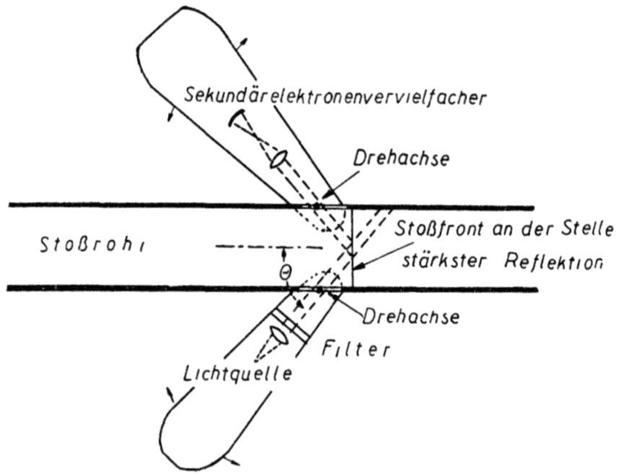

Abb. 62. Vorrichtung zur Messung der Dicke einer Stoßfront mittels deren optischen Reflexionsvermögens.

anderen Gasen. Fällt das Licht nicht streifend ein oder wird die Dichte soweit erniedrigt, daß die Stoßfrontdicke vergleichbar wird mit der Wellenlänge des Lichtes, dann wird das Reflexionsvermögen abhängig vom Dichteprofil oder der Gestalt der Stoßfront. Es wurden für verschiedene Modelle des Dichteverlaufs das Reflexionsvermögen berechnet und mit den Ergebnissen von Messungen verglichen[3]). Für Stoßwellen in Luft mit $M < 1{,}05$ bei $p_1 = 0{,}2$ at wird das Reflexionsvermögen auch bei sehr streifendem Einfall so klein (etwa 10^{-7}), daß man es nicht mehr messen kann, obgleich natürlich die Empfindlichkeit zum großen Teil vom speziellen Aufbau der Apparatur abhängt. Abb. 62 zeigt die experimentelle Anordnung. Hierbei spielt die Grenzschicht keine Rolle, weil die Messungen direkt an der Stoßfront ausgeführt werden (der einzigen Stelle mit merklichem Reflexionsvermögen), bevor sich eine Grenzschicht ausgebildet hat. Auch kann man den reflektierten Strahl soweit abblenden, daß das Signal nur aus der Rohrmitte kommt. Diese Methode und die damit gewonnenen Meßergebnisse sind in Kap. VII näher beschrieben.

---

[1]) T. P. COTTER jr., Dissertation, Cornell Univ. (1953).

[2]) E. F. GREENE, G. R. COWAN und D. F. HORNIG, J. Chem. Phys. **19**, 427 (1951). — E. F. GREENE und D. F. HORNIG, J. Chem. Phys. **21**, 617 (1953). — W. H. ANDERSEN und D. F. HORNIG, J. Chem. Phys. **24**, 767 (1956).

[3]) E. F. GREENE und D. F. HORNIG, J. Chem. Phys. **21**, 617 (1953).

4. *Röntgenstrahlabsorption*

Zur direkten Dichtemessung an Stoßwellen sowohl in Gasen, als auch in kondensierten Phasen wurde die Absorption von Röntgenstrahlen verwendet. Diese Methode[1]) erscheint besonders deshalb sehr geeignet, weil die

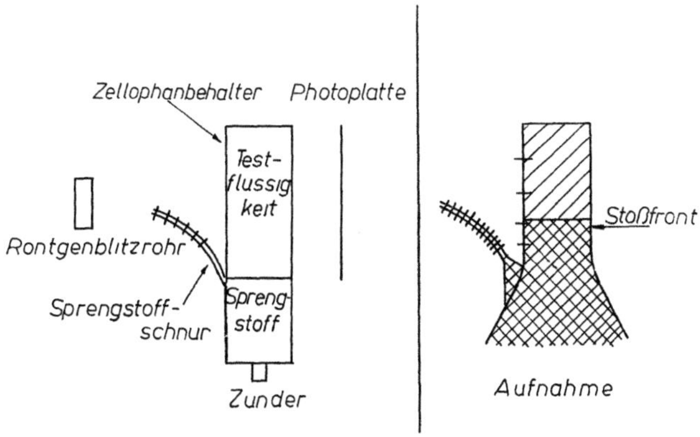

Abb. 63. Röntgenblitzapparatur zur Messung von Dichte und Geschwindigkeit.

chemische Beschaffenheit der einzelnen Substanzen in der Stoßwelle auf die Absorption praktisch keinen Einfluß hat und man deshalb die Dichte mittels statischer Eichung bei Zimmertemperatur bestimmen kann. In Gasen ist normalerweise die Absorption jedoch so klein (eine direkte Bestimmung in einem Windkanal erforderte 12 sec für die Messung[2]), daß man ein Gas mit hohem Molekulargewicht zumischen muß, wie z. B. Xenon oder Jod (mit großer Elektronenzahl und damit hoher Absorption). Da die Intensitätsänderung auch dann immer noch sehr klein ist, muß man die Röntgenröhre während der Messung für kurze Zeit überlasten. Mit dieser Methode wurden sehr gute Ergebnisse bei Messungen an Detonationen und Stoßwellen erzielt. Es wurden Berylliumfenster verwendet. Zur Anzeige des Röntgenstrahles diente ein Scintillationszähler mit einem SEV[3]). Die Empfindlichkeit in einem Rohr von 10 cm Durchmesser ist für Xe etwa das 0,001fache der Dichte bei NTP. Für kondensierte Phasen wurde die Methode entwickelt zur Messung von Zustandsgleichungen unter extremen Temperaturen und Drucken, wie man sie mit festen Explosivstoffen er-

---

[1]) E. M. Winkler, Phys. Meas. in Gas Dynamics and Combustion (Princeton 1954), S. 97.
[2]) E. M. Winkler, J. Appl. Phys. **22**, 201 (1951).
[3]) G. B. Kistiakowsky und P. H. Kydd, J. Chem. Phys. **25**, 824 (1956).

erzeugen kann[1]). Abb. 63 zeigt eine gebräuchliche Anordnung. Eine sehr erwünschte Eigenschaft dieser Methode ist, daß man mit einem Bild Dichte und Geschwindigkeit messen kann. Die Geschwindigkeit läßt sich aus der für den Vorgang benötigten Zeit bestimmen, welche aus dem Reaktionsablauf in einem Stück Detonationsschnur mit bekannter Detonationsgeschwindigkeit gemessen wird. Wie bei allen photographischen Verfahren hängt auch hier die Schwärzung des Filmes logarithmisch von der Belichtung ab, so daß die Dichtemessungen nicht sehr genau werden.

5. *Elektronenstreuung*

Ähnliche Versuche haben VENABLE[2]) und KAPLAN mit Hilfe der Streuung von Elektronen angestellt. Der Vorteil ist, daß Gase für Elektronen ein wesentlich höheres Streuvermögen haben als für Röntgenstrahlen. Die wesentlichen Schwierigkeiten bestehen darin, daß der Elektronenstrom sehr klein und daher nur schwer genau zu messen ist. Auch die Streuquerschnitte für Elektronen im heißen Gas sind nicht genau bekannt. Die Elektronen treten in das Stoßrohr durch ein sehr kleines Loch ein (0,1 mm Durchmesser), dessen Einfluß auf die Strömung vernachlässigbar ist. VENABLE[3]) hat Dichteänderungen in der Größe des 10^{-4}fachen der Dichte bei NTP in Helium feststellen können. Die Zeitauflösung beträgt etwa eine Mikrosekunde.

6. *Lichtabsorption und -emission*

Wenn der zu untersuchende Stoff eine brauchbare Absorptionsbande hat und wenn man den Absorptionskoeffizienten α' aus statischen Messungen bei bekannter Konzentration bestimmen kann, dann läßt sich die Dichte, ϱ_i, der zu untersuchenden Atom- oder Molekülart direkt aus dem LAMBERT-BEERschen Gesetz bestimmen.

$$\ln \frac{I_0}{I} = l\alpha'\varrho_i .$$

Dabei ist l die optische Weglänge durch die Stoßwelle, I_0 und I sind die Intensitäten des einfallenden und des durchgelassenen Lichtes. Ein SEV ist ein sehr brauchbarer Empfänger. Sein Ausschlag wird meistens auf

---

[1]) R. SCHALL, Z. angew. Phys. **2**, 252 (1950). — R. SCHALL und G. THOMER, Z. angew. Phys. **3**, 41 (1951). — G. THOMER, Z. angew. Phys. **5**, 217 (1953). — W. SCHAAFS, Z. Phys. **137**, 200 (1954). — J. DAPOIGNY, J. KIEFFER und B. VODAR, Compt. rend. acad. sci. **238**, 215 (1954); J. phys. radium **16**, 733 (1955); J. recherches centre nat. recherche sci. Lab. Bellevue (Paris) **6**, 260 (1955).

[2]) D. VENABLE und D. E. KAPLAN, J. Appl. Phys. **26**, 639 (1955).

[3]) D. VENABLE, Rev. Sci. Instruments **26**, 729 (1955).

einen Oszillographen gegeben und photographiert. Für Absorptionskontinua kann man Filter verwenden, die den gewünschten Spektralbereich umfassen, während man für Linienspektren entweder eine Lichtquelle verwendet, die dieselben Linien oder Banden emittiert wie das erhitzte Gas oder man nimmt einen Monochromator hoher Auflösung, der gerade den gewünschten Bereich durchläßt.

Emissionsspektren sind im allgemeinen weniger nützlich. Die ausgestrahlte Energie ist

$$I_{em} = N_n E_{nm} A_{nm}.$$

Dabei ist N_n die Besetzungszahl des angeregten Zustandes, E_{nm} ist die Energie der emittierten Strahlung und A_{nm} ist die EINSTEINsche Übergangswahrscheinlichkeit für spontane Emission. Auch in den wenigen Fällen, in denen A_{nm} entweder aus Berechnungen der Matrixelemente des Dipolmomentes oder aus Intensitätsmessungen bei bekannten Gleichgewichtsbedingungen bekannt ist, ist es schwer, N_n anzugeben. N_n ist nämlich proportional $N_m \exp(-E_{nm}/kT)$, also sehr empfindlich gegen Temperaturänderungen. Auch der Einfluß der Selbstabsorption muß bestimmt werden. Eine Methode zur Bestimmung dieser Korrektur wurde von PENNER[1]) und Mitarb. angegeben. Sie benützen einen luftgetriebenen Verschluß (Periode 5 μsec) in Verbindung mit einer kombinierten Ein- und Zweistrahl-Messung der Emission. Wenn man nicht solche verhältnismäßig komplizierte Maßnahmen trifft, erhält man aus Messungen der Intensität der Emission meist nur eine qualitative Abschätzung der Dichte einer Teilchenart.

Hat der zu untersuchende Stoff keine leicht zugänglichen Banden, dann kann man absorbierende oder emittierende Verunreinigungen wie z. B. Na, Hg oder Xe zugeben (wie das bei Flammen gemacht wird) und die Dichte mit der Absorption (oder Emission) der Resonanzlinie verfolgen. PALMER und HORNIG[2]) sowie BRITTON und DAVIDSON[3]) bestimmten aus Stoßwellenmessungen die Temperaturabhängigkeit des Extinktionskoeffizienten von Br_2. Sie maßen dazu die durchgelassene Intensität entweder direkt hinter der Stoßfront, wo noch keine Reaktion stattgefunden hat oder entsprechend weit dahinter, wo das Gleichgewicht eingestellt war und wo die Bromkonzentration berechnet werden konnte (vgl. Kap. III).

Ungefähre Messungen der Dichte von emittierenden oder absorbierenden Stoffen kann man auch mit zeitlich aufgelösten Spektren anstellen. Dazu kann man einen Spektrographen verwenden, bei dem an Stelle der Platte

---

1) W. HOOKER, M. LAPP, D. WEBER und S. S. PENNER, J. Chem. Phys. **25**, 1087 (1956).

2) H. B. PALMER und D. F. HORNIG, J. Chem. Phys. **26**, 98 (1957).

3) D. BRITTON und N. DAVIDSON, J. Chem. Phys. **25**, 810 (1956).

ein bewegter Film angebracht ist. Das Spektrum wird entweder auf den Film einer Trommelkamera abgebildet, oder mittels eines Drehspiegels über einen ruhenden Film bewegt. In jedem Fall erfolgt die Verschiebung parallel zu den Spektrallinien. Es ist zwar leicht, die verschiedenen Teilchenarten zu unterscheiden, es ist aber schwieriger, gute Dichtebestimmungen auszuführen (wegen der Nichtlinearität des Filmes). Mit dem Spektrographenspalt senkrecht zum Stoßrohr wurden schon Zeitauflösungen von wenigen Mikrosekunden errreicht. Braucht man längere Belichtungszeiten, um genügend Kontrast auf dem Film zu erhalten, dann kann man eine Methode verwenden, die als Geschwindigkeitssynchronisierung bezeichnet wird (vgl. Abb. 64)[1]. Der Spektrographenspalt wird parallel zur Achse des Stoßrohres aufgestellt und der Film wird mit einer bestimmten Geschwindigkeit so bewegt, daß das Bild des Stoßes auf dem Film in Ruhe ist. Auf diese Weise ist es möglich, die Belichtungszeit um ein Vielfaches zu erhöhen. Da die Stoßwelle sich mit konstanter Geschwindigkeit bewegt, kann man es so einrichten, daß auf eine Stelle des Filmes nicht Licht von verschiedenen Stellen des Vorganges kommt. Bei Absorptionsspektren ist es besonders bequem, einen Verschluß einzubauen, um unnötige Belichtung des Films zu vermeiden. EDGERTON und STRABALA[2]) haben einen interessanten, schnell arbeitenden Verschluß angegeben, bei dem Bleidrähte auf einer Platte verdampft werden. Andere Kurzzeitverschlüsse verwenden KERR-Zellen[3]) oder Bildwandlerröhren[4]).

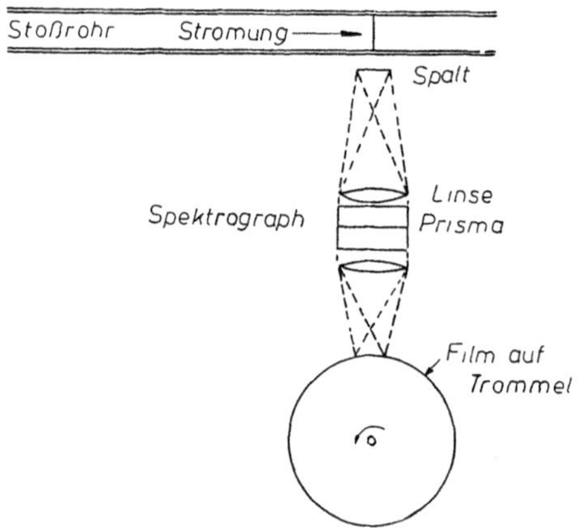

Abb. 64. Geschwindigkeitssynchronisierte Apparatur zur Aufnahme von zeitlich aufgelösten Spektren mit langer Belichtungszeit.

---

1) J. P. TOENNIES und H. GG. WAGNER, Z. Elektrochem. **59**, 7 (1955). — R. J. ROSA, Phys. Rev. **99**, 633 (1955). — E. B. TURNER, Phys. Rev. **99**, 633 (1955); The Production of Very High Temperatures in the Shock Tube with Application to the Study of Spectral Line Broadening, Eng. Res. Inst., Univ. of Michigan (1956).

2) H. E. EDGERTON und F. I. STRABALA, Rev. Sci. Instruments **27**, 162 (1956).

3) K. D. FROOME, Phot. J. **92**B, 158 (1952). — F. HARSHBARGER, J. Chem. Phys. **24**, 1261 (1956).

4) R. F. SAXE und R. A. CHIPPENDALE, Brit. J. Appl. Phys. **6**, 336 (1955). — R. A. CHIPPENDALE, Phot. J. **92**B, 149 (1952). — J. S. COURTNEY-PRATT, Phot. J. **92**B, 137 (1952).

Im allgemeinen sind jedoch mechanische Verschlüsse oder rotierende Spiegel in Gebrauch, die meist schnell genug arbeiten. Absorptionsspektren kann man ohne rotierende Trommel oder Spiegel aufnehmen, wenn zur Belichtung eine Blitzlampe hinreichend kurzer Leuchtdauer verwendet wird, die mit dem Stoß synchronisiert ist. Diese ähnlich der bei der Flash Photolyse[1]) benützte Technik wurde bisher aber für Stoßwellen noch kaum angewendet. Da man Stoßwellen erzeugen kann, deren Geschwindigkeiten sich um weniger als ein Prozent unterscheiden und da man die Verzögerungszeit für den Lichtblitz genau einstellen und verändern kann, erscheint diese Methode jedoch recht brauchbar. Eine Modifikation dieser Anordnung ist in Abb. 65 abgebildet. Der Spalt eines Spektralapparates hoher Dispersion wird parallel zur Achse des Stoßrohres aufgestellt und ein Blitz sehr kurzer Dauer ($\sim 1\,\mu$sec) wird so synchronisiert, daß er aufleuchtet, wenn der zu untersuchende Teil der Stoßwelle im Beobachtungsfeld ist. Auf dem Spalt ist dann also ein bestimmtes Stück der Stoßwelle hinter der Stoßfront abgebildet und man erhält eine zeitliche Auflösung ohne bewegten Film und die damit verbundenen optischen Schwierigkeiten am Spektrographen. Durch starke Ströme zum Explodieren gebrachte Drähte[2]), Gasentladungen[3]), Elektronenstrahlröhren[4]), auf die ein hoher Spannungsstoß gegeben wird und auch Stoßwellen in Gasen[5]) sollten geeignete Lichtquellen sein. Ist das betreffende Spektrum einmal bekannt, dann können quantitative Absorptionsmessungen unter Verwendung eines SEV und eines Monochromators (oder geeigneter Filter) ausgeführt werden. Die Anzeige ist linear und das Auflösungsvermögen entspricht der Laufzeit der Stoßwelle durch das Lichtbündel (etwa $1\,\mu$sec).

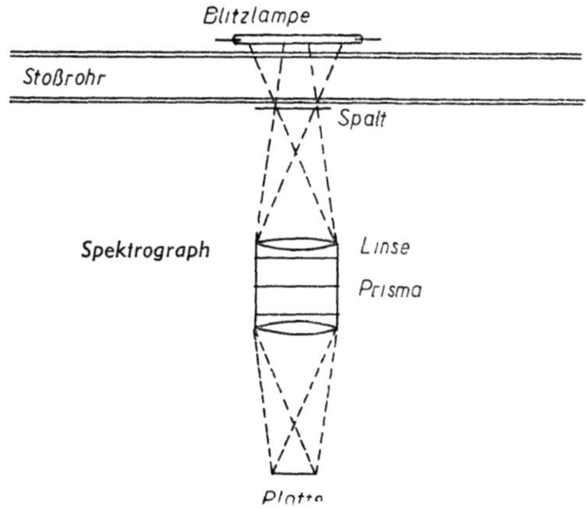

Abb. 65. Apparatur zur Aufnahme räumlich aufgelöster Absorptionsspektren mit Blitzlampe.

---

1) R. G. W. Norrish und B. A. Thrush, Quart. Rev. **10**, 149 (1956).
2) S. Smith, Astrophys. J. **61**, 186 (1925).
3) H. E. Edgerton und P. Y. Cathou, Rev. Sci. Instruments **27**, 821 (1956). — G. H. Hoyt und W. W. McCormick, J. Opt. Soc. Amer. **40**, 658 (1950).
4) J. S. Courtney-Pratt, J. Phot. Sci. **1**, 21 (1953).
5) R. H. Cole, Underwater Explosions (Princeton 1948), S. 213.

Bei sehr starken Stößen ist Vorsicht geboten, da Störungen wegen der intensiven Eigenemission des Stoßes auftreten können. SHREFFLER[1]) und CHRISTIAN haben z. B. ein intensives Leuchten entlang der Wand des Stoßrohres vor einer Stoßwelle in Argon beobachtet ($M_1 \simeq 25$). Die Intensität dieses leuchtenden Saumes war 30% höher als die des Stoßes.

7. *Ionendichte*

In dem besonderen Fall ionisierter Gase wurde die Konzentration der Ladungsträger auf verschiedenen Wegen gemessen. Elektrische Sonden[2]) in der Strömung zeigen die Anwesenheit geladener Teilchen an. Es ist aber oft sehr schwierig, zwischen der thermischen Ionisierung im Gasraum und einer Leitfähigkeit, die durch photoelektrisch erzeugte Elektronen hervor-

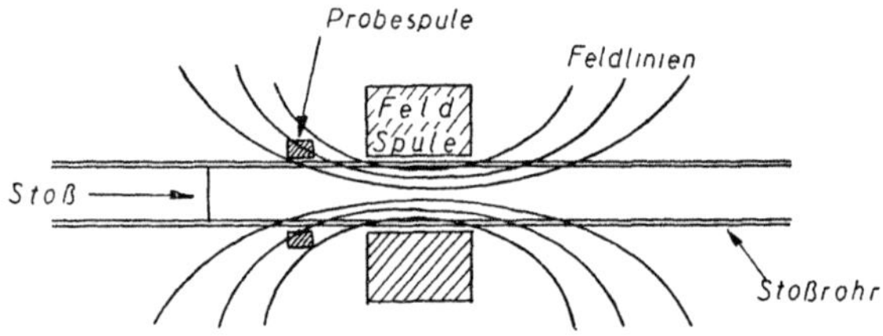

Abb. 66. Apparatur zur Bestimmung der Elektronenkonzentration aus der Leitfähigkeit.

gerufen wird, zu unterscheiden. LIN, RESLER und KANTROWITZ[3]) haben eine das Stoßrohr umfassende Feldspule verwendet und eine dazu konzentrische parallel zur Feldspule liegende Probespule. Die Probespule gibt ein Signal, wenn die Kraftlinien der Feldspule durch die leitenden Gase gestört werden (vgl. Abb. 66). Es wurde eine Zeitauflösung von etwa $2\,\mu$sec und eine Empfindlichkeit von 10^{-2} Ohm^{-1} cm^{-1} erreicht. Eine andere Möglichkeit zur Messung der Ionenkonzentration bietet die auf Grund des Starkeffektes auftretende Verschiebung und Verbreiterung von Spektrallinien (besonders bei H). Dieses Verfahren liefert bisher noch keinen sehr genauen Ionendichten, da die zugehörige Theorie noch unsicher ist. Es verspricht aber für Hochtemperaturphysik und Astronomie sehr aufschlußreiche Ergebnisse zu geben[4]).

---

[1]) R. G. SHREFFLER und R. H. CHRISTIAN, J. Appl. Phys. **25**, 324 (1954).

[2]) S. C. LIN, Dissertation, Cornell Univ. (Ithaca, N. Y. 1952). — H. E. PETSCHEK, Dissertation, Cornell Univ. (Ithaca, N. Y. 1955), Dissertation Abstracts **16**, 977 (1956).

[3]) S. C. LIN, E. L. RESLER und A. KANTROWITZ, J. Appl. Phys. **26**, 95 (1955).

[4]) H. E. PETSCHEK, P. H. ROSE, H. S. GLICK, A. KANE und A. KANTROWITZ, J. Appl. Phys. **26**, 83 (1955). — E. B. TURNER, The Production of Very High Temperatures in the Shock Tube with an Application to the Study of Spectral Line Broadening. Eng. Res. Inst., Univ. of Michigan (1956).

G. Temperatur

Es wäre besonders interessant, in einer Stoßwelle die Temperatur zu messen, aber leider ist sie eine der am schwersten zu bestimmenden Größen. Die Verwendung der üblichen Temperaturmeßgeräte, wie z. B. eines Thermoelementes zur Bestimmung der Temperatur in dem Gas ist unbefriedigend wegen der thermischen Verzögerung und der langen Ansprechzeit. Auch ist die tatsächlich auf das empfindliche Element gelangende Wärmemenge abhängig von den nicht genau bekannten Einflüssen der Strömungsenergie und eventuell vorhandenden katalytischen Effekten. Es gibt aber einige Möglichkeiten, etwas über die Temperatur zu erfahren.

In Gasen besteht zwischen Temperatur und der Schallgeschwindigkeit die Beziehung

$$a = \sqrt{\left(\frac{\partial p}{\partial \varrho}\right)_s}\,.$$

Für ein ideales Gas mit konstanter spezifischer Wärme wird daraus

$$a = \sqrt{\varkappa R T}\,.$$

Für Schallwellen mit höherer Frequenz wird die Interpretation wegen der Schalldispersion auf Grund von Relaxationseffekten schwieriger[1]). Man kann die Schallgeschwindigkeit messen aus der Fortpflanzung einer von einer kleinen Störung herrührenden, sich senkrecht zur Strömungsrichtung fortpflanzenden Schallwelle. Zur Erzeugung dieser Schallwelle kann z. B. ein kleiner Funken oder ein kleines Hindernis an der Wand des Stoßrohres dienen[2]). Schlierenaufnahmen zeigen die Lage der Front der Störung zu verschiedenen aufeinanderfolgenden Zeiten. Daraus kann man die Temperatur bestimmen. Die Genauigkeit der Methode ist ausreichend (für eine Stoßwelle in Luft wurde gemessen 630 $\pm$ 25° K)[3]), so daß sie in Bereichen konstanter Temperatur häufiger angewendet werden sollte. Ändert sich die Temperatur sehr schnell, dann werden die Messungen jedoch viel ungenauer.

Prinzipiell kann man aus der relativen Intensitätsverteilung von Spektrallinien Auskunft über die Temperatur erhalten. Obgleich ROSA[4]) diese Methode mit CN benützte, ist an Stoßwellen wenig damit experimentiert worden. Hauptsächlich wohl wegen der Schwierigkeiten, quantitative In-

[1]) E. L. RESLER jr., J. Chem. Phys. **25**, 1287 (1956).

[2]) W. SMITH, H. GLICK, A. HERTZBERG und W. SQUIRE, Phys. Rev. **98**, 1141 (1955). — A. HERTZBERG und A. KANTROWITZ, J. Appl. Phys. **21**, 874 (1950).

[3]) R. N. HOLLYER jr., A Study of Attenuation in the Shock Tube. Eng. Res. Inst. Univ. of Michigan (1953).

[4]) R. J. ROSA, Dissertation Abstr. **16**, 1701 (1956) (Dissertation, Cornell Univ. Ithaca, N. Y. (1956).

tensitätsmessungen in der kurzen verfügbaren Zeit von wenigen Mikrosekunden durchzuführen. Dazu kommt das schwierige Problem, wieweit sich die beobachtete Teilchenart mit dem übrigen Gas im Gleichgewicht befindet.

Eine indirekte Abschätzung der Temperatur erhält man aus den Wärmeverlusten des heißen Gases an die Wand. Diese Verluste wurden mit den oben beschriebenen dünnen Folien[1]) gemessen. Es sind aber so große Unsicherheiten in der Wärmeleitfähigkeit der Grenzschicht, in der spezifischen Wärme und der Wirkung der Strömung, daß man nur sehr ungenaue Aussagen über die Gastemperatur machen kann.

An stationären Stoßwellen in einem Windkanal kann mit einer Sonde[2]) eine Staupunktstemperatur bestimmt werden. Man kann auch die Widerstandsänderung eines heißen Drahtes bestimmen, der der freien Molekularströmung ausgesetzt ist[3]). Beide Methoden haben lange Ansprechzeiten und sind daher für Untersuchungen in einem gewöhnlichen Stoßrohr nicht geeignet.

H. Druck

Der Druck ist eine weitere Veränderliche, deren Kenntnis wichtig ist. Leider gibt es auch hierfür keine vollständig befriedigende Meßmethode. Am verbreitetsten ist wahrscheinlich die Verwendung von piezo-elektrischen Kristallen, die mit Stoßwellen bekannter Daten oder mit statischem Druck geeicht werden. Einige sehr sorgfältig durchdachte Druckempfänger[4]) wurden besonders für Stoßwellen in Wasser entwickelt. Es ist schwierig, Schwingungen in dem Druckempfänger zu verhindern, die die kurze Ansprechzeit des Kristalles verfälschen. Eine gut durchkonstruierte Meßdose gestattet es, Druckänderungen von 0,01 at zu messen. Die Ansprechzeit beträgt etwa 10 μsec. Gut geeignet scheinen die gebräuchlichen kreisförmigen Empfänger[5]) zu sein, die sich glatt in die Rohrwand einfügen und dadurch die Strömung nicht stören. Kann man Ansprechzeiten von 100 μsec in Kauf nehmen, dann können Empfänger mit einer elastischen Membran verwendet werden. Die Auslenkung dieser Membran läßt sich auf verschiedene Weise verfolgen, z. B. durch die Ablenkung eines Lichtstrahls oder durch die

---

[1]) A. J. Chabai und R. J. Emrich, J. Appl. Phys. **26**, 779 (1955).

[2]) Phys. Meas. in Gas Dynamics and Combustion (Princeton 1954), S. 187.

[3]) F. S. Sherman, Nat. Advisory Comm. Aeronaut. Tech. Note No. 3298 (1955).

[4]) A. B. Arons und R. H. Cole, Rev. Sci. Instruments **21**, 31 (1950). — A. J. Mooradian und W. E. Gordon, J. Chem. Phys. **19**, 1166 (1951). — P. W. Huber, C. E. Fitton jr. und F. Delpino, Nat. Advisory Comm. Aeronaut. Tech. Note, 1903 (1949).

[5]) R. A. Shunk, A. I. Dranetz und B. P. Budenstein, Rev. Sci. Instruments **24**, 1069 (1953).

Änderung der Kapazität eines Kondensators[1]). Für die meisten Stoßwellen sind solche Empfänger ebenso wie BOURDON-Federn[2]) und gewöhnliche Dehnungsmeßstreifen (Widerstandsänderung mit der Dehnung) entweder zu langsam oder zu unempfindlich.

Hat man eine stationäre Stoßwelle (z. B. in einem Windkanal), dann ist ein PITOT-Rohr (Staurohr) zur Druckmessung gut geeignet[3]). Das strömende Gas kommt vor der Öffnung des parallel zu den Stromlinien stehenden PITOT-Rohres zur Ruhe. Der durch dieses Staurohr auf ein Manometer übertragene Druck hängt ab vom Druck in der Strömung, der Relaxationszeit des Gases und der Strömungsgeschwindigkeit. Bei Experimenten mit einem Stoßrohr sind die verfügbaren Zeiten meist so kurz, daß man kein Staurohr verwenden kann.

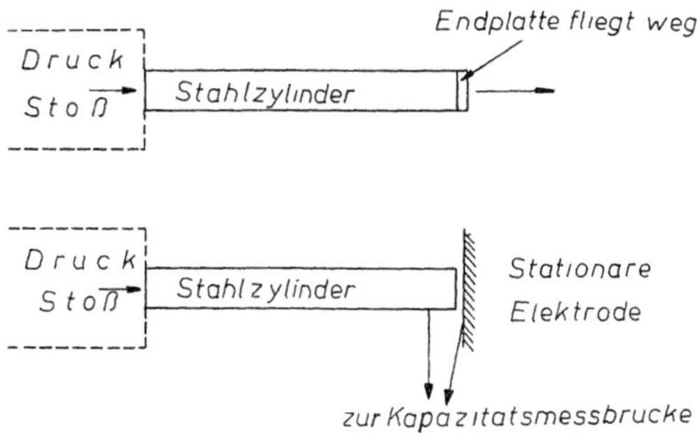

Abb. 67. Druckstäbe. – a) HOPKINSON. – b) Abänderung nach DAVIES.

Eine Korona-Entladung ist sehr empfindlich gegen Druck und wenig abhängig von der Temperatur. Diese Eigenschaft wurde zur Druckmessung ausgenutzt. Ein solcher Druckempfänger[4]) gestattet, Änderungen von 0,01 at festzustellen und hat eine Ansprechzeit in der Gegend von $50\,\mu$sec.

Zur Messung des Druckes relativ starker Stoßwellen ($\Delta p = 10$ bis 10^4 at) eignet sich eine von HOPKINSON[5]) angegebene Methode. Die Anordnung besteht aus einem Stahlstab, der an einem Ende den Druckstoß empfängt und ihn zum anderen Ende überträgt, wo er gemessen wird. In der ursprünglichen HOPKINSONschen Anordnung konnte man auf das „Meßende" gut passende, auswechselbare Endstücke verschiedener Länge aufsetzen. Diese Stücke fliegen weg, sobald die reflektierte Dehnungswelle eine größere

[1]) Phys. Meas. in Gas Dynamics and Combustion (Princeton 1954), S. 426.
[2]) R. J. EMRICH und R. L. PETERSON, Pressure Variation with Time in the Shock Tube. Lehigh Univ., Inst. of Res. (1956).
[3]) Phys. Meas. in Gas Dynamics and Combustion (Princeton 1954), S. 111.
[4]) C. O. CRIBORN, Appl. Sci. Res. **A3**, 225 (1952).
[5]) B. HOPKINSON, Phil. Trans. Roy. Soc. (London) A **213**, 437 (1914).

Amplitude hat, als die ursprüngliche Kompressionswelle. In einer Versuchsreihe kann man den auf diese Endstücken übertragenen Impuls verwenden, um den Maximaldruck und die Zeit, in der der Druck einen vorgegebenen Wert überschreitet, zu messen. Eine Weiterentwicklung dieser Methode geht auf DAVIES[1]) zurück und erlaubt es, Druck-Zeit-Kurven aufzunehmen. Man mißt die Längsverschiebung des Stabendes durch die Kapazitätsänderung zwischen dem Stabende und einem festgehaltenen Block. Die Zeitauflösung beträgt wenige Mikrosekunden. Abb. 67 zeigt diese beiden Meßanordnungen.

Man kann feststellen, daß der Druck in Stoßwellen zu den Größen gehört, die sich nur schwer genau messen lassen.

I. Ausgangs-Druckverhältnisse

In einem idealen Stoßrohr, in dem die Membran plötzlich vollkommen beseitigt wird, und in dem es keine Wechselwirkung mit der Wand gibt, kann man die Stoßwellengeschwindigkeit aus dem Anfangsdruckverhältnis über die Membran berechnen (vgl. Kap. V). Leider ist in Wirklichkeit die Geschwindigkeit der Stoßwellen immer kleiner, als man nach der Rechnung erwarten sollte. Bei starken Stößen entspricht die Geschwindigkeit oft nur einem Druckverhältnis, das die Hälfte oder ein Drittel des wirklich eingestellten Druckverhältnisses ist. Das Ausgangsdruckverhältnis läßt sich jedoch leicht messen, deshalb ist es für die ungefähre Wahl der erforderlichen Bedingungen trotzdem nützlich und wurde auch für quantitative Untersuchungen verwendet. WRAY und HORNIG[2]) bestimmten die Dissoziationsenergie von F_2 unter der Annahme, daß für verschiedene Gemische von Ar mit F_2 (0 bis 20% F_2) die Abweichungen vom idealen Verhalten im Stoßrohr für konstantes p_4/p_1 die gleichen blieben. Durch die Messung von u_1 hatten sie dann eine zweite Größe zur Bestimmung der Dissoziationsenergie des Fluors. Wenn auch die Genauigkeit nicht sehr groß war ($\mathfrak{D}(F_2) = 31 \pm 4$ kcal/Mol), so ist das Ergebnis doch brauchbar.

J. Analyse der Produkte

Eine indirekte, aber in manchen Fällen doch nützliche Methode ist die chemische Analyse der Produkte hinter der Stoßwelle. Der chemische Umsatz hängt von Temperatur, Druck und Aufheizzeit ab. Diese Größen sind aber meistens nur schwer zu bestimmen, da die stärkste Aufheizung erfolgt, nachdem die Stoßwelle vom geschlossenen Rohrende bzw. anschließend von

---

[1]) R. M. DAVIES, Phil. Trans. Roy. Soc. (London) A **240**, 375 (1948).
[2]) K. L. WRAY und D. F. HORNIG, J. Chem. Phys. **24**, 1271 (1956).

der Kontaktfläche reflektiert wurde. Die ursprünglich ziemlich einheitlichen Bedingungen werden gestört und durch Turbulenz und Wärmeverluste an der Wand unsicher gemacht. Neben diesen Unsicherheiten gibt es noch schwache Temperatur-„Stöße", die durch aufeinanderfolgende Reflexionen

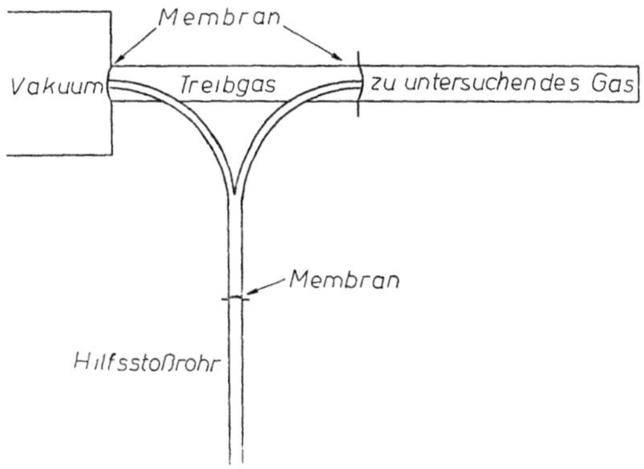

Abb. 68. Modifiziertes Stoßrohr von GLICK, SQUIRE und HERTZBERG.

von Wellen zwischen den geschlossenen Enden des Hoch- und Niederdruckteiles des Stoßrohres entstehen. GLICK[1]), SQUIRE und HERTZBERG haben ein Stoßrohr für chemische Untersuchungen entwickelt, bei dem diese sekundären Reflexionen vermieden werden. Sie sorgten dafür, daß sich der Hochdruckteil sofort nach Anlaufen der Stoßwelle in ein evakuiertes Gefäß entspannen kann. Die beiden Membranen wurden gleichzeitig durch ein Hilfsstoßrohr zerrissen (vgl. Abb. 68). Diese Autoren fanden, daß in einem durch Stoßwellen erhitzten Sauerstoff-Stickstoff-Gemisch etwas weniger Stickoxyd erzeugt wurde, als man mit den Bedingungen hinter der Stoßwelle und eingestelltem Gleichgewicht errechnet hat. Der Temperaturverlauf (vgl. Abb. 69) ist zwar einfacher als in einem normalen Stoßrohr, er ist aber immer noch so kompliziert, besonders bei langen Aufheizzeiten, daß die Meßwerte schwer zu deuten sind. Kürzlich[2]) gelang es, die Verhältnisse in bezug auf die Aufheizzeit weiter zu vereinfachen, indem die Bedingungen an der Kontaktfläche geeignet gewählt wurden. Das geschieht, indem die „gasdynamische Impedanz" des abgekühlten Treibgases gerade so groß gemacht wird, wie die des heißen Gases hinter der reflektierten Stoßwelle. Damit erreicht man, daß weder eine Stoßwelle noch eine Verdünnungswelle an der Kontaktfläche reflektiert wird. Die einheitlichen Bedingungen hinter

[1]) H. S. GLICK, W. SQUIRE und A. HERTZBERG, 5th Int. Symp. Combustion (New York 1955), S. 393.

[2]) H. S. GLICK, J. J. KLEIN und W. SQUIRE, J. Chem. Phys. **27**, 850 (1957).

der reflektierten Stoßwelle bleiben also bestehen, bis die starke Verdünnungswelle, die von einem evakuierten Behälter her in das Rohr hineinläuft, das heiße Gas abkühlt. Die gasdynamischen Widerstände kann man anpassen, wenn man als Treibgas Mischungen von H_2 mit verschiedenen Inertgasen verwendet. Das Gas kann sich bis zu einigen Millisekunden auf der hohen Temperatur befinden. Die Abkühlung erfolgt wesentlich schneller. Obwohl die Zeit, die sich das Gas auf der hohen Temperatur befindet und auch die Wärmeverluste an die Wand etwas unsicher sind und obwohl die experimentelle Anordnung nicht einfach ist, ist diese Methode doch von großer Bedeutung für chemische Untersuchungen. Man kann viele verschiedene Endprodukte analysieren und damit auch kompliziertere Reaktionen untersuchen. Diese Technik ist erstmals erfolgreich angewandt worden bei einer erneuten Untersuchung der Kinetik der Reaktion $N_2 + O_2 \rightleftharpoons 2NO$.

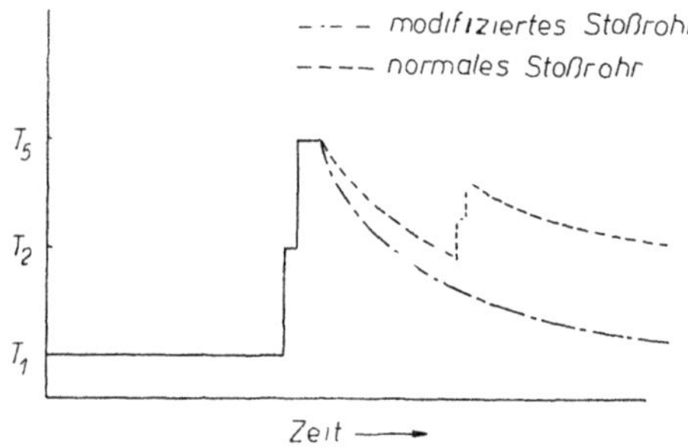

Abb. 69. Zeitlicher Temperaturverlauf für ein normales und für das modifizierte Stoßrohr von GLICK, SQUIRE und HERTZBERG.

Eine mögliche Vereinfachung bei der Analyse der Endprodukte besteht darin, in einem Gemisch zwei nebeneinanderlaufende Reaktionen in Gang zu setzen und die relative Ausbeute der konkurrierenden Vorgänge zu vergleichen. Auf diese Weise sollte die Unsicherheit in der Temperaturmessung nicht so stark ins Gewicht fallen.

K. Folgerungen

Eine Reihe von Messungen lassen sich an Stoßwellen einfach durchführen. Am leichtesten und gebräuchlichsten sind Geschwindigkeitsmessungen. Zur Bestimmung einer zweiten notwendigen Größe wählt man am besten die Bestimmung der Dichte des Gesamtsystems oder einer einzelnen Komponente. Auch die Bestimmung von Geschwindigkeit der reflektierten Stoßwelle, Strömungsgeschwindigkeit, Druck, Temperatur, Ausgangsdruckverhältnis und Zusammensetzung der Endprodukte erscheint nützlich.

Kapitel VII

Untersuchung chemischer Probleme mit Stoßwellen

A. Einleitung

Qualitative Untersuchungen chemischer Vorgänge mit Stoßwellen begannen schon in den zwanziger Jahren[1]). Das Hauptinteresse lag bei den Detonationen und hier besonders bei der Einleitung von Detonationen. Daneben gibt es Arbeiten über die Lichtemission von Stoßwellen[2]). Aber erst in den Jahren nach 1950 wurden die ersten quantitativen Arbeiten veröffentlicht. 1953 untersuchten Carrington und Davidson[3]) erstmals die Kinetik einer Reaktion mit Stoßwellen (Dissoziation von N_2O_4).

In diesem letzten Kapitel sind Arbeiten in denen chemische Probleme mit Stoßwellen behandelt wurden zusammengefaßt. Die Literatur darüber ist schon so umfangreich, daß die meisten Arbeiten nur erwähnt werden können. Das ganze Sachgebiet wurde folgendermaßen aufgeteilt:

1. Gleichgewichtsdaten.
2. Spektren von Gasen bei hoher Temperatur.
3. Geschwindigkeit der Einstellung von Gleichgewichten.

Für jedes dieser Teilgebiete wurden Tabellen angelegt, die aus den bis Anfang 1957 veröffentlichten Untersuchungen einige wichtige Tatsachen zusammenfassen. Manche Untersuchungen werden etwas ausführlicher besprochen, weil sie entweder einige besonders nützliche Gesichtspunkte bei der Verwendung von Stoßwellen erkennen lassen oder aber interessante Ergebnisse brachten. Die Autoren haben dabei solche Untersuchungen ausgewählt, mit denen sie besonders vertraut sind.

Die vorliegende Anordnung der Tabellen wurde gewählt, weil auch bei den zuletzt diskutierten Experimenten einige der Untersuchungen von Gleichgewichtsdaten gebraucht werden. Will man die in den Kap. II, III und IV besprochene Theorie auf Meßergebnisse anwenden, dann ist zu bedenken, daß in der Theorie verschiedene Voraussetzungen enthalten sind.

---

[1]) P. Laffitte, Compt. rend. **177**, 178 (1923). — W. Wendlandt, Z. physik. Chem. **116**, 227 (1925). — W. Payman, Proc. Roy. Soc. (London) A **120**, 90 (1928). — W. A. Bone, R. P. Fraser und W. H. Wheeler, Phil. Trans. Roy. Soc. (London) A **235**, 29 (1936).

[2]) A. Michel-Lévy und H. Muraour, Compt. rend. **198**, 1499 (1934); **198**, 2091 (1934); **200**, 543 (1935); **200**, 924 (1935); **201**, 824 (1935); **200**, 755 (1936); **237**, 514 (1953) u. a. — Zusammen mit E. Vassy, Rev. optique **20**, 149 (1946).

[3]) T. Carrington und N. Davidson, J. Phys. Chem. **57**, 418 (1953).

Die wichtigsten davon sind:

1. Die Strömung ist eindimensional.
2. Die Verluste an Energie und Impuls sind zu vernachlässigen.
3. Es steht genügend Zeit zur Einstellung des Gleichgewichts zur Verfügung.

Viele Experimente der ersten Gruppe (Gleichgewichtsdaten) zeigen, daß unter bestimmten Bedingungen alle drei Annahmen gelten. Wenn die ersten zwei Voraussetzungen nicht mehr streng erfüllt sind, lassen sich die Experimente oft so einrichten, daß man die Ergebnisse auf geeignete Weise korrigieren kann.

Zum leichteren Verständnis der Tabellen sollen die Überschriften nochmals erläutert werden. In der ersten Spalte stehen die untersuchten Stoffe bzw. Reaktionen[1]). Die nächste Spalte gibt die Art der Erzeugung der Stoßwellen und die verwendete Meßeinrichtung an. Da zur Bestimmung des Einflusses der Dämpfung und wegen möglicher Abweichungen von der eindimensionalen Strömung der Querschnitt des Stoßrohres bzw. des Treibsatzes von Bedeutung ist, wird er unter Meßeinrichtung mit angegeben. Bei fast allen Stoßwellenexperimenten ist es nötig, die Stoßstärke zu bestimmen. Das geschieht z. B. durch Messung der Stoßwellengeschwindigkeit. Da es sich hierbei um eine ganz einfache Messung handelt, die nicht als wesentliche Fehlerquelle anzusehen ist, ist die dazu verwendete Meßvorrichtung nur bei Untersuchungen angegeben, bei denen der Stoß mit einem Sprengstoffsatz erzeugt wurde. In diesem Fall ist die Methode zur Messung der Stoßstärke in der nächsten Spalte, zusammen mit der anderen Messung, die die gewünschten Ergebnisse lieferte, aufgeführt. In den anderen Fällen beziehen sich die aufgeführten Messungen nur auf die untersuchten Größen (nicht auf die Stoßstärke). Da bei der Untersuchung der Spektren von Gasen die zusätzlichen Messungen mit Spektralplatten oder photoelektrischer Methoden erhalten wurden, ist dafür keine besondere Spalte vorhanden. Bei allen anderen Tabellen sind die speziellen Messungen in der dafür vorgesehenen Spalte aufgeführt. Die nächsten beiden Spalten geben den Druck- und Temperaturbereich an, in dem die Messungen gemacht wurden. Manchmal ist in der Literatur nur der Anfangsdruck, oder nur der Druck hinter der Stoßwelle angegeben. Die letzten zwei Spalten sind überschrieben: Ergebnisse und Bemerkungen. Unter „Ergebnisse“ wurde der Versuch gemacht, eine Untersuchung in wenigen Worten zusammenzufassen: Die Auswertungsmethode, und die den Autoren am wichtigsten scheinenden Schlußfolgerun-

[1]) In der Tabelle 10 über Gas-Spektren bei hohen Temperaturen erschien es zweckmäßig, die Experimente nach Emission und Absorption bzw. nach dem untersuchten Stoßwellenbereich anzuordnen. Die untersuchten Gase sind in der zweiten Spalte aufgeführt.

gen sind hier zusammengefaßt. Die meiste Freiheit haben sich die Autoren in der Spalte „Bemerkungen“ genommen. Hier findet man Bemerkungen über die bei den Untersuchungen gemachten Annahmen und darüber, was die wesentliche Fehlerquelle sein dürfte. In einigen Fällen wurden auch weitere Einzelheiten der experimentellen Anordnung und weitere Ergebnisse aufgeführt. Wo andere Überschriften stehen, ergibt sich deren Bedeutung aus dem Inhalt und dem Rest der Tabelle.

B. Gleichgewichtsdaten

1. Zustandsgleichungen von Gasen bei hohen Temperaturen

a) Einleitende Bemerkungen

In Kap. III wurde gezeigt, daß man mit Stoßwellen in Gasen Temperaturen erzielen kann, die bisher mit keiner anderen Methode erreichbar waren. Nach der Rechnung bieten Stoßwellen eine Möglichkeit, jedes Gas zu dissoziieren und sogar zu ionisieren. Wenn die Stoßwellengleichungen gelten und man unter den gegebenen experimentellen Bedingungen annehmen kann, daß sich Gleichgewicht eingestellt hat, dann kann man die thermodynamischen Gleichgewichtsdaten des Gases bestimmen, indem man zwei Größen der Stoßwelle mißt. Ferner sollte es möglich sein, ein Gasgemisch hoher Temperatur, das sich im Gleichgewicht befindet und Atome, Ionen oder Elektronen mit bekannten thermodynamischen Daten enthält, für eine so lange Zeit herzustellen, daß man einige seiner Eigenschaften (z. B. die elektrische Leitfähigkeit) messen kann. Die Daten von Gasen bei hoher Temperatur bekommen für den Verbrennungsingenieur, den Aerodynamiker und den Astrophysiker steigende Bedeutung. Für den Chemiker ist es vielleicht von größerem Interesse, daß es mit Hilfe der Stoßwellentechnik zum ersten Mal möglich war, mit einer direkten thermischen Methode die Dissoziationsenergien von CO und N_2 zu messen.

Ist die Zustandsgleichung für die hohen Temperaturen hinter der Stoßwelle bekannt, dann sollte es möglich sein, die Annahmen zu prüfen, die man bei der Verwendung der Stoßwellengleichungen macht. Untersuchungen, die Auskunft über die Einstellung des Gleichgewichtes und die Idealität der Strömung sowie über Zustandsgleichungen von Gasen hoher Temperatur geben, sind in Tab. 7 zusammengestellt.

Die meisten Experimente zeigen, daß im Stoßrohr und in Stoßwellen, die durch Detonationen erzeugt werden, sich das Gleichgewicht mit nur wenigen Ausnahmen (F_2, CO_2, N_2O) einstellt. Auch die Annahme eindimensionaler Strömung und vernachlässigbarer Energie- und Impulsverluste wurde gerechtfertigt. Für Fälle in denen die Annahmen nicht mehr gültig sind, wurde eine Methode vorgeschlagen, die dem Rechnung trägt[1]). Zwei der in Tab. 7 aufgeführten Untersuchungen wurden zur Bestimmung der Dissoziationsenergie vom Stickstoff gemacht. Diese Experimente werden weiter unten noch ausführlicher diskutiert. Sie zeigen die wesentlichen Vor- und Nachteile der Stoßrohrmethode und der durch Detonationen angetriebenen Stoßwellen. In beiden Fällen wurde zur Prüfung der Anwendbarkeit der Stoßwellengleichungen auch Argon untersucht. Argon wurde gewählt, weil es ein hohes und gut bekanntes Ionisierungspotential hat und weil seine spezifische Wärme ziemlich temperaturunabhängig ist, solange man die Ionisierung vernachlässigen kann. Andere in Tab. 7 aufgeführte Stoßwellenexperimente zeigen, daß man auch in ionisiertem Argon Gleichgewicht bekommen kann.

b) Die Dissoziationsenergie von Stickstoff — Experimente mit Stoßwellen, die mit Sprengstoffen erzeugt wurden

Die von Christian[2]), Duff und Yarger bei ihren Experimenten zur Bestimmung der Dissoziationsenergie von Stickstoff verwandte Versuchsanordnung wird in einer besonderen Arbeit beschrieben[3]); sie ist in Kap. V behandelt. Mit ähnlichen Methoden wurden schon Zustandsgleichungen von Flüssigkeiten und Festkörpern bestimmt. Die genannte Arbeit stellt aber den ersten Versuch dar, mit Stoßwellen, die von Sprengstoffdetonationen erzeugt wurden, spezielle Daten von Gasen zu messen.

Versuchsanordnung und Methodik

Bei der Durchführung des Versuches wird eine Lucite-Platte mit konstanter Geschwindigkeit (mit Hilfe eines Sprengstoffes) in einen Raum bewegt, in dem sich das zu untersuchende Gas befindet. Die Stoßwellengeschwindigkeit wird aus der Laufzeit des Stoßes durch mehrere bekannte Intervalle bestimmt. Die Teilchengeschwindigkeit wird in ähnlicher Weise aus den Zeiten gewonnen, in denen die Lucite-Platte die gleichen Intervalle durchläuft (vgl. Abb. 54).

Aus diesen Daten läßt sich eine Hugoniot-Kurve berechnen, die man dann mit einer, aus der Rankine-Hugoniot-Gleichung für Gleichgewicht theoretisch ermittelten, vergleichen kann. Die Ergebnisse für Argon sind in Abb. 70 wiedergegeben. Mit Ausnahme eines Punktes stimmen alle experimentell ermittelten Werte im Rahmen der Fehlergrenzen mit der

---

[1]) J. P. Toennies und E. F. Greene, J. Chem. Phys. **26**, 655 (1957).

[2]) R. H. Christian, R. E. Duff und F. L. Yarger, J. Chem. Phys. **23**, 2045 (1955).

[3]) R. H. Christian und F. L. Yarger, J. Chem. Phys. **23**, 2042 (1955).

theoretisch berechneten Kurve überein. Die Meßpunkte erstrecken sich über einen Bereich der MACHzahl von 12—27. Zu ihnen gehören Temperaturen zwischen 12000 und 24000° K. Für einen Ausgangsdruck von 60 cm Hg und die höchsten erreichten Temperaturen beträgt der Ionisationsgrad etwa 0,4. Wegen der außerordentlich kurzen Zeit, die bei diesem Experiment zur Verfügung steht (höchstens 2—5 μsec), spielen Energieverluste durch Strahlung

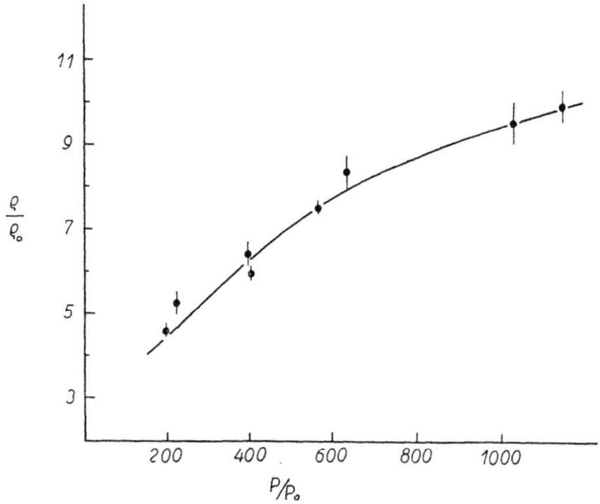

Abb. 70. Berechnete HUGONIOT-Kurve für Ar mit experimentellen Werten verglichen. Die Stoßwellen wurden mit einer Sprengstofflinse erzeugt. T_1 =300 °K (CHRISTIAN, DUFF und YARGER).

keine Rolle, so daß sie bei der Berechnung vernachlässigt werden konnten. Bei den hohen Temperaturen und Drucken (160—900 at) scheint sich das Ionisierungsgleichgewicht hinter der Stoßfront selbst in diesen kurzen Zeiten vollkommen eingestellt zu haben. Das steht in Übereinstimmung mit den Ergebnissen von PETSCHEK[1]). Er konnte zeigen, daß die für die Einstellung des Ionisierungsgleichgewichtes erforderliche Zeit auch für die schwächsten Stöße bei den obengenannten Versuchen etwa 8 μsec (ungünstigster Fall) für p_1 = 1 cm Hg oder 0,13 μsec für p_1 = 60 cm Hg beträgt. Damit sind die Aufenthaltszeiten der Gase bei der hohen Temperatur in obigen Experimenten (minimal 0,2 μsec; maximal 2,7 μsec) zu vergleichen. Bei Stoßrohrexperimenten dauert die Einstellung des Gleichgewichtes wegen der niedri-

[1]) H. E. PETSCHEK, Dissertation, Cornell U. (1955) und H. E. PETSCHEK und S. BYRON. Annals Phys. **1**, 270 (1957).

geren Temperatur und des viel niedrigeren Druckes wesentlich länger. Dafür sind aber auch die für die Messungen verfügbaren Zeiten länger. Diese Versuche mit Argon zeigen, daß man auch mit Stoßwellen die mittels Sprengstoff erzeugt wurden vernünftige Ergebnisse erhalten kann.

Ergebnisse

Mit der gleichen Versuchsanordnung wurden Untersuchungen an Stickstoff gemacht, für den die Dissoziationsenergie nicht sicher bekannt war. Die gemessenen HUGONIOT-Kurven wurden mit theoretischen HUGONIOT-Kurven verglichen, die für die beiden zur Diskussion stehenden Werte der Dissoziationsenergie von Stickstoff berechnet wurden. Mit spektroskopischen Messungen sind die Werte 7,385 und 9,764 eV vereinbar. Die theoretisch und experimentell ermittelten HUGONIOT-Kurven zeigt Abb. 71. Nimmt man an, daß sich bei den in diesem Experiment verfügbaren Zeiten Gleichgewicht eingestellt hat, dann stützen die Meßergebnisse den höheren Wert der Dissoziationsenergie. Die verfügbaren Zeiten waren genau so lang, wie bei den Versuchen mit Argon. Wegen der relativ langen Schwingungsrelaxationszeit, und vielleicht auch der für die Dissoziation erforderlichen Zeit, kann diese Annahme zunächst fraglich erscheinen. Tatsächlich lassen sich die Ergebnisse von Versuchen mit $p_2/p_1 < 700$ mit $\mathfrak{D}(N_2) = 7{,}385$ eV und nur teilweiser Einstellung des Gleichgewichts deuten. Die experimentellen Er-

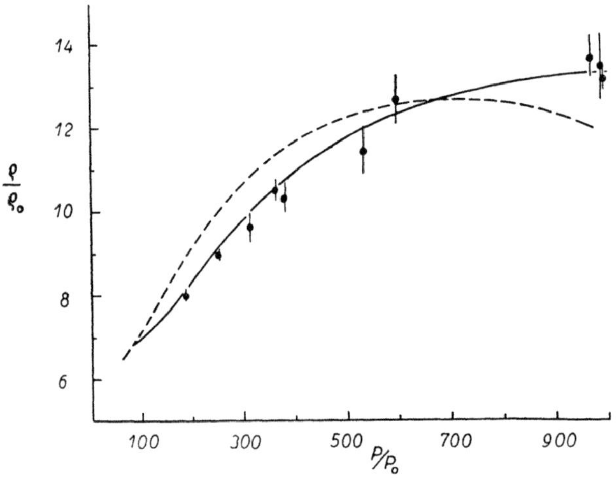

Abb. 71. Berechnete HUGONIOT-Kurve für N_2 mit experimentellen Werten verglichen. Die Stoßwellen wurden mit einer Sprengstofflinse erzeugt. $T_1 = 300$ °K (CHRISTIAN, DUFF und YARGER). Die durchgehende Kurve ist für $\mathfrak{D}(N_2) = 225$ kcal/Mol (9,764 eV) und die gestrichelte Kurve ist für $\mathfrak{D}(N_2) = 170$ kcal/Mol (7,385 eV) berechnet worden.

gebnisse bei $p_2/p_1 = 1000$ deuten entweder auf vollständiges Gleichgewicht und $\mathfrak{D}$ (N_2) $= 9{,}764$ eV oder auf unvollständiges Gleichgewicht und $\mathfrak{D}$ (N_2) $> 9{,}764$ eV. Die zweite Möglichkeit wird durch die spektroskopischen Ergebnisse ausgeschlossen. Das ist als schlüssiger Beweis zu Gunsten des Wertes von $\mathfrak{D}$ (N_2) $= 9{,}764$ eV zu betrachten. Man kann dann schließen, daß sich auch bei Experimenten mit $p_2/p_1 < 700$ Gleichgewicht eingestellt hat. Das ist wiederum verträglich mit der Beobachtung, daß innerhalb des Meßintervalls die Geschwindigkeit konstant ist. Eine Extrapolation der BLACKMANschen[1]) Messungen deutet ebenfalls darauf hin, daß sich die Schwingungsfreiheitsgrade auch in den kürzesten, bei diesen Experimenten erreichbaren Zeiten, eingestellt haben dürften.

c) Die Dissoziationsenergie von Stickstoff — Stoßrohrexperimente

TOENNIES und GREENE[2]) haben ebenfalls die Gleichgewichtsdaten von starken Stößen in Argon, Stickstoff und auch in Kohlenmonoxyd untersucht. Sie bestimmen die Geschwindigkeiten von einfallenden und reflektierten Stoßwellen in einem Stoßrohr.

Versuchsanordnung und Methodik

Das für die meisten Messungen verwendete Stoßrohr bestand aus Pyrex-Glas (2,44 m lang, 5 cm innerer Durchmesser). Der Hochdruckteil wurde bis zu 10 at mit Wasserstoff oder Helium gefüllt. Der Stickstoffdruck im Niederdruckteil lag zwischen 0,6 und 50 mm Hg. Die vorbeilaufende Front der einfallenden Stoßwelle wurde an verschiedenen Stellen mit SEV registriert. Die reflektierten Stöße waren hell genug, um sie mit einer Trommelkamera zu photographieren. Die mit Argon erzielten Ergebnisse zeigt Abb. 72. Es ist offensichtlich, daß alle Meßpunkte unter der theoretischen Kurve liegen. Die Autoren schlagen zwei Erklärungen für diesen Unterschied vor. Bei starken Stößen $M \geq 6{,}5$, bei denen Ionisierung merkbar wird, war zu beobachten, daß der reflektierte Stoß in geringer Entfernung von der Abschlußplatte langsamer wurde. Diese Verzögerung wurde der Abstrahlung auf Grund der Rekombination von Ionen mit Elektronen zugeschrieben. Berechnungen nach der Theorie von PETSCHEK[3]) und anderen ergaben Geschwindigkeiten für die reflektierten Stoßwellen, die mit den experimentellen Werten übereinstimmen. Die Anfangsgeschwindigkeit der reflektierten Welle direkt an der Endplatte, stimmte näherungsweise mit der, für eingestelltes Gleichgewicht berechneten, überein (Diese Werte sind nicht in der Abbildung

[1]) V. BLACKMAN, J. Fluid Mechanics 1, 61 (1956).
[2]) J. P. TOENNIES und E. F. GREENE, J. Chem. Phys. 26, 655 (1957).
[3]) PETSCHEK, ROSE, GLICK, KANE und KANTROWITZ, J. Appl. Phys. 26, 83 (1955).

angegeben). Bei schwächeren Stößen wurden die niedrigen Werte der Geschwindigkeit der reflektierten Welle auf Energie- und Impulsverluste der einfallenden Stoßwellen zurückgeführt. Nach der Theorie von HOLLYER und TRIMPI und COHEN hängt die Schwächung einer Stoßwelle ab von $r^{-1} \varrho_1^{-\frac{1}{2}} x^{\frac{1}{2}}$ wobei r der hydraulische Radius und x der Laufweg ist. Das ist ausführ-

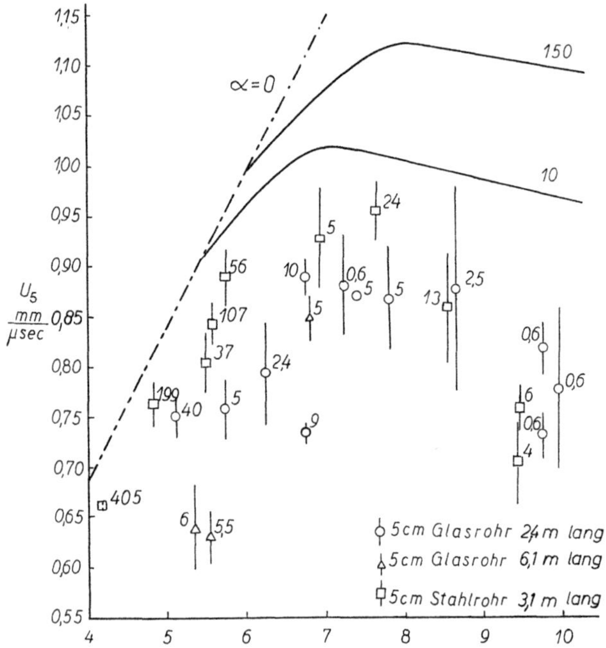

Abb. 72. Berechnete und gemessene Geschwindigkeiten der reflektierten Stoßwellen in Ar als Funktion der MACH-Zahl der einfallenden Stoßwelle. T_1 = 300 °K, p_1 in mm Hg neben den betreffenden Punkten bzw. Kurven (TOENNIES und GREENE).

licher in Kap. V behandelt. Geschwindigkeiten reflektierter Stoßwellen für einfallende Stoßwellen mit der MACHzahl $M = 5{,}5$, aber verschieden starker Dämpfung, sind in Abb. 73 aufgezeichnet. Extrapolation auf Dämpfung Null bzw. auf unendlichen Rohrdurchmesser ergibt Übereinstimmung der gemessenen mit den berechneten Werten. Im Gebiet merklicher Ionisierung kann diese Korrektur, vermutlich wegen der größeren spezifischen Wärme, vernachlässigt werden.

Ergebnisse

Bei den Versuchen an Stickstoff, die alle im Gebiet merklicher Dissoziation gemacht wurden, war eine Dämpfungskorrektur nicht erforderlich.

Die Ergebnisse für Stickstoff sind in Abb. 74 aufgezeichnet. Da verschiedene Ausgangsdrucke bei den Experimenten benutzt wurden und da der Dissoziationsgrad druckabhängig ist, wurden jeweils zwei Kurven zu den Ausgangsdrucken von 0,1 und 1 mm Hg mit $\mathfrak{D}(N_2) = 7{,}38$ und $\mathfrak{D}(N_2) = 9{,}76$ eV berechnet. Die Zahl neben den Meßpunkten gibt den Ausgangsdruck

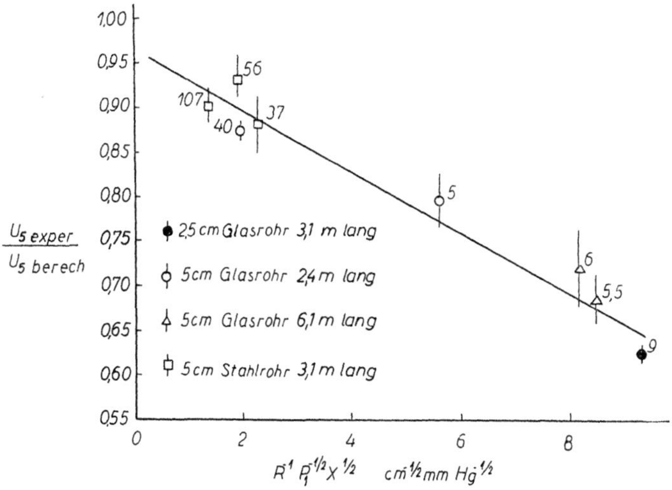

Abb. 73. Verhältnis der gemessenen und berechneten Geschwindigkeiten von Stoßwellen in Ar als Funktion des Dämpfungsfaktors. $T_1 = 300$ °K, p_1 in mm Hg steht neben dem entsprechenden gemessenen Punkt $M_1 = 5{,}5$ (Toennies und Greene).

für den jeweiligen Versuch an, so daß man ihn mit der zugehörigen theoretischen Kurve vergleichen kann, die in den meisten Fällen aus den gegebenen Kurven interpoliert werden muß. Berücksichtigt man das, dann stützen die Ergebnisse den höheren Wert von $\mathfrak{D}(N_2)$ und nicht den niedrigen. Auf den meisten Trommelkameraaufnahmen kann man sehen, daß die reflektierte Stoßwelle etwas schneller wird, wenn sie die Endplatte verlassen hat (vgl. Abb. 75). Diese Beschleunigung wurde auf Schwingungsrelaxation hinter der einfallenden Stoßwelle zurückgeführt. In Abb. 74 sind daher nur die sich schließlich einstellenden konstanten Geschwindigkeiten der reflektierten Stoßwellen eingezeichnet.

Ähnliche Untersuchungen wurden mit ähnlichen Ergebnissen in CO gemacht. Die erhaltenen Werte stimmen gut mit den für den höheren Wert der Dissoziationsenergie von CO $\mathfrak{D}(CO) = 11{,}1$ eV berechneten Ergebnisse überein, nicht jedoch mit den für $\mathfrak{D}(CO) = 9{,}14$ eV berechneten. Die Dämpfung war gering, so daß eine Korrektur nur für Stöße mit $M_1 < 6$, erforderlich war, wobei die Korrektur klein ist und in der entgegengesetzten Richtung wie bei Argon liegt. Die Ergebnisse für CO wurden durch Untersuchungen mit 3–10% Stickstoff-Argon- und Kohlenmonoxyd-Argon-Gemischen bestätigt. Die größte Fehlerquelle bei diesen Experimenten lag in der Auswertung der Filme.

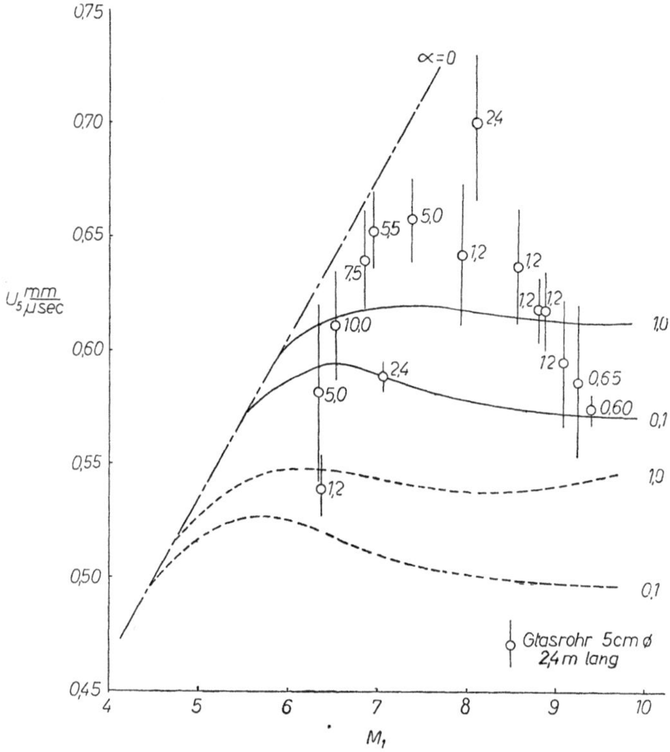

Abb. 74. Berechnete und gemessene Geschwindigkeiten der reflektierten Stoßwellen in N_2 als Funktion der MACH-Zahl. $T_1 = 300$ °K, p_1 in mm Hg steht neben dem betreffenden Punkt bzw. der entsprechenden Kurve. Die durchgehenden Kurven sind für $\mathfrak{D}(N_2) = 225$ kcal/Mol (9,76 eV) und die gestrichelten Kurven sind für $\mathfrak{D}(N_2) = 170$ kcal/Mol (7,38 eV) berechnet worden (TOENNIES und GREENE).

2. *Zustandsgleichungen kondensierter Phasen bei hohen Drucken*

Die Möglichkeit, mit Stoßwellen in kondensierten Phasen sehr hohe Drucke zu erzeugen, wurde schon weiter oben erwähnt. Die Drucke, die man mit dieser Methode erreicht, sind wesentlich höher als die Drucke, die man bis jetzt im Laboratorium mit anderen Methoden herstellen konnte. (Z. B.

BRIDGMANS Statische Kompressions-Apparatur.)[1]) Das Gebiet extrem hoher Drucke ist nicht nur für den Festkörper-Physiker sondern auch für den Chemiker von Interesse. Neuere Untersuchungen von Spektren und von Reaktionskinetischen Vorgängen in kondensierten Phasen bei hohen Drucken, die in statischen Systemen ausgeführt wurden[2]), erweckten das Interesse an diesem Druckbereich.

Die meisten Stoßwellenexperimente galten bisher der Bestimmung der Zustandsgleichungen von Festkörpern oder Flüssigkeiten bei hohen Drucken. Oft lagen jedoch nicht genug Meßpunkte vor, um aus dem Ergebnis eine Zustandsgleichung abzuleiten, da nur wenige Punkte einer HUGONIOT-Kurve gegeben waren. Weiter wurden bei manchen Experimenten Annahmen gemacht, deren Gültigkeit nicht immer nachprüfbar ist. Weil außerdem die genannte Methode nicht zur Untersuchung chemischer Reaktionen verwendet wurde, soll keines dieser Experimente ausführlich besprochen werden. Die meisten der Versuche in Metallen, Festkörpern und Flüssigkeiten sind jedoch in den Tab. 8 und 9 zusammengefaßt.

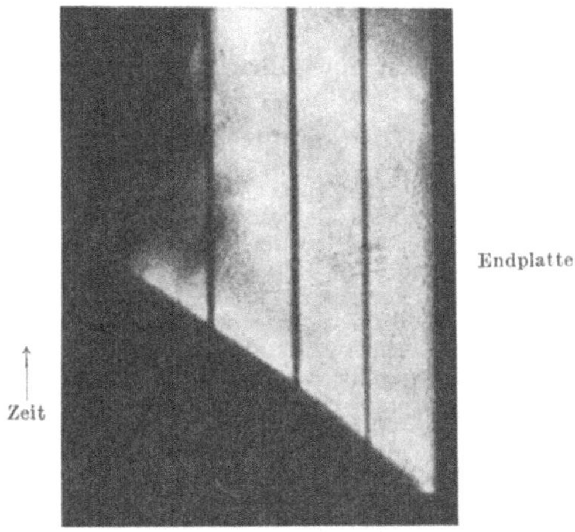

Abb. 75. Reflektierte Stoßwellen in N_2 mit Trommelkamera aufgenommen $M_1 = 8$; $P_1 = 1{,}2$ mm Hg (TOENNIES und GREENE).

Bei vielen dieser Untersuchungen liegt das Ergebnis in Form einer HUGONIOT-Kurve vor. Auch hier sind zwei Messungen notwendig, die sich dann über die Erhaltungsgleichungen von Masse und Impuls in Druck und Dichte umrechnen lassen. In allen Fällen wurde die Stoßstärke durch Messung der Stoßwellengeschwindigkeiten bestimmt. In Flüssigkeiten, die mit der Röntgenblitztechnik untersucht wurden, konnte zusätzlich noch die Dichte gemessen werden. In Metallen wurde neben der Stoßwellengeschwindigkeit die Geschwindigkeit der freien Oberfläche, die mit der Strömungsgeschwindigkeit zusammenhängt, ermittelt.

Die gemessene HUGONIOT-Kurve wurde dann mit der aus einer angenommenen Zustandsgleichung berechneten HUGONIOT-Kurve verglichen. Auf

---

[1]) P. W. BRIDGMAN, The Physics of High Pressure (London 1949).
[2]) Disc. Faraday Soc. **22**, (1956).

diese Weise ergaben sich die Konstanten der Zustandsgleichung. Für Flüssigkeiten wurde meistens die TAITsche Zustandsgleichung benutzt. Für Metalle und andere Festkörper erfolgte die Darstellung der Meßergebnisse mit einer der bekannten empirischen oder theoretischen Zustandsgleichungen[1]). In einigen Fällen wurden gemessene HUGONIOTkurven so korrigiert, daß man Isothermen bekam, die sich zu niedrigeren Drucken extrapolieren ließen. Damit hatte man eine Möglichkeit, sie mit den Ergebnissen von BRIDGMAN zu vergleichen. Die wichtigsten Annahmen, die bei der Auswertung dieser Experimenten vorausgesetzt werden, sind:

1. Die stationären Erhaltungsgleichungen sollen auch für schnell schwächerwerdende Stöße gelten.
2. Der Einfluß der Verdünnungswellen von den Rändern her ist zu vernachlässigen.
3. Das Gleichgewicht ist in Zeiten von der Größenordnung 10^{-7} sec eingestellt.
4. Die Kompression erfolgt isotrop.
5. Die Geschwindigkeit der freien Oberfläche ist gleich der doppelten Strömungsgeschwindigkeit im Medium.

Eine kritische Behandlung einiger dieser Annahmen stammt von GORANSON[2]) u. a.

C. Spektren von Gasen bei hohen Temperaturen

1. Einleitende Bemerkungen

Stoßwellen wurden als Lichtquellen zur Untersuchung der Spektren von Atomen, Molekülen und freien Radikalen benutzt. Diese Spektren sind für den Physiko-Chemiker von Interesse, da sie Auskunft geben über die Struktur freier Radikale, über hochangeregte Moleküle, Reaktionsvorgänge und Extinktionskoeffizienten bei hohen Temperaturen. Dem Astrophysiker gibt das Stoßrohr die Möglichkeit, Theorien über die Linienverbreiterung durch Starkeffekt zu prüfen und Oszillatorenstärken zu messen. Stoßwellen haben vor Bogen- und Funkenlichtquellen den Vorzug, daß sie homogen aufheizen und daß Gleichgewicht eingestellt ist. Sie haben aber auch einige Nachteile. Bei den hohen Drucken, die manchmal verwendet werden, zeigen die Linien starke Stoßverbreiterung. Unter weniger extremen Bedingungen ist oft die Intensität für eine Belichtung in den kurzen verfügbaren Zeiten nicht ausreichend.

Die Untersuchungen, bei denen Emission oder Absorption von Strahlung in Stoßwellen studiert wurde, sind in Tab. 10 zusammengestellt. Vom Stand-

---

[1]) G. E. DUVALL und B. J. ZWOLINSKI, J. Acoust. Soc. Amer. **27**, 1054 (1955). haben einige der Meßergebnisse mit verschiedenen empirischen und theoretischen quantenmechanischen Zustandsgleichungen verglichen.

[2]) R. W. GORANSON, D. BANCROFT, B. L. BURTON, T. BLECHAR, E. E. HOUSTON, E. F. GITTINGS und S. A. LANDEEN, J. Appl. Phys. **26**, 1472 (1955).

punkt des Chemikers ist eine der interessantesten spektroskopischen Untersuchungen der Lichtemission die von PALMER[1]), über den Rekombinationsmechanismus von Brom-Atomen. Sie hat zu definitiven Ergebnissen geführt. Obgleich diese Experimente auch in einem statischen System hätten durchgeführt werden können, sollen sie hier etwas ausführlicher diskutiert werden, da die Methode sowohl neu, als auch auf andere Systeme anwendbar ist.

2. *Emission und Zweier-Stoßrekombination in Brom*

PALMER verwendete das Stoßrohr als Lichtquelle hoher Temperatur mit eingestelltem Gleichgewicht zur Untersuchung des Rekombinationsmechanismus in teilweise dissoziiertem Brom[1]). Es wurde schon von KONDRATJEW und LEIPUNSKY auf Grund statischer Messungen angenommen, daß die Reaktion

$$\mathrm{Br} + \mathrm{Br}^* \rightarrow \mathrm{Br}_2^* \rightarrow \mathrm{Br}_2 + h\nu$$

für die kontinuierliche Emission verantwortlich wäre, wobei Br* ein angeregtes Atom bedeutet. Spätere Untersuchungen bestätigten dieses Ergebnis, zeigten aber, daß diese Reaktion relativ zur Bildungsgeschwindigkeit des angeregten ($^2P_{\frac{1}{2}}$) Br Atoms sehr schnell abläuft. Auf Grund neuerer Informationen über den Potentialverlauf (Abb. 76) weist PALMER darauf hin, daß drei Zweistoßrekombinationsvorgänge für die kontinuierliche Emission im Sichtbaren verantwortlich sein könnten.

$$\mathrm{Br}\,(^2P_{\frac{3}{2}}) + \mathrm{Br}\,(^2P_{\frac{1}{2}}) \rightarrow \mathrm{Br}_2\,(^3\Pi_{0u}^{+}) \rightarrow \mathrm{Br}_2\,(^1\Sigma_g^{+}) + h\nu \qquad (1)$$

$$2\,\mathrm{Br}\,(^2P_{\frac{3}{2}}) \rightarrow \mathrm{Br}_2\,(^3\Pi_{1u}) \rightarrow \mathrm{Br}_2\,(^1\Sigma_g^{+}) + h\nu \qquad (2)$$

$$2\,\mathrm{Br}\,(^2P_{\frac{3}{2}}) \rightarrow \mathrm{Br}_2\,(^1\Pi_{u}) \rightarrow \mathrm{Br}_2\,(^1\Sigma_g^{+}) + h\nu \qquad (3)$$

Die Stabilisierung der angeregten Moleküle durch Emission in den Reaktionen (1) und (2) ist wegen der stark ausgebildeten Spinn-Bahndrehimpuls-Kopplung trotz der Veranderung der Multiplizität möglich. Dennoch ist wahrscheinlich die letzte Reaktion bevorzugt. Die Bandenemission aktivierter Moleküle nach einem Dreierstoßmechanismus wird als nur gering angenommen, da ein Molekül in der Zeit, die ihn zum Strahlungsübergang zur Verfügung steht, wahrscheinlich dissoziiert oder durch Stoß desaktiviert wird. Der Zweck der PALMERschen Untersuchung war, diese Voraussagen zu prüfen und zu bestimmen, welcher Vorgang dominiert.

Versuchsanordnung

Das zu diesen Versuchen verwendete Stoßrohr war das gleiche, das auch bei der Untersuchung der Brom-Dissoziation verwendet wurde. Es bestand

[1]) H. B. PALMER, J. Chem. Phys. **23**, 2449 (1955); **26**, 648 (1957).

aus einem Glasrohr, von 1,50 m Länge und einem inneren Durchmesser von 2,5 cm. Die aus Messing angefertigte Hochdruckkammer war 42,5 cm lang und hatte den gleichen Durchmesser wie der Niederdruckteil. Als Treibgas diente Helium. Der Gasdruck im Niederdruckteil wurde zwischen 1–4 cm Hg variiert. Der Partialdruck an Verunreinigungen im Stoßrohr vor der Füllung war etwa genau so hoch wie die Konzentration der Verunreinigungen in dem zu untersuchenden Gas (etwa 0,1%).

Damit man die notwendige Erhitzung bekam (1295–2320° K), wurden bei diesen Versuchen Mischungen aus Brom und Argon im Verhältnis 1 : 10 verwendet. Die Emission an einer Stelle des Stoßrohres wurde als Funktion der Zeit bei Wellenlängen um 3650 Å, 4390 Å und 5950 Å durch ein Interferenzfilter mit SEV und Oszillograph aufgenommen. Spektren der Emission reflektierter Stoßwellen wurden in einem größeren Stoßrohr mit einem Hilger Glasspektrographen (f/1,5) untersucht.

Auswertung

Die Emission (I) wurde für eine gegebene Wellenlänge im Bereich des Gleichgewichtes hinter der Stoßfront als Funktion der Stoßstärke bei drei verschiedenen Wellenlängen gemessen. Die Temperatur und die Konzentration der Bromatome ließ sich aus der Stoßwellengeschwindigkeit berechnen. Mit diesen Daten ergaben sich eine „Emissionskonstanten“ k_{em} gegeben durch

$$I = k_{\mathrm{em}} \cdot \frac{\text{Produkt der Konzentration}}{\text{der Reaktionspartner}}$$

für Zweierstoßrekombinationen von Atomen im Grundzustand (Reaktion 2 oder 3) sowie unter Berücksichtigung eines angeregten Atomes (nach Reaktion 1). Mit der Annahme, daß sich die Ergebnisse durch einen einfachen Stoßzahlansatz

$$k_{\mathrm{em}_\lambda} \sim T^{-1/2} \exp - \left(\frac{E_{\lambda\,\mathrm{akt}}}{RT} \right)$$

darstellen lassen, erhielt man experimentell bestimmte Aktivierungsenergien für jeden Wellenlängenbereich. Diese experimentellen Aktivierungsenergien wurden dann mit den theoretischen Aktivierungsenergien verglichen, die für die 3 möglichen Zweierstoßrekombinationsmechanismen berechnet worden waren.

Die theoretischen Aktivierungsenergien ergaben sich aus den Potentialkurven unter Verwendung des FRANK-CONDON-Prinzipes und der Schwingungseigenfunktion des Elektronengrundzustandes. Aus Abb. 76 ist zu ersehen, wie die Aktivierungsenergie bestimmt wurde. Da nur die Strahlung einer bestimmten Wellenlänge, λ, durch die Versuchsanordnung aufgenommen wird, liegt die Energiedifferenz zwischen den betrachteten

Zuständen fest. Es wird angenommen, daß die Emission zwischen der Stelle des geringsten Abstandes der Teilchen und dem Schwingungsniveau des Grundzustandes mit dem größten Wert des Quadrates der Schwingungseigenfunktion erfolgt. Man hat damit genügend Bedingungen, um den

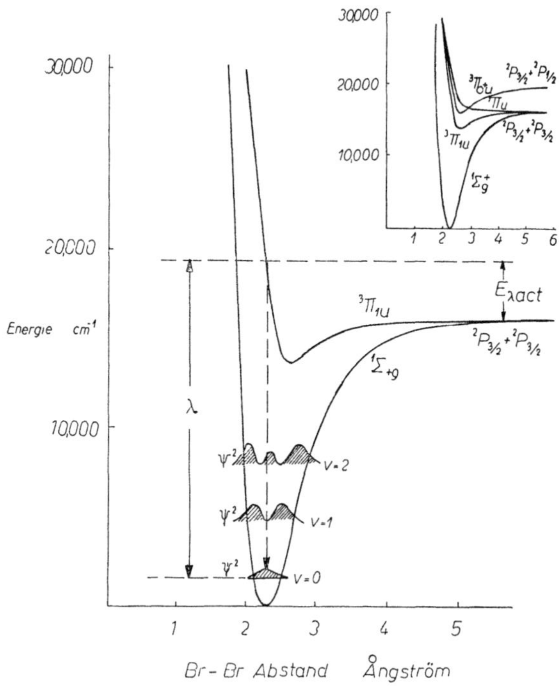

Abb. 76. Potentialverlauf für Br_2 und der Mechanismus der Emission in Br_2.

Punkt auf der Potentialkurve des angeregten Teilchens zu bestimmen, der erreicht werden muß, damit Strahlung der betreffenden Energie emittiert wird. Die Aktivierungsenergie kann dann leicht ermittelt werden.

Vergleicht man die experimentell erhaltenen Aktivierungsenergien mit den theoretisch berechneten, dann kommt man zu gewissen Aussagen über die Vorgänge, die zur Emission bei den betreffenden Wellenlängen führen. Diese Ergebnisse gemeinsam mit einer Interpretation von Emissionsspektren, die bei zwei verschiedenen Temperaturen aufgenommen wurden, gestatten es, folgende Schlüsse zu ziehen:

1. Zweierstoßrekombination nicht angeregter (Reaktion 2, 3) und angeregter Atome (Reaktion 1) trägt zur Emission im Sichtbaren bei.

2. Bei diesen Temperaturen gibt es nur wenig Bandenemission, wie sie nach einem Dreierstoß stattfindet, da wahrscheinlich die angeregten Moleküle vor einem Zusammenstoß entweder dissoziiert sind, oder aber durch Stoß desaktiviert wurden.
3. Es ergaben sich neue Werte für die Potentialkurve der drei angeregten Zustände im Bereich hoher Abstoßungsenergie.
4. Diese Methode ist geeignet zur Messung der absoluten Reaktionsgeschwindigkeit von Zweistoßrekombinationen.

Die größte Fehlerquelle dieser Versuche war das Ausmessen des Oszillogramms bei den Emissionsversuchen (etwa 10% Unsicherheit).

D. Reaktionsgeschwindigkeiten

1. Einleitende Bemerkungen

Verwendet man Stoßwellen zur Untersuchung der Einstellungsgeschwindigkeit eines Gleichgewichtes, dann ist das Problem etwas verschieden von der Bestimmung von Gleichgewichtsdaten. Im zweiten Fall lassen sich die experimentellen Ergebnisse direkt mit theoretischen Voraussagen vergleichen. Leider sind die Theorien über die Einstellungsgeschwindigkeit von Gleichgewichten, mit denen man die Ergebnisse vergleichen könnte, noch nicht sehr weit entwickelt, so daß tatsächlich die experimentellen Untersuchungen die einzige Möglichkeit sind, etwas darüber zu erfahren. Das gilt insbesondere für die Relaxation von Rotation und Schwingung. In Bezug auf die Dicke der Stoßfront in einatomigen Gasen ohne Reaktion hat sich die Theorie auf zwei verschiedenen Wegen entwickelt. Hier können die experimentellen Ergebnisse recht nützlich zur Prüfung der Theorien sein. Im Falle chemischer Reaktionen sind die Theorien entweder zu kompliziert und nur auf die allereinfachsten Reaktionen anzuwenden, oder sie gelten für Geschwindigkeiten, die man mit den heute zur Verfügung stehenden Mitteln nicht hinreichend genau messen kann. Alle experimentellen Ergebnisse lassen sich im wesentlichen durch einen Arrheniuschen Ansatz darstellen, da alle Versuche in einem verhältnismäßig engem Temperaturintervall gemacht wurden. Die hohen Temperaturen, die man mit Stoßwellen erzeugen kann, machen Daten in einem sehr viel größerem Temperaturbereich zugänglich. Man kann dann vielleicht zwischen den verschiedenen Theorien unterscheiden und auch einen Weg zur Weiterentwicklung dieser Theorien finden. Stoßwellen sind für derartige Experimente sehr gut geeignet. Einmal wegen des großen Temperaturbereiches, den man mit ihnen überstreichen kann und zum anderen aber, weil das reagierende Gasgemisch in der kürzesten erreichbaren Zeit erhitzt wird. Die Schwierigkeiten bei der Anwendung von Stoßwellen ergeben sich aus den erforderlichen Messungen. In manchen Fällen werden die Ergebnisse davon abhängen, wieweit sich Gleichgewicht eingestellt hat und wieweit die Gleichungen für eindimensionale Stoßwellen verwendbar sind. Wie aber schon im ersten Abschnitt gezeigt wurde, gelten diese Annahmen recht allgemein.

Die zur Einstellung des Gleichgewichts führenden Vorgänge werden in der Reihenfolge behandelt, wie sie in einer Stoßwelle tatsächlich ablaufen. Zuerst wird die Dicke einer Stoßfront in einem einatomigen Gas, dann der Einfluß der Rotations- und Schwingungsrelaxation auf die Dicke der Stoßfront besprochen. Schließlich werden noch chemische Reaktionen behandelt.

2. *Dicke der Stoßfront*

a) Einleitende Bemerkungen

Die Theorien über die Dicke der Stoßfront in einatomigen Gasen wurden in Kap. IV behandelt. Dort wurde erwähnt, daß die NAVIER-STOKESschen Gleichungen für ein einatomiges Gas sowohl aus der Kontinuumstheorie als auch aus einer ersten Näherungslösung der BOLTZMANNschen Gleichung zu erhalten ist. Verschiedene Versuche mit Näherungslösungen höherer Ordnung der kinetischen Theorie führten zu verschiedenen Ergebnissen. Beim gegenwärtigen Stand der Theorie können experimentelle Bestimmungen der Dicke einer Stoßfront zur Prüfung der verschiedenen theoretisch gefundenen Näherungen dienen.

Für zweiatomigen Molekülen ergibt sich wegen der Rotations-Relaxation eine größere Dicke der Stoßfront. Bis jetzt ist dieses Problem nach den Methoden der kinetischen Theorie noch nicht vollständig behandelt worden.

Wegen der außerordentlich geringen Dicke einer Stoßfront ist es nicht überraschend, daß man mit den üblichen Messungen von Stoßwellendaten die Stoßfront selbst nicht auflösen kann. Dafür sind besondere Untersuchungen erforderlich. Das experimentelle Problem besteht in der Messung der Veränderung einer Größe einer Stoßwelle innerhalb eines Gebietes von der Ausdehnung einiger freier Weglängen. HORNIG[1]) folgerte, daß die optischen Eigenschaften einer Stoßfront von ihrer Dicke abhingen, da die Wellenlänge des sichtbaren Lichtes von der gleichen Größenordnung, wie die freie Weglänge eines Gases bei Atmosphärendruck ist. Besonders das Reflexionsvermögen sollte eine geeignete experimentell meßbare Größe sein. Diese Messung des optischen Reflexionsvermögens wurde dann auch zur Messung der Dicke einer Stoßfront im Stoßrohr erfolgreich angewendet. Kürzlich hat SHERMAN die Dicken von stationären Stoßwellen in einem Windkanal bei sehr geringen Dichten bestimmt[2]). Durch die Verminderung der Dichte war

[1]) D. F. HORNIG, Phys. Rev. **72**, 179 (1947).

[2]) F. S. SHERMAN, Nat. Advisory Comm. Aeronaut. Tech., Note 3298 (1955). — L. TALBOT und F. S. SHERMAN, Structure of Weak Shock Waves in a Monatomic Gas, Inst. Eng. Res., Univ. California (Berkeley 1956).

es möglich, die Stoßfront soweit auseinander zu ziehen, daß ihre Dicke mit einer Temperaturmeßsonde bestimmt werden konnte. Mit dieser Methode ist die Messung ziemlich einfach, zur Deutung der beobachteten Temperaturen muß man allerdings eine Verteilungsfunktion für das Gas annehmen. Die mit diesen unabhängigen Methoden erzielten Ergebnisse stimmen bemerkenswert gut überein und passen auch zu den Berechnungen nach den NAVIER-STOKESschen Gleichungen. Die Ergebnisse für Gase und Flüssigkeiten sind in Tab. 11 zusammengestellt. Da man die Messung des Reflexionsvermögen bei Stoßrohrversuchen sowohl in Flüssigkeiten als auch in Gasen anwenden kann, soll sie etwas ausführlicher behandelt werden.

b) Messung des optischen Reflexionsvermögen

Theoretische Grundlagen der Methode

In Kap. VI wurde der Ausdruck für das Reflexionsvermögen R als Funktion der Dichte über die Stoßfront angegeben. Dieser Ausdruck gilt für $R \ll 1$ und völlig diskontinuierlichen Übergang. Ist jedoch die Stoßfront kein völlig unstetiger Übergang, dann werden die Teile des einfallenden Lichtstrahles, die in den verschiedenen Schichten reflektiert werden sich in der Phase unterscheiden und das Reflexionsvermögen wird verringert.

Wir nehmen an, daß die Stoßfront aus infinitessimalen Zonen von Gas unterschiedlicher Dichte und Brechzahl bestehe. Man kann dann zeigen, daß das Reflexionsvermögen, jeder dieser Schichten gegeben ist durch: [vgl. Gleichung (VI–1)]

$$R_l = \frac{1 + \mathrm{tg}^4\Theta}{4}\left[\frac{dn}{dx}\exp\left\{-2\pi i x\left(\frac{2\cos\Theta}{\lambda}\right)\right\}dx\right]^2,$$

n ist der Brechungsindex und λ die Wellenlänge des Lichtes. Θ ist in Abb. 62 definiert. Das Reflexionsvermögen der gesamten Stoßfront erhält man, wenn man den oben in Klammern stehenden Ausdruck längs des ganzen Übergangsgebietes integriert. Dazu ist es zweckmäßig, eine Beziehung für den Brechungsindex als Funktion des Ortes normal zur Stoßwellenfront anzunehmen. Ist Δn die Änderung des Brechungsindex über die Stoßfront, dann wird häufig

$$n(x) = n_1 + \frac{\Delta n}{1 + e^{-\frac{4x}{L}}}$$

angenommen, da dieser Ausdruck im Zusammenhang mit der theoretisch bestimmten Form einer schwachen Stoßwelle steht. Man erhält damit eine vernünftige Übereinstimmung mit den Experimenten[1]). L ist die Dicke der

[1]) E. F. GREENE und D. F. HORNIG, J. Chem. Phys. **21**, 617 (1953).

Stoßfront wie sie in Abb. 33 definiert ist. Für dieses besondere Profil wird der Ausdruck für das Reflexionsvermögen

$$R = \frac{1 + \mathrm{tg}^4\Theta}{4} (\Delta n)^2 \left[\frac{\pi^2 L (\cos\Theta) \lambda^{-1}}{\sinh(\pi^2 L (\cos\Theta) \lambda^{-1})}\right]^2. \qquad \text{(VII, 1)}$$

Nur der Ausdruck in der Klammer hängt von der Dicke ab. Dieser Klammerausdruck wird auch als reduziertes Reflexionsvermögen R', bezeichnet. Die Dicke der Stoßfront kann direkt aus Gl. (VII, 1) bestimmt werden, wenn der Absolutwert des Reflexionsvermögens gemessen wird. Da dies aber sehr schwierig ist, hat es sich als praktisch erwiesen, die gemessenen Werte von R auf KR' umzurechnen, wobei K ein unbekannter Faktor ist. Dann trägt man $\log\left(\frac{\lambda}{\cos\Theta}\right)$ gegen log (KR′) für verschiedene Werte von λ und/oder Θ auf. Die so erhaltene Kurve wird mit den für verschiedene angenommene Werte L und K aus Gl. (VII–1) berechneten Kurven verglichen. Damit ist es nicht nur möglich, die Dicke der Stoßfront, sondern auch Δn (aus K) zu bestimmen, wenn die Messungen von KR' verglichen werden mit Werten, die an einem einatomigen Gas, für welches Δn bekannt ist, beobachtet wurden. Das ergibt sich, weil im Grenzfall wenn $\frac{\cos\Theta}{\lambda}$ gegen 0 geht die Gl. (VII–1) identisch wird mit Gl. (VI–1).

Versuchsanordnung und Methodik

Die bei diesen Experimenten verwendete Versuchsanordnung ist in Abb. 62 dargestellt. Führt man die Untersuchungen durch, dann ist es möglich, die gleichen Ergebnisse zu erhalten, wenn man an Stelle von Θ und λ den Ausgangsdruck ändert. Durch Änderung des Ausgangsdruckes ändert sich die Dicke der Stoßfront in bekannter Weise, da die Zahl der freien Weglängen umgekehrt proportional zum Druck ist, so lange nur Zweierstöße von Bedeutung sind. Die Wirkung ist daher die gleiche, wie wenn Θ und λ geändert werden. Die Schwankungen in dem Wert von einem Messergebnis zum andern sind jedoch kleiner.

Die vermutlich größte Fehlerquelle bei diesen Messungen ist die geringe Abweichung der Neigung der Stoßfront von der Normallage (vgl. Kap. V). Man macht jedoch mehrere Versuche unter den gleichen Bedingungen und mittelt die Ergebnisse, dann wird dieser Fehler verringert. Eine Begrenzung der bis jetzt entwickelten Versuchstechnik besteht darin, daß sie relativ unempfindlich gegen den Verlauf der Dichteverteilung ist.

Ergebnisse

Die Ergebnisse dieser Untersuchungen sind in Tab. 11 zusammengestellt. Im weiteren sollen nur die an ein- und zweiatomigen Gasen gewonnenen Resultate behandelt werden. Eine graphische Darstellung der theoretischen Kurven und der experimentell gefundenen Werte (durch Messung des Reflexionsvermögens bzw. durch Temperaturmessung mit einem Draht) zeigt Abb. 77. Mit Ausnahme eines Punktes, bei $M = 2{,}1$, der aus dem

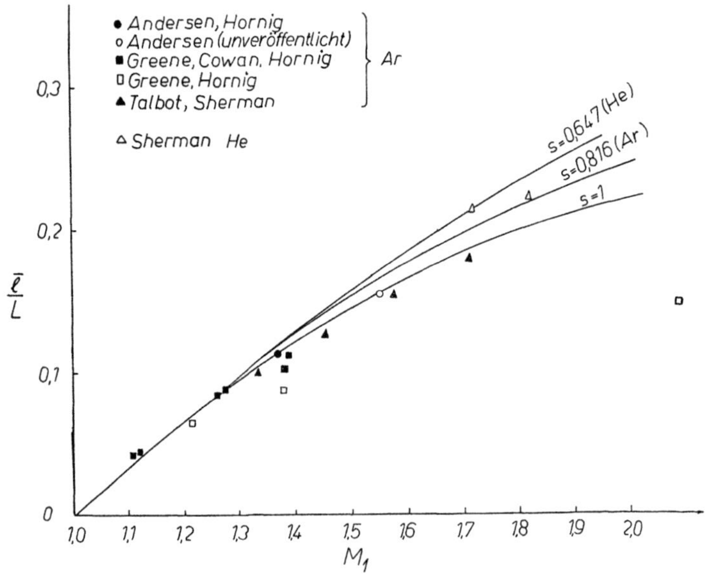

Abb. 77. Vergleich gemessener und theoretischer Stoßfrontdicken in einatomigen Gasen als Funktion der MACH-Zahl. Die durchgezogene Linie ist nach der Theorie von GILBARG und PAOLUCCI berechnet worden wobei $\mu \sim T^s$.

Reflexionsvermögen bestimmt wurde, scheinen die Meßergebnisse mit der aus den NAVIER-STOKESschen Gleichungen errechneten Kurve übereinzustimmen. Eine ähnliche Darstellung für die Daten zweiatomiger Gase gibt Abb. 78. Die Ergebnisse scheinen auch hier in guter Übereinstimmung mit den aus den NAVIER-STOKESschen Gleichungen unter Verwendung der Kompressionsviskosität berechneten Werten zu stehen. Messungen an Wasserstoff deuten darauf hin, daß in diesem Gas in der Stoßfront nicht genügend Zeit zur Verfügung steht, daß eine merkliche Rotationsrelaxation stattfinden könnte. Das steht in Übereinstimmung mit den quantenmechanischen Berechnungen von BROUT[1]). Bei anderen zweiatomigen Gasen darf man annehmen, daß die Einstellung der Rotation schon in der Front erfolgt. Diese Ergebnisse sind eine experimentelle Rechtfertigung für die Verwendung der

---

[1]) R. BROUT, J. Chem. Phys. 22, 934, 1189 (1954).

NAVIER-STOKESschen Gleichungen zur Berechnung der Dicke einer Stoßfront, zumindest für Stoßwellen mit einer MACH-Zahl kleiner als zwei.

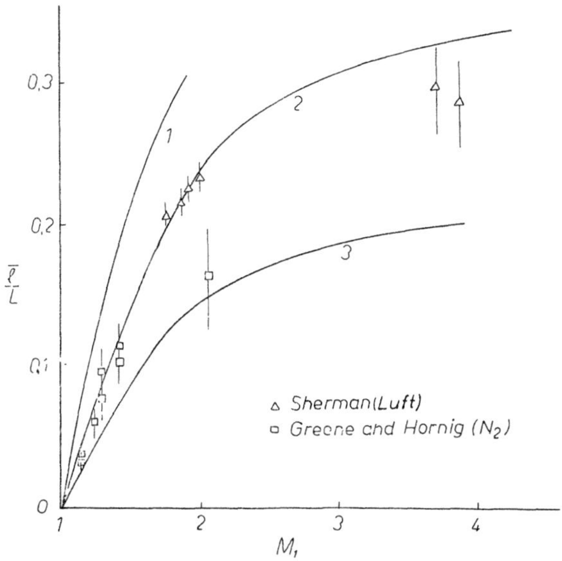

Abb. 78. Vergleich gemessener und theoretischer Stoßfrontdicken in zweiatomigen Gasen als Funktion der MACH-Zahl (SHERMAN).
Kurve 1: NAVIER STOKES Gleichung, Kompressionsviskosität = O; Kurve 2: NAVIER STOKES Gleichung, Kompressionsviskosität = $\frac{2}{3}\mu_I$; Kurve 3: MOTT-SMITH

3. *Schwingungsrelaxation*

a) Einleitende Bemerkungen

Bei der Untersuchung der Schwingungsrelaxation ist ein gebräuchlicher Parameter die Angabe der Zeit in der der Vorgang bis auf einen Bruchteil $(1-1/e)$ abgelaufen ist. Diese Zeit nennt man die Relaxationszeit. Ist die Übergangszeit in der Stoßfront selbst kurz verglichen mit der Schwingungsrelaxationszeit, dann sind Stoßwellen recht gut zur Untersuchung der Schwingungsrelaxation geeignet. Schwingungsrelaxationszeiten sind besonders für denjenigen von Interesse, der Kinetik betreibt. Sie sind sehr wichtig zum Verständnis der Energieübertragung bei Molekülzusammenstößen vor allem bei monomolekularen Reaktionen. Eine große Zahl von Ergebnissen, besonders bei Zimmertemperatur, ergab sich aus Messungen der Schalldispersion und absorption in Abhängigkeit von der Frequenz[1]). Auch das Staurohr[2]) wurde

[1]) J. J. MARKHAM, R. T. BEYER und R. B. LINDSAY, Rev. Mod. Phys. **23**, 353 (1951). — E. G. RICHARDSON, Rev. Mod. Phys. **27**, 15 (1955).

[2]) P. W. HUBER und A. KANTROWITZ, J. Chem. Phys. **15**, 275 (1947). — W. C. GRIFFITH, Phys. Rev. **87**, 234 (1952).

mit Erfolg angewandt. Kürzlich wurden auch Ergebnisse mit dem Spektrophon[1]) erzielt, bei dem die Zeitdifferenz zwischen der Anregung der Moleküle durch Infrarotstrahlung und dem sich dann ergebenen Druckanstieg gemessen wird. Diese Methoden führen zu sehr genauen Ergebnissen, sind aber auf Temperaturen unterhalb 1000° K beschränkt. Aus diesem Grunde wurde die Stoßwellentechnik angewandt, obwohl die bis jetzt entwickelten Methoden nur weniger genaue Ergebnisse liefern, als die oben genannten Verfahren.

In Kap. IV wurde der Einfluß der Schwingungsrelaxation auf das Übergangsgebiet einer Stoßwelle behandelt. Für Temperaturen, bei denen der Abstand zwischen den einzelnen Schwingungsniveaus viel größer ist als kT kann man die Schwingungsrelaxationszeit τ in Beziehung setzen zur Wahrscheinlichkeit P_{10}, für die Desaktivierung der Schwingung:

$$k_{10} = P_{10} N_{10} \simeq \frac{1}{\tau},$$

dabei ist k_{10} die Geschwindigkeitskonstante für die Schwingungsrelaxation und N_{10} die Zahl der Zusammenstöße, die ein angeregtes Molekül pro Sekunde erleidet. N_{10} kann man leicht aus der kinetischen Gastheorie erhalten, welche aussagt, daß N_{10} proportional ist zum Druck und zur Wurzel aus der Temperatur. Zur Bestimmung von P_{10}[2]) wurden verschiedene Theorien entwickelt. Als erster schlug ZENER[3]) eine quantenmechanische Näherung vor, die dann von anderen erweitert wurde[4]). Vor kurzem haben SCHWARTZ und HERZFELD[5]) die eindimensionale Behandlung auf drei Dimensionen erweitert. Unter Verwendung eines Potentials ähnlich dem LENNARD-JONES-Potential konnten sie quantitative Bestimmungen von Schwingungsrelaxationszeiten machen. Durch eine weitere Verbesserung von Theorie und Experiment sollte es möglich werden, aus Schwingungsrelaxationszeiten zwischenmolekulare Kräfte zu bestimmen.

Eine halbklassische Behandlung des Problems stammt von LANDAU[6]) und TELLER und BETHE[7]) und TELLER. Ihre Theorie ist verhältnismäßig einfach

---

[1]) P. V. SLOBODSKAYA, Izvest. Akad. Nauk. U.S.S.R., Ser. Fiz. **12**, 656 (1948). — M. E. JACOX und S. H. BAUER, J. Phys. Chem. **61**, 833 (1957).

[2]) K. F. HERZFELD in Thermodynamics and Physics of Matter (Princeton 1955), S. 646. — C. S. TUESDAY, A Review of Vibrational Energy Exchange, James Forrestal Research Center Report. (Princeton 1955).

[3]) C. ZENER, Phys. Rev. **37**, 556 (1931).

[4]) R. N. SCHWARTZ, Z. I. SLAWSKY und K. F. HERZFELD, J. Chem. Phys. **20**, 1591 (1952).

[5]) R. N. SCHWARTZ und K. F. HERZFELD, J. Chem. Phys. **22**, 767 (1954).

[6]) L. LANDAU und E. TELLER, Physik. Z. Sowjetunion **10**, 34 (1936).

[7]) H. A. BETHE und E. TELLER, Deviations from Thermal Equilibrium in Shock Waves, Eng. Res. Inst. University of Michigan.

und nützlich zum Verständnis der experimentellen Ergebnisse. Bezugnehmend auf ein mechanisches Modell wird die Wirksamkeit von Stößen auf einen bestimmten Freiheitsgrad festgelegt durch das Verhältnis χ zwischen der Dauer eines Zusammenstoßes, t_c, und der Schwingungsperiode dieses Freiheitsgrades, t_v.

$$\chi = t_c / t_v$$

Ist dieses Verhältnis klein, dann ist die Übertragung von Energie aus der Schwingung auf die Translation und umgekehrt sehr wahrscheinlich. Ist χ groß, dann ist die Energieübertragung unwahrscheinlich. Es wird angenommen, daß für einen Zusammenstoß gilt:

$$P_{10} = Ce^{-\chi}$$

Dabei ist C ein empirischer Orientierungsfaktor. Durch Integration dieser Wahrscheinlichkeit über die MAXWELLsche Verteilung der relativen Geschwindigkeiten bekommen die genannten Autoren einen Ausdruck, der die Temperaturabhängigkeit der Relaxationszeit der Schwingung angibt. Bei einer Genauigkeit, die der Meßgenauigkeit bei Versuchen entspricht, folgt als Ergebnis:

$$\log \tau \sim K \cdot T^{-\frac{1}{3}}$$

Dabei ist K eine Funktion des Druckes. Es ist daher üblich, den Logarithmus der Schwingungsrelaxationszeit bei einem gegebenen Druck – üblicherweise 1 at – gegen den reziproken Wert der dritten Wurzel aus der Temperatur aufzutragen[1]). Tab. 12 gibt einen Überblick über die bis jetzt mit Stoßwellen durchgeführten Untersuchungen der Schwingungsrelaxation. Die Anordnung der Tabelle und die darin enthaltenen Ergebnisse sind ähnlich wie bei den vorher behandelten Tabellen.

Die Experimente von SMILEY und WINKLER über Schwingungsrelaxationszeiten im Chlor sollen etwas ausführlicher behandelt werden.

b) Interferometrische Untersuchung in Chlor

SMILEY und WINKLER[2]) berichteten über Untersuchungen der Schwingungsrelaxation in CO_2 und Cl_2. GRIFFITH[3]), BRICKL und BLACKMAN haben vor kurzem ähnliche Versuche mit CO_2 gemacht, bei denen sie die Einstellung der Gleichgewichtsdichte nicht nachweisen konnten. SMILEY und WINK-

---

[1]) In letzter Zeit hat WIDOM gezeigt, daß für ein MAXWELLsches Abstoßungspotential ($1/r^4$) die Relaxationszeit proportional zu $-T^{\frac{1}{5}}$ anstatt zu $T^{-\frac{1}{3}}$ sein sollte. B. WIDOM, J. Chem. Phys. **27**, 940 (1957).

[2]) E. F. SMILEY und E. H. WINKLER, J. Chem. Phys. **22**, 2018 (1954).

[3]) W. GRIFFITH, D. BRICKL und V. BLACKMAN, Phys. Rev. **102**, 1209 (1956).

LER behaupten aber, sie gemessen zu haben. Vermutlich ergeben sich deshalb Schwierigkeiten, weil das CO_2 verschiedene Grundschwingungen hat und weil es sehr empfindlich gegen Wasserdampf ist. Wegen dieses Unterschiedes kann man die von den beiden Gruppen angewandten Methoden als fraglich ansehen. Die hier behandelten Ergebnisse können nur als Näherungen betrachtet werden.

Versuchsanordnung

SMILEY und WINKLER benutzten ein 4,20 m langes versilbertes Rohr mit einem Querschnitt von 7,5×4,3 cm. Der Hochdruckteil war 1,20 m lang und hatte den selben Querschnitt. Die einfallende Stoßwelle wurde über zwei 1,2 m lange Intervalle gemessen. In dem zweiten Intervalle wurde das Dichteprofil bestimmt. Da der Ausgangsdruck recht niedrig war (0,5 bis 50 mm Hg) wurden zur Messung Entladungssonden verwendet. Das Stoßrohr konnte auf $5 \cdot 10^{-3}$ mm Hg evakuiert werden. Die Undichtigkeit war ziemlich groß (1 mm pro Stunde).

Zur Messung des Dichteprofils in der Übergangszone wurde ein MACH-ZEHNDER-Interferometer verwendet. Die Funkendauer war in der Größenordnung von 10^{-7} sec. Auf Grund der Ausmessung der Streifenverschiebung geben die Autoren an, daß der gemessene Dichteanstieg im Rahmen der Meßgenauigkeit (ungefähr $^1/_{10}$ eines Streifens bei 4 Streifen) mit der unter Voraussetzung eingestellten Gleichgewichtes aus der Stoßwellengeschwindigkeit berechneten Dichteänderung übereinstimmt.

Ergebnisse

Bei den Messungen ergaben sich Interferogramme wie sie in Abb. 59b abgebildet sind. Die Bilder wurden ausgewertet, indem der Abstand von der Stoßfront bis zu einer Stelle an der die Dichte auf den $(1-1/e)$ den Teil ihres Endwertes angestiegen war, ausgemessen wurde. Dieser Abstand wird mit der Schwingungsrelaxationszeit in der Front über eine Näherungslösung der Gl. IV–9 in Zusammenhang gebracht. Die von BETHE und TELLER eingeführte Annahme

$$\frac{d E'_{\text{vib}}(T)}{d E_{\text{vib}}} = -\zeta\,,$$

wobei ζ konstant ist, wird beibehalten. Das endgültige Ergebnis enthält ein Korrektionsglied, das der Änderung der Strömungsgeschwindigkeit und der Relaxationszeiten durch das Übergangsgebiet Rechnung trägt. Die Werte, die man so erhält, gehören zu Temperatur und Dichte unmittelbar hinter der Stoßfront.

Die auf einen Druck von einer Atmosphäre umgerechneten Relaxationszeiten sind nach einer von LANDAU und TELLER gegebenen Darstellung in

Abb. 79 wiedergegeben. Ebenso sind dort die Relaxationszeiten für ein Gemisch von 10% Helium in Chlor aufgetragen. Leider überlappen sich die Ergebnisse nicht mit den aus akustischen Messungen erhaltenen. Innerhalb des großen Fehlerbereiches der einzelnen Meßpunkte lassen sich beide Gruppen von Ergebnissen durch eine Gerade wiedergeben. Diese Gerade geht durch den bei Zimmertemperatur akustisch bestimmten Wert. Die lineare Abhängigkeit der Ergebnisse deutet darauf hin, daß der Meßfehler wahrscheinlich nicht sehr groß ist.

Die in der Abbildung eingezeichnete Fehlerbreite gibt die Meßgenauigkeit an, die man aus einer Betrachtung der Unsicherheit bei der Bestimmung der Verschiebung der Interferenzstreifen berechnen kann. Der sich daraus ergebende Fehler für die Relaxationszeiten schwankt zwischen $\pm 20\%$ und $\pm 50\%$. Der zuletzt angegebene Fehler gehört zu den kürzesten in Chlor gemessenen Relaxationszeiten. Der Fehler, der sich aus der näherungsweisen theoretischen Behandlung der Meßdaten ergibt, wird hier nicht betrachtet. Dieser Fehler ist vermutlich sehr viel kleiner als die Meßfehler. Die Unsicherheit in der Geschwindigkeitsmessung ist verglichen mit anderen Fehlern auch gering. Dagegen mag das Ergebnis durch Verunreinigungen beeinflußt worden sein.

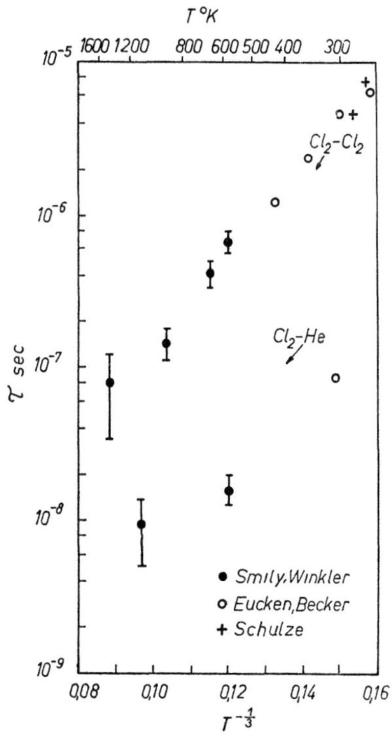

Abb. 79. Schwingungsrelaxationszeiten in Cl_2 und in Cl_2-Helium-Mischungen.

4. *Endotherme chemische Reaktionen*

a) Einleitende Bemerkungen

Von den experimentellen Untersuchungen chemischer Reaktionen mit Stoßwellen sollen die endotherme und die exotherme Reaktionen getrennt besprochen werden. Der Einfluß dieser Reaktionen auf die Daten einer Stoßwelle wurde in Kap. IV behandelt. Eine endotherme Reaktion wird als eine Reaktion definiert, bei der die End-Hugoniot-Kurve links von der für die Stoßwelle ohne chemische Reaktion berechneten Hugoniot-Kurve liegt (unter Annahme eingestellten Gleichgewichtes für Translation und Rotation) (vgl. Abb. 37). Für exotherme Reaktionen liegt die Gleichgewichts-HUGONIOT-Kurve rechts von der HUGONIOT-Kurve der Stoßfront. Die Stoßwellengleichungen und die Gleichungen für das Übergangsgebiet lassen sich bei exothermen Reaktionen anwenden, wenn die bei der Umsetzung freiwerdende Energie berücksichtigt wird. Nur im Falle einer normalen Detonation braucht man eine zusätzliche Bedingung.

Die Kinetik exothermer Reaktionen ist normalerweise sehr kompliziert und nur unvollkommen bekannt, weil meistens ein Oxydationsmittel beteiligt ist und weil die Reaktionen außerordentlich schnell verlaufen. Für endotherme Reaktionen gilt das nicht immer. Sehr oft darf man annehmen, daß die Kinetik einfacher ist und daß die Reaktionsgeschwindigkeit meßbar ist. Weil außerdem die Stoßwellentechnik recht erfolgreich zur Untersuchung endothermer Reaktionen angewandt wurde, sollen diese vor den exothermen Reaktionen behandelt werden.

Die Stoßwellentechnik hat den für kinetische Messungen zugänglichen Temperaturbereich, der bis jetzt nur wenig über 1000° K reichte, erweitert. Messungen von Reaktionsgeschwindigkeiten sind über einen großen Temperaturbereich erwünscht, weil sich dann die Theorien für Reaktionsgeschwindigkeiten besser prüfen lassen. Die Stoßwellentechnik gestattet auch sehr schnell verlaufende Reaktionen zu untersuchen, die mit anderen Methoden nicht erfaßt werden können. Die Geschwindigkeit einer einfachen bimolekularen Reaktion

$$M + X \to A + B + X$$

ist proportional der Zahl der Zusammenstöße N, zwischen M und X, bei denen genügend Energie zur Einleitung der Reaktion zur Verfügung steht und proportional zur Wahrscheinlichkeit P, daß die Reaktion bei einem dieser Zusammenstöße stattfindet.

$$\text{Reaktionsgeschwindigkeit} = P \cdot N$$

Ist die Geschwindigkeit so klein, daß zu allen Zeiten thermisches Gleichgewicht herrscht, (d. h. man kann eine Temperatur angeben) dann kann man N aus der kinetischen Gastheorie abschätzen. Bis jetzt wurde jedoch kein zur Berechnung von P führender Weg gefunden[1]). P ist für kleinere Moleküle in der Größenordnung von eins (mit Abweichungen von ein bis zwei Zehnerpotenzen). Die Berechnung von N hängt ab von einer Annahme

---

[1]) Mit der Theorie von H. EYRING — S. GLASSTONE, K. J. LAIDLER und H. EYRING, The Theory of Rate Processes (New York 1941) — ist es nur für die einfachsten Reaktionen möglich, eine Aktivierungsenergie zu berechnen und ein P abzuschätzen.

über die Art der Energie die bei chemischen Reaktionen wirksam ist. Dementsprechend gibt es verschiedene Ausdrücke für N[1]). Zwei dieser Ausdrücke werden hier angegeben. Führen nur solche Stöße zur Reaktion, bei denen die kinetische Energie längs der Verbindungslinie der beiden Schwerpunkte größer ist als die Aktivierungsenergie E_{akt} dann gilt für die Zahl dieser Stöße

$$N = N_{Tot} \exp\,(-E_{\text{akt}}/RT) \qquad \text{(VII, 2)}$$

wobei N_{Tot} die Zahl aller Zusammenstöße ist. Wird die Energie der inneren Freiheitsgrade mit berücksichtigt, dann ist die Zahl N der Zusammenstöße pro Zeiteinheit, bei denen die Energie E_{akt} sich zusammensetzt aus der relativen kinetischen Energie längs der Verbindungslinie der Teilchenschwerpunkte und der Energie von s als klassisch betrachteten Schwingungsfreiheitsgraden (Rotation läßt sich ebenfalls berücksichtigen; jeder Rotationsfreiheitsgrad trägt halb soviel bei wie ein klassischer Oszillator) gegeben durch

$$N = N_{Tot}\,(1/s!)\,(E_{\text{akt}}/RT)^s \exp\,(-E_{\text{akt}}/RT) \qquad \text{(VII, 3)}$$

Bis jetzt besteht die einzige Möglichkeit, zwischen diesen oder anderen Ausdrücke zu entscheiden, darin die gemessene Temperaturabhängigkeit mit der durch diese Formeln gegebenen Temperaturabhängigkeit zu vergleichen. Bis vor kurzem gab es keine Messungen der Geschwindigkeitskonstanten in Abhängigkeit von der Temperatur, die dafür genau genug waren[2]).

Für Atomrekombinationsreaktionen haben Stoßwellen-Untersuchungen einen interessanten Beitrag zur Kinetik gegeben. Für bimolekulare Dissoziationsreaktionen fordert die Theorie, daß die Rekombination über einen Dreierstoßmechanismus verläuft. Für Zusammenstöße von drei Teilchen gibt es bis jetzt noch keine Theorie, obwohl man die Rekombinationsgeschwindigkeit aus den Gleichgewichtskonstanten und den Geschwindigkeitskonstanten der Dissoziation berechnen kann.

$$K = \frac{k^+}{k^-}\,.$$

Die Ergebnisse von Stoßwellenexperimenten bei hohen Temperaturen zeigten zusammen mit „Flash Photolysis" Untersuchungen bei Zimmertemperatur einen unerwartet hohen negativen Temperaturkoeffizienten für die Dreierstoßrekombination[3]).

---

[1]) R. H. Fowler und E. A. Guggenheim, Statistical Thermodynamics (Cambridge 1939).

[2]) A. F. Trotman-Dickenson, Gas Kinetics (London 1955), S. 24.

[3]) D. Britton und N. Davidson, J. Chem. Phys. **25**, 810 (1956).

Die experimentellen Untersuchungen endothermer Reaktionen sind in Tab. 13 zusammengestellt. Die Untersuchungen von Palmer und Hornig über die Dissoziationsgeschwindigkeit vom Brom, sollen etwas ausführlicher diskutiert werden. Ihre Experimente führten zu den gleichen Ergebnissen wie die unabhängig von ihnen von Britton und Davidson ausgeführten Stoßwellenuntersuchungen.

b) Dissoziationsgeschwindigkeit von Brom

Palmer und Hornig[1]) bestimmten die Dissoziationsgeschwindigkeit von Brom, durch Messung der Lichtabsorption hinter der Stoßwelle als Funktion der Zeit. Die Untersuchungen wurden sowohl mit reinem Brom als auch mit einer 10%igen Brom-Argon-Mischung gemacht.

Versuchsanordnung

Palmer und Hornig verwendeten zu diesen Versuchen das gleiche Stoßrohr wie bei den Emissionsmessungen an Brom. In Abständen von 55, 88 und 114 cm von der Membran waren Meßstellen angebracht. Jede dieser Meßstellen bestand aus einer Lichtquelle, Filter und einem *SEV*. Die erste Meßstelle diente zum Triggern des Oszillographen, mit der zweiten und dritten wurde die Stoßwellengeschwindigkeit gemessen und die Änderung der Absorption in der Reaktionszone bei 4390 Å bestimmt. Die größte Fehlerquelle bei dieser Apparatur war die nicht konstante Intensität der Lichtquelle im optischen System, für welche eine Korrektur angebracht wurde. Die Verunreinigungen im Rohr waren während eines Versuches klein (0,2%). Man darf annehmen, daß sie keinen merklichen Einfluß auf die Ergebnisse ausübten.

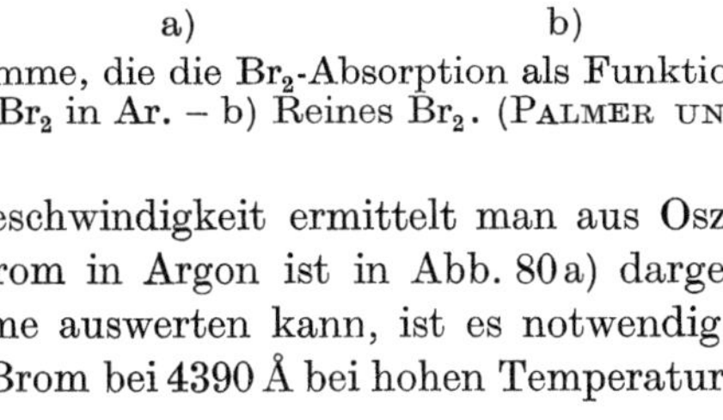

Abb. 80. Oszillogramme, die die Br_2-Absorption als Funktion der Zeit zeigen. – a) 10% Br_2 in Ar. – b) Reines Br_2. (Palmer und Hornig)

Die Reaktionsgeschwindigkeit ermittelt man aus Oszillogrammen, eines davon für 10% Brom in Argon ist in Abb. 80 a) dargestellt. Damit man diese Oszillogramme auswerten kann, ist es notwendig, den Extinktionskoeffizienten von Brom bei 4390 Å bei hohen Temperaturen hinter der Stoß-

[1]) H. B. Palmer und D. F. Hornig, J. Chem. Phys. **26**, 98 (1957).

front zu bestimmen. Das geschah durch Messung der Absorption direkt hinter der Stoßfront. Dann wurde angenommen, daß sowohl Bromkonzentration als auch Temperatur an dieser Stelle aus der gemessenen Stoßwellengeschwindigkeit und der RANKINE-HUGONIOT-Gleichung (mit der Annahme,

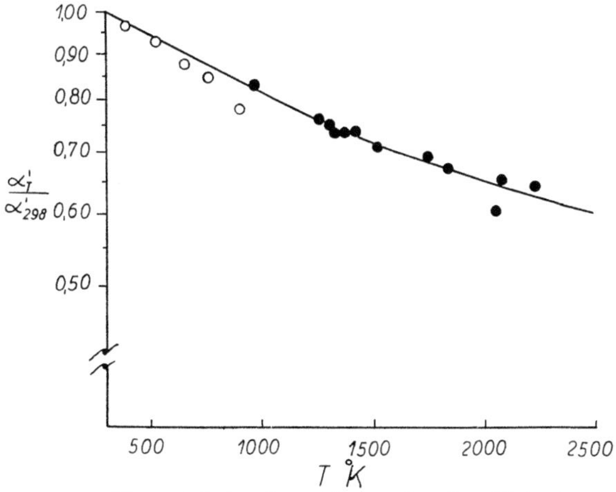

Abb. 81. Temperaturabhängigkeit des Absorptionskoeffizienten von Br_2 bei 4390 Å. (PALMER und HORNIG)

daß noch keine Reaktion stattgefunden hätte, daß sich aber Schwingungsgleichgewicht eingestellt hat) berechnet werden kann. Ist der Extinktionskoeffizient im Gas vor der Stoßfront bekannt, dann läßt sich auch der Extinktionskoeffizient für das aufgeheizte Gas hinter der Stoßfront leicht ausrechnen. Die Ergebnisse dieser Messung in einer Mischung von 10% Brom in Argon zeigt Abb. 81. Die offenen Kreise sind aus anderen Experimenten interpoliert, die ausgezogene Linie wurde theoretisch bestimmt. Die Versuche von BRITTON und DAVIDSON (bei 4360 Å), bei denen die Bromkonzentration noch variiert wurde, liefern praktisch die gleichen Ergebnisse. Ihre Untersuchung zeigt auch, daß der Argon-Partialdruck sich nicht auf den Extinktionskoeffizienten auswirkt. Eine grundlegende Annahme bei diesen Messungen ist, daß sich das Schwingungsgleichgewicht unmittelbar hinter der Stoßfront einstellt. Messungen der Schwingungsrelaxationszeiten in Chlor (Abb. 79) scheinen darauf hinzudeuten, daß sich das Schwingungsgleichgewicht in weniger als einer Mikrosekunde eingestellt hat; das wäre schnell genug. Die Übereinstimmung mit der theoretisch ermittelten Kurve für den Extinktionskoeffizienten ist eine weitere Stütze für die Gültigkeit dieser Annahme. Die scheinbare Dissoziationsgeschwindigkeit unmittelbar hinter der Stoßfront (der einzige Teil der Absorptionsmessung welcher verwendet wurde) ergab sich aus der Messung des Winkels Θ auf dem Oszillogramm (vgl. Abb. 80). Damit man die wirkliche Dissoziationsgeschwindigkeit erhält war es notwendig, folgende Korrekturen anzubringen.

1. Die Oszillographenanzeige mußte mit gemessenen Extinktionskoeffizienten auf Dichteänderung umgerechnet werden.
2. Die zeitliche Änderung des Extinktionskoeffizienten auf Grund der Temperaturänderung mußte berücksichtigt werden.
3. Die wirkliche Aufenthaltszeit des Gases bei der hohen Temperatur mußte aus den im ruhenden Koordinatensystem ermittelten Zeiten errechnet werden (vgl. Kap. IV, S. 69).
4. Die zeitliche Änderung der Dichte auf Grund der Temperaturänderung mußte in Betracht gezogen werden (vgl. Kap. IV, S. 70).
5. Bei den höheren Temperaturen mußte die Absorption auf Grund der Eigenmission korrigiert werden.

Alle diese Korrekturen ergaben sich aus Messungen des Extinktionskoeffizienten, der Auslenkung des Oszillographen für 100% Absorption und der Berechnung der Dichte unmittelbar hinter der Stoßfront aus der Stoßwellengeschwindigkeit (mit den Annahmen: keine Reaktion, eingestelltes Rotation- und Schwingungsgleichgewicht). Die so korrigierten experimentell bestimmten Geschwindigkeiten wurden dann, unter der Annahme, daß die Dissoziation als bimolekularer Vorgang abläuft; in Geschwindigkeitskonstanten umgerechnet,

$$M + \mathrm{Br}_2 \xrightarrow{k+} \mathrm{Br} + \mathrm{Br} + M\,,$$

wobei M Brom oder Argon sein kann.

Die Reaktionsgeschwindigkeit läßt sich schreiben

$$-\frac{d\varrho_{\mathrm{Br}_2}}{dt} = k^+_{\mathrm{Ar}}\,\varrho_{\mathrm{Br}_2}\varrho_{\mathrm{Ar}} + k^+_{\mathrm{Br}_2}\varrho^2_{\mathrm{Br}_2}\,,$$

dabei ist k^+_{Ar} die Geschwindigkeitskonstante in einer unendlich verdünnten Mischung von Brom in Argon, $k^+_{\mathrm{Br}_2}$ die für reines Brom. Beide Konstanten ergaben sich durch Einsetzen von $k^+_{\mathrm{Br}_2}$ aus Messungen in reinem Brom in obigen Ausdruck für die Untersuchungen in Gemischen. Die beiden Gruppen von Ergebnissen sind in den Abb. 82 und 83 dargestellt.

Hornig und Palmer näherten ihre Meßpunkte durch die Gleichungen (VII–2) und (VII–3) an. Der einfache Stoßzahlansatz ergibt

$$k^+_{\mathrm{Ar}} = 2{,}52 \cdot 10^{11}\, T^{\frac{1}{2}} \exp\left(\frac{-30{,}69\,\frac{\mathrm{kcal}}{\mathrm{Mol}}}{\Re T}\right) \frac{\mathrm{cm}^3}{\mathrm{Mol}\cdot\mathrm{sec}}\,.$$

Hierzu gehört ein P von etwa 0,06. Das erscheint vernünftig. Setzt man die Aktivierungsenergie gleich der Dissoziationsenergie (45,5 kcal/Mol) dann ergibt eine nach der Methode der kleinsten Quadrate ausgeführte Aproximation der Meßpunkte für den Geschwindigkeitsausdruck bei dem Schwingungsfreiheitsgrade mitberücksichtigt werden:

$$k_{\mathrm{Ar}}^{+} = 1{,}99 \cdot 10^{8}\, T^{\frac{1}{2}} \left(\frac{\mathfrak{D}}{\mathfrak{R}T}\right)^{4{,}46} \exp\left(-\frac{\mathfrak{D}}{\mathfrak{R}T}\right) \frac{\mathrm{cm}^3}{\mathrm{Mol\,sec}}\,.$$

Verwendet man für die Reaktionsgeschwindigkeit in reinem Brom die gleichen Ausdrücke, dann erhält man

$$k_{\mathrm{Br}_2}^{+} = 2{,}70 \cdot 10^{11}\, T^{\frac{1}{2}} \exp\left(\frac{-29{,}21\,\frac{\mathrm{kcal}}{\mathrm{Mol}}}{\mathfrak{R}T}\right) \frac{\mathrm{cm}^3}{\mathrm{Mol\,sec}}$$

beziehungsweise

$$k_{\mathrm{Br}_2}^{+} = 5{,}98 \cdot 10^{6}\, T^{\frac{1}{2}} \left(\frac{\mathfrak{D}}{\mathfrak{R}T}\right)^{5{,}94} \exp\left(\frac{-\mathfrak{D}}{\mathfrak{R}T}\right) \frac{\mathrm{cm}^3}{\mathrm{Mol\,sec}}\,.$$

Diese Ergebnisse gehören zu den ausgezogenen Linien in den Abbildungen.

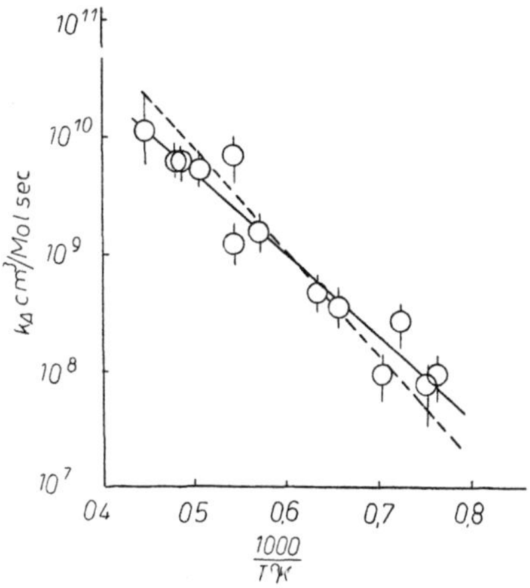

Abb. 82. Reaktionsgeschwindigkeitskonstante für die Dissoziation von Br_2 nach $Br_2 + Ar \rightarrow 2\,Br + Ar$ als Funktion der reziproken Reaktionstemperatur (Palmer und Hornig).

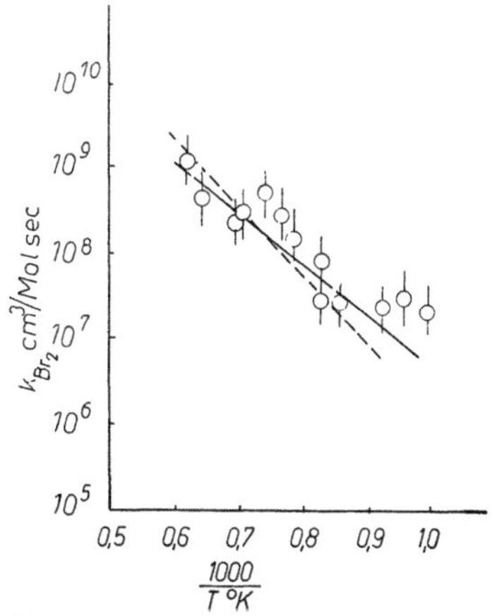

Abb. 83. Reaktionsgeschwindigkeitskonstante für die Dissoziation von Br_2 nach $Br_2 + Br_2 \rightarrow 2\,Br + Br_2$ als Funktion der reziproken Reaktionstemperatur (Palmer und Hornig).

Die Zahl der in den einzelnen Fällen berechneten Schwingungsfreiheitsgrade ist zu groß, da höchstens $^3/_2$ bzw. $^7/_2$ im Exponenten stehen dürfte. Benutzt man zusätzlich noch die vor kurzem aus „Flash-Photolyses" Untersuchungen bei Zimmertemperatur erhaltenen Meßwerte, dann ergibt sich ein vernünftiger Ausdruck:

$$k_{\mathrm{Ar}}^{+} = 1{,}39 \cdot 10^{11}\, T^{\frac{1}{2}} \left(\frac{\mathfrak{D}}{\mathfrak{R}T}\right)^{1{,}97} \exp\left(-\frac{\mathfrak{D}}{\mathfrak{R}T}\right) \frac{\mathrm{cm}^3}{\mathrm{Mol\,sec}}\,,$$

der durch die gestrichelte Kurve in Abb. 82 wiedergegeben ist. Dieses Ergebnis ist bemerkenswert, weil es die Meßwerte der Geschwindigkeitskonstanten über siebenundzwanzig Zehnerpotenzen, d. h. von 298° K bis 2200° K darzustellen gestattet. Zu diesem Ergebnis gehört ein P von etwa 0,06. Der zugehörige Ausdruck für die Rekombinationsgeschwindigkeit mit Argon als Dreier-Stoß-Partner lautet:

$$k_{\mathrm{Ar}}^{-} = \frac{4{,}77 \cdot 10^{11} \left(\frac{\mathfrak{D}}{\mathfrak{R}T}\right)^{1{,}97}}{1 - \exp\left(-\frac{465}{T}\right)} \frac{\mathrm{cm}^6}{\mathrm{Mol}^2\,\mathrm{sec}}.$$

Auch die Daten für reines Brom lassen sich durch einen besseren Ausdruck wiedergeben. Setzt man für $s = 3{,}0$ und für $P = 0{,}04$ dann erhält man das folgende Geschwindigkeitsgesetz:

$$k_{\mathrm{Br}_2}^{+} = 2{,}40 \cdot 10^{10}\, T^{\frac{1}{2}} \left(\frac{\mathfrak{D}}{\mathfrak{R}T}\right)^{3{,}0} \exp\left(-\frac{\mathfrak{D}}{\mathfrak{R}T}\right) \frac{\mathrm{cm}^3}{\mathrm{Mol}\,\mathrm{sec}},$$

das in Abb. 83 als gestrichelte Linie dargestellt ist. Wäre $s = 4{,}0$, dann ergäbe sich für P etwa 0,01.

Verwendet man die Ausdrücke, die die Meßergebnisse am besten darstellen, dann findet man, daß ein Brommolekül als Dreier-Stoß-Partner wirksamer ist als ein Argonatom, und zwar bei 1600° K um den Faktor 1,5, bei 1400° K um 1,9 und bei 1200° K um 2,4.

Diese Ergebnisse stimmen im wesentlichen mit denen von Britton und Davidson überein. Diese Autoren benutzten ein größeres Stoßrohr (15 cm Durchmesser) und untersuchten Brom-Argon-Mischungen mit Bromkonzentrationen zwischen 1 und 10%. Für die erstgenannte Konzentration wird die Interpretation der Meßergebnisse vereinfacht, da man die Temperatur in der Reaktionszone als konstant ansehen kann. Obgleich der Einfluß von Dämpfung und Grenzschichtbildung in einem Stoßrohr mit großem Durchmesser geringer sein dürfte, kann doch eine leichte Neigung der Stoßfront die Messung beeinflussen. Die Streuung der Meßpunkte in beiden Experimenten ist ziemlich groß. (Maximal ein Faktor 3 in den Geschwindigkeitskonstanten). Tab. 6 gibt einen Vergleich der von Britton und Davidson und von Palmer und Hornig in Gemischen mit Argon erhaltenen Rekombi-

Tabelle 6

T° K	1380	1538	1770
$k_{\mathrm{Ar}}^{-} \times 10^{-14} \left(\frac{\mathrm{cm}^6}{\mathrm{mole}^2\,\mathrm{sec.}}\right)$ (Palmer und Hornig)	5,3	3,8	2,9
$k_{\mathrm{Ar}}^{-} \times 10^{-14}$ (Britton und Davidson)	3,5	3,3	3,1

nations-Geschwindigkeits-Konstanten. Berücksichtigt man die große Streuung der Meßwerte und die etwas verschiedenen verwendeten Methoden, dann ist die Übereinstimmung überraschend gut.

Bei der Interpretation ihrer Ergebnisse prüfen PALMER und HORNIG die Möglichkeit, ob die Bildung eines Br_3 Radikales[1]) für die scheinbare Erniedrigung der Aktivierungsenergie in Betracht kommt. Sie glauben, daß die Bildung eines Komplexes zwar einen Einfluß auf die unterschiedliche Wirksamkeit von Argon und Brom haben kann, daß dadurch aber nicht die beobachtete Temperaturabhängigkeit zu erklären ist.

Sie kommen daher zu dem Schluß, daß eine Interpretation der Ergebnisse unter Berücksichtigung des Beitrages der inneren Freiheitsgrade als vernünftig anzusehen ist und daß alle inneren Freiheitsgrade berücksichtigt werden müssen.

5. *Exotherme chemische Reaktionen*

a) Einleitende Bemerkungen

Eine exotherme Reaktion hinter einer Stoßwelle, mit einer größeren Ausbreitungsgeschwindigkeit als die entsprechende Detonation, kann grundsätzlich auf die gleiche Weise behandelt werden, wie eine endotherme Reaktion. Bei einer langsameren Stoßwelle wird sich wahrscheinlich keine konstante Geschwindigkeit einstellen. Dann können die Stoßwellengleichungen nicht angewendet werden (vgl. dazu Kap. IV). Experimentell lassen sich exotherme Reaktionen gewöhnlich viel schwerer untersuchen, denn meistens ist die Kinetik sehr kompliziert. Auch läuft die Reaktion, sobald sie angelaufen ist, zu schnell ab, als daß man sie genau verfolgen könnte. Deshalb erscheint es günstiger, solche Reaktionen in reflektierten statt in einfallenden Stoßwellen zu untersuchen. Hinter der reflektierten Stoßwelle ist die Zeitauflösung um eine Faktor vier oder mehr besser. Besteht noch eine kurze Verzögerung zwischen dem Aufheizen und dem Beginn merklicher Reaktion, dann kann man das Stück hinter der reflektierten Stoßwelle kurz nach der Reflexion als Stoßwelle konstanter Geschwindigkeit behandeln, der eine exotherme Reaktion folgt.

Diese Reaktionen sind wichtig für das Verständnis von Verbrennungsvorgängen in Flammen und Detonationen, die für die Aerodynamik ständig steigende Bedeutung erlangen. Bis vor kurzem konnten solche Reaktionen im wesentlichen nur in Flammen untersucht werden, wobei es sehr schwer ist, chemische von hydrodynamischen Vorgängen zu trennen.

---

[1]) Vorgeschlagen für J_3 von M. I. CHRISTIE, A. J. HARRISON, R. G. W. NORRISH und G. PORTER, Proc. Roy. Soc. (London) A **231**, 446 (1955).

Es gibt allerdings Messungen von Reaktionsgeschwindigkeiten nahe Zimmertemperatur. Bevor man diese Reaktionsgeschwindigkeiten aber zur Erklärung von Verbrennungsvorgängen verwenden kann, muß man ihre Temperaturabhängigkeit und den wirklichen Mechanismus bei den hohen Temperaturen prüfen. Für derartige Untersuchungen erscheint die Stoßwellentechnik besonders geeignet.

Wegen der hohen Reaktionsgeschwindigkeiten und der komplizierten Kinetik wurden bisher nur die Anlaufvorgänge solcher Reaktionen mit zwei Arten von Messungen untersucht: einmal wurden die zur Einleitung der Reaktionen erforderlichen Temperaturen und Drucke bestimmt, zum andern wurde die Zeit zwischen dem Aufheizen und dem Einsetzen der schnellen Reaktion gemessen (Induktionszeiten, Inkubationszeiten). Beide Arten von Untersuchungen sind in Tab. 14 zusammengestellt. Sie werden im folgenden ausführlicher diskutiert.

Unter geeigneten Bedingungen kann es möglich sein, die normalerweise sehr schnelle Reaktion durch Verdünnung oder Verminderung des Druckes so zu verlangsamen, daß man sie bis zum Gleichgewicht verfolgen kann, wie das bei endothermen Reaktionen geschieht. Bei solchen niedrigen Drucken spielen natürlich Dreierstoßreaktionen gegenüber Zweierstoßreaktionen keine Rolle mehr. Solche Versuche bei niedrigen Drucken wurden mit Detonationen in H_2 und O_2 mit J_2 als Indikator[1]) und bei Azetylen Detonationen, wo die Absorption und Streuung von Licht durch Rußteilchen gemessen wurde[2]) angestellt.

b) Messung von Zündtemperaturen explosiver Gasgemische mittels Stoßwellen

Wird ein detonationsfähiges Gemisch thermisch entzündet, dann erscheint eine Flamme, die sich beschleunigt, bis eine Detonation vor oder in der Flammenfront einsetzt. Es ist anzunehmen, daß die Einleitung einer Detonation auf eine Stoßwelle zurückzuführen ist. Ältere Untersuchungen von LAFITTE[3]), WENDTLANDT[4]), PAYMAN[5]) und BONE[6]), FRAZER und WHEELER zeigen, daß Stoßwellen, die aus einem inerten Medium kommen eine Deto-

[1]) W. R. GILKERSON und N. DAVIDSON, J. Chem. Phys. **23**, 687 (1955).
[2]) C. F. ATEN und E. F. GREENE, Discussions of the Faraday Society **22**, 162 (1956).
[3]) P. LAFITTE, Compt. rend. **177**, 178 (1923).
[4]) W. WENDLANDT, Z. physik. Chem. **116**, 227 (1925).
[5]) W. PAYMAN, Proc. Roy. Soc. (London) A **120**, 90 (1928).
[6]) W. A. BONE, R. P. FRASER und W. H. WHEELER, Phil. Trans. Roy. Soc. (London) A **235**, 29 (1936).

nation einleiten können[1]). Diese Untersuchungen, sowie Experimente bei den Schlierenaufnahmen zeigten[2]), daß das Einsetzen einer Detonation unmittelbar hinter der Stoßfront stattfindet, unterstützen diese Theorie. Bis vor kurzem bestand jedoch Unklarheit über die Wirkung einer Stoßwelle auf ein explosives Gemisch. Insbesondere war es nicht klar, ob die Temperaturen hinter einer Stoßwelle, die eine Explosion in Gang setzen kann, die gleichen wären wie die, die von Falk, Dixon, Tizard und Pye und anderen[3]) durch adiabatische Kompression erhalten wurden. Unter Entzündungstemperatur versteht man die niedrigste Temperatur, bei der unter gegebenen Bedingungen und bei gegebener Gemischzusammensetzung eine Explosion (Flamme) auftritt.

Shepherd[4]) bestimmte zum erstenmal Entzündungstemperaturen detonationsfähiger Gasgemische mit Stoßwellen (CH_4 — O_2, C_2H_2 — O_2). Bei seinen Untersuchungen benutzte er ein Stoßrohr mit verschiedenen Modifikationen. Es enthielt einen Aufhänger für die wegfliegenden Membranteile und eine Pufferzone zur Trennung des Treibgases vom explosiven Gemisch. Die Einleitung einer Detonation wurde mit einer Trommelkamera verfolgt. Auch zeitlich aufgelöste Schlierenbilder wurden aufgenommen. Obgleich die Entzündung und die Einleitung einer Detonation reproduzierbar zu beobachten war, waren die berechneten Temperaturen des die Zündung einleitenden Stoßes merklich niedriger (120–250° C) als die mit Apparaturen zur adiabatischen Kompression erhaltenen Temperaturen (260° C oder mehr). Berets, Greene und Kistiakowsky[5]) sowie Mooradian und Gordon[6]) verwendeten Stoßwellen zur Untersuchung der Einleitung einer Detonation in H_2–O_2 und C_2H_2–O_2 Gemischen, die sie mit anderen Detonationen erzeugten. Die von Berets und anderen für die Stoßfront vor Einsetzen der Reaktion berechneten Temperaturen waren einige hundert Grad höher als die bekannten Zündtemperaturen. Diese Stoßwellen wurden durch Verdünnungswellen abgeschwächt, so daß die tatsächlichen wirksamen Temperaturen wahrschein-

---

[1]) A. K. Oppenheim hat im Fourth Symposium on Combustion (Baltimore 1953), S. 471 eine Theorie zur Erklärung des Auftretens einer Detonation in einer Flammenfront hinter einer Stoßwelle entwickelt. K. I. Schelkin, J. exper. teoret. Phys. (U.S.S.R.) **29**, 221 (1955); Soviet Physics JETP **2**, 296 (1956) hat eine Theorie entwickelt, die von der Vorstellung ausgeht, daß eine Stoßwelle für das Auftreten einer Detonation verantwortlich ist.

[2]) B. Greifer, J. C. Cooper, F. C. Gibson und C. M. Mason, J. Appl. Phys. **28**, 289 (1957).

[3]) Eine Diskussion dieser Untersuchung findet man bei W. Jost, Explosions- und Verbrennungsvorgänge in Gasen (Berlin 1939).

[4]) W. C. F. Shepherd in Third Symposium on Combustion, Flame and Explosion Phenomena (Baltimore 1949), S. 301.

[5]) D. J. Berets, E. F. Greene und G. B. Kistiakowsky, J. Amer. Chem. Soc. **72**, 1086 (1950).

[6]) A. J. Mooradian und W. E. Gordon, J. Chem. Phys. **19**, 1166 (1951).

lich geringer waren. Auf Grund ähnlicher Stoßrohrexperimente wie sie SHEPHERD durchgeführt hat, berichtete FAY[1]) über niedrige Zündtemperaturen für Knallgasgemische (130–360° C verglichen mit 546° C). Neuere sorgfältige Untersuchungen von STEINBERG und KASKAN[2]) scheinen eine plausible Erklärung für die in früheren Arbeiten beobachteten Unterschiede zu geben. Die Stoßrohrexperimenten waren denen von SHEPHERD und FAY ähnlich. Wenn dabei alle Hindernisse, die reflektierte Stoßwellen erzeugen können, sowie konvergente Kanäle vermieden wurden, stimmten die berechneten Stoßwellentemperaturen mit den durch adiabatische Kompression gewonnenen Zündtemperaturen überein. Diese Untersuchungen deuten darauf hin, daß die Wirkung einer Stoßwelle auf ein explosives Gemisch rein thermischer Natur ist und daß die Zusammenstöße hoher Energie in der Stoßfront keine merkliche Wirkung auf die nachfolgende Reaktion haben[3]). Es scheint daher, daß man jetzt die Stoßwellentechnik zur Bestimmung von Explosionsgrenzen verwenden kann. Darüber hinaus sollten diese Ergebnisse zum Verständnis der Wirkung einer Stoßwelle bei der Einleitung von Detonationen beitragen. Weitere Experimente in dieser Richtung erscheinen lohnend.

c) Messung von Induktionszeiten von Explosionen

Nachdem gezeigt wurde, daß die Wirkung einer Stoßwelle auf ein brennbares Gemisch rein thermischer Natur ist, ist diese Methode auch zur Messung von Induktionszeiten von Explosionen anwendbar. Diese Untersuchungen sind in Tab. 14 zusammengestellt. In einem Falle konnten die Ergebnisse mit Messungen an einer Maschine zur adiabatischen Kompression verglichen werden[4]). Die Übereinstimmung ist zufriedenstellend. Auf Grund dieser ersten Untersuchung scheint es, daß die Stoßwellentechnik ein weites Anwendungsfeld bei der Untersuchung von Induktionszeiten finden wird, besonders wenn die Induktionszeiten sehr kurz sind, und man sie mit einer Apparatur zur adiabatischen Kompression nicht mehr beobachten kann. Die Untersuchung der Hochtemperatur Brom-Wasserstoff-Reaktion von PLOOSTER und GARVIN ist besonders interessant, denn man kann die Ergebnisse mit der Kinetik vergleichen, die von der Niedertemperaturreaktion her gut bekannt ist.

---

[1]) J. A. FAY in Fourth Symposium on Combustion (Baltimore 1953), S. 501.

[2]) M. STEINBERG und W. E. KASKAN, in Fifth Symposium on Combustion (New York 1955), S. 664.

[3]) Vergleiche entgegengesetzte Vorstellungen: A. R. UBBELOHDE in Third Symposium on Combustion, Flame and Explosion Phenomena (Baltimore 1949), S. 566. — J. A. FAY in Fourth Symposium on Combustion (Baltimore 1953), S. 501.

[4]) P. C. K. WU, Dissertation (Cambridge/Mass. 1957).

d) die Brom-Wasserstoff-Reaktion

PLOOSTER und GARVIN[1]) untersuchten die Induktionszeiten für das Einsetzen der Explosion in Brom-Wasserstoff-Gemischen, die in einer reflektierten Stoßwelle auf 850–1140° K aufgeheizt wurden. Sie bekamen quantitative Übereinstimmung zwischen ihren experimentellen Ergebnissen und den, aus Geschwindigkeitskonstanten bei Zimmertemperatur berechneten Werten. Ihre Ergebnisse stützen die Vermutung, daß für diese Reaktion, die bei niedriger Temperatur gemessenen Geschwindigkeitskonstanten auch im Bereich hoher Temperatur, z. B. bei Verbrennungsvorgängen gelten.

Daß bei diesen Versuchen verwendete Stoßrohr unterscheidet sich von den anderen hier beschriebenen Stoßrohren dadurch, daß die Atmosphäre als Hochdruckkammer und die Luft als Treibgas dient. Diese Methode wurde von ZEL'DOVICH[2]) und Mitarbeitern vorgeschlagen. Sie nahmen an, daß man

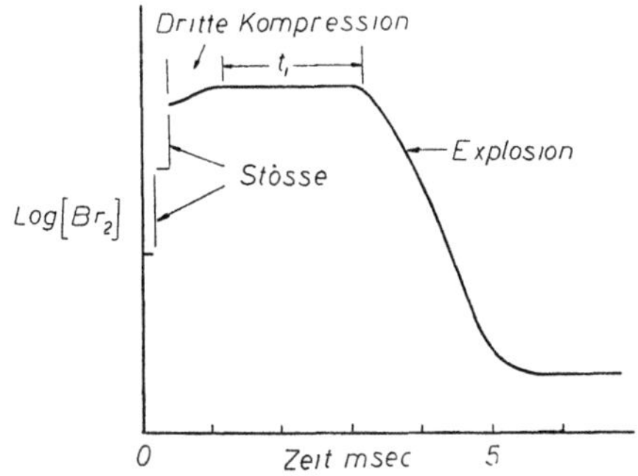

Abb. 84. Oszillogramm der Lichtabsorption von Br_2 als Funktion der Zeit hinter den einfallenden und reflektierten Stoßwellen.

die Kompression als adiabatisch und reversibel betrachten kann. Damit PLOOSTER und GARVIN die gewünschte Endtemperatur erhielten, wurde das Gas auf 110–117° C vorgeheizt. Die Stoßwellengeschwindigkeit wurde aus der in den Stoßwellen erhöhten Lichtabsorption unter Verwendung zweier optischer Anordnungen bestehend aus Lichtquelle, Filtern (410–420 mμ) und *SEV* beobachtet. Leider wurde eine stationäre Stoßwellengeschwindigkeit nicht beobachtet. Die Stoßwellen schienen sich zu beschleunigen. Diese Beschleunigung ist vermutlich auf Temperaturgradienten (wegen der Aufheizung des Stoßrohres von außen) im Gas vor der Stoßwelle zurückzuführen oder auf die Strömung des Treibgases, die einer nicht isentropischen Borda

[1]) M. N. PLOOSTER und D. GARVIN, J. Amer. Chem. Soc. **78**, 6003 (1956).
[2]) YA. T. GERSHANIK, YA. B. ZEL'DOVICH, A. I. ROZLOVSKI, Zhur. Fiz. Khim. (U.S.S.R.) **24**, 85 (1950).

Strömung durch eine Düse entspricht. Es sei darauf hingewiesen, daß der bei diesen Versuchen erreichte Enddruck größer sein kann, als der Ausgangsdruck des Treibgases. Zur Bestimmung der Stoßstärke und anderer Stoßwellenparameter wurde ein Näherungsverfahren angewandt. Das Ausgangsdruckverhältnis und die gemessene Geschwindigkeit wurden mit Werten verglichen, die aus Gl. (V–3) für ein normales Stoßrohr berechnet wurden. Der auf Grund dieses Vergleiches gefundene Zusammenhang diente dann dazu, die aus Gl. (V–3) berechneten Werte zu korrigieren. Es wurden die üblichen Stoßrohrbeziehungen für konstantes $\varkappa$ angewandt. Die benötigte Beziehung wurde für 5%ige Brom-Luft-Gemische ermittelt und für einige der verwendeten H_2-Br_2-Ar-Gemische geprüft. Die hinter der reflektierten Stoßwelle durch aufeinanderfolgende Reflexionen entstehende Kompression wurde als adiabatische Kompression angesehen. Der Näherungscharakter dieser Rechnung und die Beobachtung veränderlicher Geschwindigkeit kann zu einem größeren Fehler in der Temperaturberechnung führen. Das ist ungünstig, da die Temperatur exponentiell in den Ausdruck für die Geschwindigkeitskonstante eingeht. Die Induktionszeiten wurden aus Oszillogrammen bestimmt, die in der Nähe des Rohrendes aufgenommen wurden. Ein solches Bild, aufgenommen mit $H_2 + Br_2 +$ 2 Ar Gemischen ist in Abb. 84 wiedergegeben.

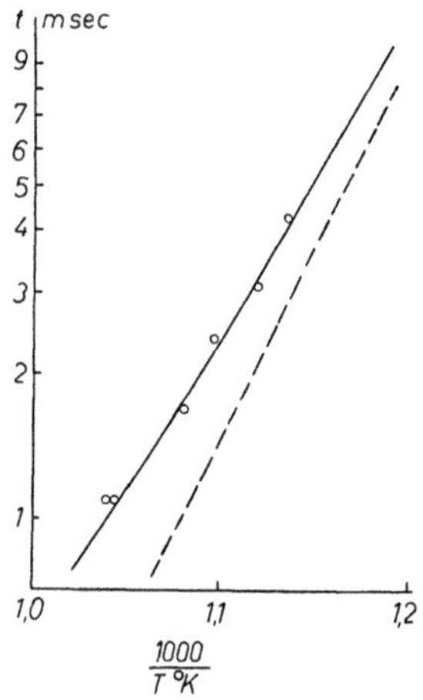

Abb. 85. Induktionszeiten in $H_2 + Br_2 + 2$ Ar-Gemischen. Die durchgehende Kurve ist für den nicht stationären Fall und die gestrichelte Kurve für den stationären Fall berechnet worden. Die Punkte sind experimentelle Werte (PLOOSTER und GARVIN).

Die in den Ergebnissen verwendete Induktionszeit wurde vom Zeitpunkt der Beendigung der Kompression bis zu einem Punkt, wo die Bromkonzentration sehr stark abzunehmen begann, gemessen. Diese Zeiten sind logarithmisch gegen die Reziprokwerte der Maximaltemperaturen aufgetragen, für das Gemisch $H_2 + Br_2 + 2$Ar in Abb. 85 wiedergegeben. Die scheinbare Aktivierungsenergie die man aus einer solchen Auftragung erhält, ist für Mischungen aus $3H_2 + Br_2$, 23 kcal/Mol; für Mischungen aus $H_2 + Br_2 + 2$Ar, 27,5 kcal/Mol und für Mischungen aus $H_2 + Br_2 + 2$He, 24 kcal/Mol. Abkühlung des Gases auf Grund einer Grenzschicht wurde beobachtet, sie schien jedoch vernachlässigbar zu sein.

Die experimentellen Ergebnisse wurden mit Ergebnissen verglichen, die sich aus dem Modell einer adiabatischen thermischen Explosion ergaben. Als erstes wurde angenommen, daß eine stationäre Konzentration von Brom-atomen vorhanden sei, und daß die bei Zimmertemperatur ermittelten Reaktionsgeschwindigkeitsdaten anwendbar seien. Die Induktionszeit wurde dann willkürlich als die Zeit definiert, bei der die Temperatur um 100° C über die Ausgangstemperatur gestiegen war. Für die drei oben angegebenen Gemische ergab sich eine scheinbare Aktivierungsenergie von 36,9 kcal/Mol. Nun ist aber die Zeit bis zur Einstellung des Gleichgewichtswertes der Bromkonzentration bei konstanter Temperatur von gleicher Größenordnung wie die Induktionszeit. Die Annahme eines stationären Zustandes ist also nicht richtig. Es wurde deshalb ein Näherungsausdruck für einen nichtstationären Zustand ermittelt und integriert. Das ergab neue Induktionszeiten. Die Geschwindigkeitskonstanten, welche die Meßwerte am besten darstellten, stimmten innerhalb der Fehlergrenzen mit den kürzlich von CAMPBELL und HIRSCHFELDER veröffentlichten Werten überein. Die theoretisch ermittelte Kurve ist in der Abb. 85 als ausgezogene Linie wiedergegeben. Aus diesen Untersuchungen schließen die Autoren, daß man bei exothermen Reaktionen die bei niedrigen Temperaturen gefundenen Reaktionsgeschwindigkeitsdaten verwenden kann, um Reaktionsgeschwindigkeiten bei hohen Temperaturen vorauszubestimmen.

Die Arbeit von PLOOSTER und GARVIN zeigt, daß man mit der Stoßrohrtechnik quantitative Ergebnisse über exotherme Reaktionen bei hohen Temperaturen erhalten kann. Sorgfältigere Messungen sollten zu Ergebnissen führen, die wesentlich zum Verständnis der Kinetik von Verbrennungsvorgängen beitragen werden.

Gas	Versuchsanordnung	Gemessene Größen zusätzlich zur Geschwindigkeit	T_2 in °K	Druck in mm I
Ar	ST; MZI; 10×45	ϱ_2/ϱ_1	300–2000	$p_1 \sim 10$
Ar	ST mit Verjüngung; MZI	ϱ_2/ϱ_1	300–6500	$p_1 > 4$
Ar	DDP 25, schräge Hohlkehle u. TRC	u_1–u_2	1350–25000	$p_1 \sim 600$
Ar	ST 5; TRC	u_5	T_5: 4000–13000	$p_1 = 0{,}6 - 400$
Ar	ST 4×7; TRC	u_5	T_5: 7000–12000	$p_1 = 5$–10
Ar	ST 4; TRS; PMO	Verbreiterung u. Verschiebung der Argonlinien, Intensität des Kontinuums	10300–13700	$p_1 = 10$
Ar	ST 4	Elektrische Leitfähigkeit mittels Magnetfeld	5500–13500	$p_1 = 1$–100
Luft	ST 4	Elektrische Leitfähigkeit mittels Magnetfeld	3500–6200	$p_1 \sim 1$
Luft	DDP 20; TRC	u_1–u_2	—	$p_1 \sim 600$
Luft	ST 10×45	ϱ_2/ϱ_1	300–750	—
N_2	ST mit Verjüngung 1×10; MZI	ϱ_2/ϱ_1	1600–5400	$p_1 = 4$–25
N_2	DDP, 25; schräge Hohlkehle u. TRC	u_1–u_2	7000–13000	$p_1 \sim 600$
N_2	ST 5; TRC	u_5	4000–6000	$p_1 = 0{,}6$–10
CO	ST 5; TRC	u_5	1400–6300	$p_1 = 1$–40
F_2; F_2-Ar Gemisch	ST 5; Ionisations-Sonden und Oszillograph	p_4/p_1	3000–5200	$p_1 = 10$
CO_2	ST 10×45	ϱ_2/ϱ_1	300–1300	—
NO_2	ST 10×45	ϱ_2/ϱ_1	300–1300	—
CH_4; CCl_2F_2...	ST 10×45	ϱ_2/ϱ_1	< 1000 (bis zu $M = 4$)	—
Ar; H_2; Cl_2; Luft; CH_4; i-C_5H_{10}	DD 1, 3; TRC	p_2 u. u_1–u_2 aus der Detonation angenommen	3100–63000	$p_2 = 55$–17300
O_2	ST mit Verjüngung; 1×10; MZI	ϱ_2/ϱ_1	900–2700	$p_1 = 10$–50 mn
CO_2; N_2; Ar; SF_6	ST 5×17,5; FS	u_5	T_5: 2000	—

[1]) Vergleiche wegen der Abkürzungen Tabelle 15.

von Gasen bei hohen Temperaturen mittels Stoßwellen[1]).

Zeit bis zur Einstellung des Gleichgewichtes	Ergebnisse	Bemerkungen	Literatur[2])
Kleiner als Zeitauflösung	$\varrho_2/\varrho_1 \sim \varrho_2/\varrho_1$ (± 4%) Exp Theorie	—	1, 2
Kleiner als Zeitauflösung	$\varrho_2/\varrho_1 \sim \varrho_2/\varrho_1$ Exp Theorie	5 cm gleichmäßige Strömung hinter der Stoßwelle nach Durchlaufen des sich verjüngendem Rohr	3
—	Gemessene HUGONIOT-Kurve stimmt m. berechnet. überein	Strahlungsverluste nicht berücksichtigt	4
14 μsec bei $p_1 = 5$ mm $T_5 = 11250$	$u_5 < u_5$ Exp Theorie	Abweichung wird auf Dämpfung der Stoßwelle zurückgeführt. Oberhalb 9000° K werden Strahlungsverluste bedeutsam	5
—	$u_5 \geqq u_5$ Exp Theorie	Keine Korrekturen	6
< 12 μsec bei $p_1 = 10$ cm $T_2 = 11000$	Linienverbreiterung und -verschiebung in Übereinstimmung mit der Theorie. Intensität des Kontinuums in Übereinstimmung mit der Theorie von UNSÖLD	Wenn die Theorien richtig sind, so heißt das, daß Gleichgewicht erreicht worden ist	7
Kein Gleichgewicht für $p_1 = 10$ mm, $T_2 < 10000$	Übereinstimmung mit Theorie und Messungen in Cs-Dampf	Wenn die Theorien richtig sind, so heißt das, daß Gleichgewicht erreicht worden ist für $T_2 > 10000$	8
Kleiner als Zeitauflösung	Übereinstimmung mit Theorie und Messungen in Cs-Dampf	Wenn die Theorien richtig sind, so heißt das, daß Gleichgewicht erreicht worden ist	14
—	Gemessene HUGONIOT-Kurve stimmt m. berechnet. überein	—	15
—	$\varrho_2/\varrho_1 \sim \varrho_2/\varrho_1$ (± 3%) Exp Theorie	—	1, 2
5 μsec (5400° K) 1 atm 20 μsec (3500° K) 1 atm	$\varrho_2/\varrho_1 \sim \varrho_2/\varrho_1$ Exp Theorie	5 cm gleichmäßige Stromung hinter der Stoßwelle nach Durchlaufen in dem sich verjüngendem Rohr	3
< 0,2 μsec	$\mathfrak{D}(N_2) = 9{,}76$ eV Gleichgewicht eingestellt bei 13000° K	—	9
~ 9 μsec (3050° K) 1 atm	$\mathfrak{D}(N_2) = 9{,}76$ eV Gleichgewicht eingestellt	Reflektierte Stoßwelle beschleunigt sich	5
Kleiner als bei N_2	$\mathfrak{D}(CO) = 11{,}1$ eV Gleichgewicht eingestellt	Reflektierte Stoßwelle beschleunigt sich	5
—	$\mathfrak{D}(F_2) = 31{,}0 \pm 4{,}3$ kcal/Mol	< 2% F_2: $u_1 < u_1$; Exp Theorie > 12% F_2: $u_1 < u_1$ Exp Theorie	10, 11
CO_2: 1 μsec (1300° K) 1 atm 5 μsec (300° K) 1 atm NO_2: 0,3 μsec (750° K) 1 atm 1,5 μsec (300° K) 1 atm	$\varrho_2/\varrho_1 < \varrho_2/\varrho_1$ (13%) Exp Theorie $M_1 = 2$–5	Selektive Relaxation der Knickschwingungen trotz Fermi-Resonanz	1
—	$\varrho_2/\varrho_1 \sim \varrho_2/\varrho_1$ Exp Theorie	—	1
—	$u_1 \sim u_1$ (± 10%) Exp Theorie	Dämpfung vernachlässigt; $\varkappa$ als konstant angenommen	12
5,0 μsec (800° K) 1 atm 1,5 μsec (2700° K) 1 atm	$\varrho_2/\varrho_1 \sim \varrho_2/\varrho_1$ Exp Theorie	5 cm gleichmäßige Strömung hinter der Stoßwelle nach Durchlaufen des sich verjüngendem Kanal	3
40–50 μsec für CO_2	$u_3 \sim u_3$ Exp Theorie		13

[2]) Literaturhinweise zu Tabelle 7 am Schluß des Kapitels VII.

Tabelle 8. Bestimmung der Zustandsgleichungen von Metallen

Metall	Versuchsanordnung	Gemessene Größen	Maximaler Temperaturanstieg in °K
Al	DD PC	u_1, u_{FS}	—
Al	DD 5 PC	u_1, u_{FS}	—
Al (24 ST Dura)	DD PC	u_1, u_{FS}	170 nach Expansion auf 1 atm
Al (24 ST)	DD, 12,5 schräge Hohlkehle u. TRC	u_1, u_{FS}	522
Stahl	DD PC	u_1	—
ArmcoFe, weicher Stahl	DD 5 PC	u_1, u_{FS}	—
Stahl, W	DD PC	u_1	—
Stahl, Cd	DD PC	u_1, u_{FS}	—
Armco Fe	DD PC	u_1, u_{FS}	
Cu	DD, schräge Hohlkehle u. TRC	u_1, u_{FS}	108–432
Zn	DD, schräge Hohlkehle u. TRC	u_1, u_{FS}	295–770
Pb	DD PC	u_1	—
CsBr, CsJ, J_2, $LiAlH_4$, P (rot), NaCl, Teflon	DD PC	u_{FS}, u_1 und elektrischer Widerstand	—
Al (24 St), Messing, Be, Ba, Cd, Cr, Co, Cu, Au, Fe, Pb, Mg, Mo, Ni, Ag, Th, Sn, Ti, Zn, Tn, Cb, Pd, Pt, Rh, Ta, Tl. Zr.	DD 0,2 TRC	u_1, u_{FS}	bis 2500 (Pb)

[1]) Wegen der Abkürzungen vergleiche Tabelle 15.

bei hohen Drucken mittels Stoßwellen[1])

p_2 in atm	Ergebnisse	Bemerkungen	Literatur[2])
< 287 000	Die unter Verwendung der Zustandsgleichung von PACK, EVANS und JAMES berechnete Dämpfung stimmt mit den Messungen überein	—	1
< 270 000	Die unter Verwendung der THOMAS-FERMI-DIRACschen Gleichung berechnete HUGONIOT-Kurve stimmt mit den Messungen uberein	—	2
< 300 000	Zustandsgleichung gemessen	—	3
130 000–350 000	HUGONIOT-Kurven und Isotherme bei 27° C. Auf die BRIDGMANschen Daten extrapoliert	Zur Berechnung der Isothermen wird angenommen Cv = konst und $(\partial p/\partial T)_v$ = konst	4
—	Die gemessene Stoßwellengeschwindigkeit stimmt mit der Stoßwellengeschwindigkeit überein, die aus den Daten der Detonation berechnet wurde	Elastische Wellen schneller als Stoßwelle	5
< 350 000	Die erhaltenen HUGONIOT-Kurven zeigen wegen der Unempfindlichkeit der Methode keine polymorphe Umwandlung	Gemessen wurde die mittlere Stoßwellengeschwindigkeit in verschieden dicken Platten	2
~ 100 000 (Stahl)	Die Geschwindigkeit elastischer und plastischer Wellen wurde gemessen	—	6
< 300 000	Stimmt nicht überein mit den Messungen von BRIDGMAN an Stahl	—	3
< 200 000	Umwandlung an der HUGONIOT-kurve für Eisen bei 130 000 atm und ϱ_1/ϱ_2 = 0,935 beobachtet	—	7
180 000–480 000	HUGONIOT-Kurven und Isotherme bei 27° C auf die Daten von BRIDGMAN extrapoliert	—	4
180 000–390 000	HUGONIOT-Kurven und Isotherme bei 27° C lassen sich schlecht auf die Ergebnisse von BRIDGMAN extrapolieren	—	4
—	Die gemessene Stoßwellengeschwindigkeit stimmt mit der berechneten überein, wenn man annimmt, daß an der Kontaktfläche der Detonation kein Sprung auftritt	—	5
< 250 000	Außer bei NaCl und Teflon deutet elektrischer Widerstand bei 250 000 at um einen Faktor 10^6 niedriger auf Übergang in Metall	—	8
100 000–500 000	HUGONIOT-Kurven und Isotherme bei 20 °C mit den Daten von BRIDGMAN verglichen. Gute Übereinstimmung in den meisten Fällen. Grüneisenverhältnisse sind angegeben.	Pb, Sn u. Cd sind über den Schmelzpunkt erhitzt worden	9

[2]) Literaturhinweise zu Tabelle 8 am Schluß des Kap. 7.

Tabelle 9. Bestimmung der Zustandsgleichungen

Flüssigkeit	Versuchsanordnung	Gemessene Größen zusätzlich zur Geschwindigkeit	T_2 in °K
Wasser	DD 1,5 FXR	ϱ_2/ϱ_1	—
Wasser	DD 1,5 FXR	ϱ_2/ϱ_1	300–650
Wasser	DDP 25 Stufen u. TRC[2])	u_{FS}	300–1300
Ar	DD 1,5–0,4 FXR	ϱ_2/ϱ_1	250–1450
O_2	DD 0,7–1,0	ϱ_2/ϱ_1	—
C_7H_{16}	DD 1,5 FXR	ϱ_2/ϱ_1	—
Äther, Azeton, Alkohol	DD 1,5 FXR	ϱ_2/ϱ_1	—
Na	DD 0,8 FXR	ϱ_2/ϱ_1	—
Pyrex	DD FXR	ϱ_2/ϱ_1	—
Hartgummi, Plexiglas	DD FXR	ϱ_2/ϱ_1	—
CCl_4, C_6H_6, Hg, C_2H_5OH, CH_3COCH_3 C_2H_5Br, $(C_2H_5)_2O$ CS_2, Glyzerin C_6H_{14}, CH_3OH N-Amylalkohol $CH_3C_6H_5$, Nitrotoluol	DDP 25 Stufen und TRC[2])	u_{FS}	—

[1]) Wegen der Abkurzungen vergleiche Tabelle 15.
[2]) Vergleiche dazu auf Seite 111 die Beschreibung einer ähnlichen Anordnung.

von Flüssigkeiten mittels Stoßwellen [1])

p_2 in atm	Ergebnisse	Bemerkungen	Literatur[3])
< 190000	Ergebnisse mit der TAIT-Zustandsgleichung dargestellt	Es wurden aufeinanderfolgende Blitze verwendet. Für die starke Dämpfung der Stoßwelle wurde keine Korrektur angebracht	1
< 80000	Es ergibt sich glatte HUGONIOT-Kurve, Verfestigung unwahrscheinlich	Geschwindigkeit mit nur einem Blitz bestimmt; für die starke Dämpfung des Stoßes wurde keine Korrektur angebracht	2
30000–450000	HUGONIOT-Kurve und experimentelle Zustandsgleichung	Die Kompressibilitätsdaten von BRIDGMAN wurden erweitert	3
< 72000	HUGONIOT-Kurve; Temperatur nach zwei verschiedenen Methoden berechnet. Argon ist oberhalb des kritischen Punktes	Geschwindigkeit mit nur einem Blitz bestimmt. Keine Korrektur für starke Dämpfung des Stoßes	2, 4
20000–83000	HUGONIOT-Kurve	Geschwindigkeit mit nur einem Blitz bestimmt. Keine Korrektur für starke Dämpfung des Stoßes	7
< 23000	HUGONIOT-Kurve	Geschwindigkeit mit nur einem Blitz bestimmt. Keine Korrektur für starke Dämpfung des Stoßes	2
—	ϱ_2/ϱ_1 als Funktion des Abstandes von der die Stoßwelle erzeugenden Detonation	Es wurden aufeinanderfolgende Blitze verwendet	5
6000–20000	HUGONIOT-Kurve	Geschwindigkeit ist unabhängig vom Ladungsdurchmesser; die Druckanisotropie dürfte gering sein	2
25000–100000	HUGONIOT-Kurve	Geschwindigkeit ist unabhängig vom Ladungsdurchmesser; die Druckanisotropie dürfte gering sein	2
—	—	Zur Erzielung höherer Kompression wurden zwei Detonationen verwendet, die gleichzeitig von beiden Seiten wirkten. u_1 und ϱ_2 kann aus dem Winkel bestimmt werden unter dem die Stoßwellen in den Probekörper hineinlaufen	5
50000–150000	—	Für vier Flüssigkeiten wurde die Lichtdurchlässigkeit bei hohem Druck gemessen	6

[3]) Literaturhinweise zu Tabelle 9 am Schluß des Kap. VII.

Tabelle 10. Untersuchung der Spektren von Gasen

Meßgröße	Gas	Anordnung	Spektralbereich	T_2 in °K
Emission	Luft, Ar, He, O_2, $N_2 + H_2$, und Ar mit Ca und Al	DD SPECT	sichtbar	—
Emission	Xe	ST SPECT	sichtbar	—
Emission	Ar	ST TRS	3800–6200Å	10300–13700
Emission	Ar, Xe, Kr	ST 4×7 SPECT	sichtbar u. infrarot	T_5: 7000–12000 in Ar
Emission von der leuchtenden Front	Ar	ST VSS	sichtbar	9000
Emission von der leuchtenden Front	Kr	ST 4×7 VSS	sichtbar	6000
Emission von zugesetzten Verunreinigungen	Ne (1% H_2)	ST 4×7 TRS	sichtbar	T_5: 11300–12050
Emission	Br_2	ST 2,5 SPECT FPMO	sichtbar	< 2500
Emission	BrCN, ClCN, CF_3Br, CH_3Br, CH_3J, CF_3J, CH_2Br_2	ST 2,5 SPECT TRS FPMO	sichtbar	T_5<5000 für BrCN
Emission	C_2H_2, $CH_3CH_2NO_3$, C_2H_4. Viele Kohlenwasserstoff-Argon-Gemische und Mischungen von CO, CO_2, O_2 mit Ar	ST 5	sichtbar und ultraviolett	—
Absorption....	Br_2(1–10% Br_2 in Ar)	ST 15 FPMO	4360, 4870 Å	300–2100
Absorption....	J_2 (Spuren in Ar)	ST 15 FPMO	4870, 4840, 4360 Å	300–1600
Absorption....	Br_2 (10% Br_2 in Ar)	ST 2,5 FPMO	4390 Å	900–2200
Emission	Metalloxydpulver in Ar Stoßwelle erhitzt	ST 5 SPECT	sichtbar	2000–12000
Absorption....	C_6H_6–O_2–Ar, C_3H_8–O_2–Ar und C_2H_4O–Ar-Gemische	ST SPECT	sichtbar und ultraviolett	T_5 = ~ 800–2000

[1]) Wegen der Abkürzungen vergleiche Tabelle 15.

bei hohen Temperaturen mit Stoßwellen[1])

Druck	Ergebnisse	Bemerkungen	Literatur[2])
p_1 = 1 atm	Helligkeit: Ar > He > N_2 > H_2 > CO_2. Gebranntes $Ca(NO_3)_2$ und durch Funkenzerstäubtes Al in Ar um Ca- und Al-Spektren zu erhalten	Beobachteten gesamte Helligkeit einschließlich der Initialdetonation	1,2
—	Na(D) Ca(g), mit steigender Stoßstärke CaII, (H), (K) erscheinen, ebenso Na, Ca, Ba, Fe, Al, Zugabe von Cu-Azetylazetonat gibt Cu-Linien	Emission unterhalb 12000° K von Verunreinigungen	3
p_1 = 10 mm	Beobachtet: Linienverschiebung, Intensität des Kontinuums und Kühlung durch Abstrahlung	Gleichgewicht angenommen	4
p_1 = 10 mm	Na, Ca, Ba, Sr, Rb, Mg, Al, Ti, Fe und Ionen. Am stärksten: CaII(H), CaII(K). Die Xe-Linien sind unsymmetrisch verbreitert, Verschiebung und Verbreiterung im Infrarot ist beobachtet worden	Emission hauptsächlich von Verunreinigungen	5
—	C_2, CN-Banden und Ca, Hg in der Front, C_2 verschwindet in 1 μsec, CN in 150 μsec	Emission der Stoßfront wird dem Pumpenöl zugeschrieben	6
—	C_2, CN, Ca, Ca^+, Na	Emission der Front von Pumpenöl und Staub	5
p_1 = 7,7 mm	Hβ-Linien-Profil, Halbwertsbreite gemessen, ist etwas größer als nach der Theorie von HOLTSMARK	Gleichgewicht angenommen	5
p_2 = 1–2 atm	Kontinuum, das auf Zweierstoßrekombination zurückgeführt wird	—	7
p_1 = 0,1–100 mm	CN, C_2, CH-Banden, Kontinuum im Roten hell. Emission von CN und C_2 als Funktion der Zeit gemessen	Kontinuum vielleicht von CH_3	8
—	Rußbildung, C_2 Emission, aber kein CH. CO-Ar zeigt C_2, aber keine CO-Emistion	Vergleichen Stoßwellenspektren mit Flammen- und Detonationsspektren	13
—	Absorptionskoeffizient als Funktion der Temperatur, Inertgas ohne Einfluß	Übereinstimmung mit Daten von ACTON u. a. bei Zimmertemperatur	9
p_1 = 8–57 mm	Absorptionskoeffizient als Funktion der Temperatur; Inertgas ohne Einfluß	Im allgemeinen Übereinstimmung mit den Berechnungen von SULZER und WIELAND	11, 12
p_1 = 10–40 mm	Absorptionskoeffizient als Funktion der Temperatur	Im allgemeinen Übereinstimmung mit den Berechnungen von SULZER und WIELAND	10
p_1 = 5–50 mm	Banden von Oxyden und Linien von Atomen und Ionen beobachtet	—	14
—	Absorptionsspektren von CH, C_2, OH und CN	Von komplexen Molekülen nur kontinuierliche Absorption beobachtet	15

[2]) Literaturhinweise zu Tabelle 10 am Schluß des Kap. VII.

Tabelle 11. Untersuchungen über die Dicke der Stoßfron

Stoff	Versuchsanordnung	Meßgrößen zusätzlich zur Geschwindigkeit	MACH-Zahl	T_2 in °K	p_2 in atm
He Ar	WT, Temperatursonde	Temperaturprofil mit Sonde	1,7–1,8 1,3–1,7	— —	$\ll 1$ $\ll 1$
Ar	ST, 7, opt. Reflexionsvermögen	opt. Reflexionsvermögen	1,1–1,4	—	10–27
Ar	ST, 7, opt. Reflexionsvermögen	opt. Reflexionsvermögen	1,2–2,1	360–650	6–14
Ar	ST, 7, opt. Reflexionsvermögen	opt. Reflexionsvermögen	1,37	402	—
H_2	ST, 7, opt. Reflexionsvermögen	opt. Reflexionsvermögen	1,4	370	10
O_2	ST, 7, opt. Reflexionsvermögen	opt. Reflexionsvermögen	1,4	370	6–10
N_2	ST, 7, opt. Reflexionsvermögen	opt. Reflexionsvermögen	1,25	—	5–10
N_2	ST, 7, opt. Reflexionsvermögen	opt. Reflexionsvermögen	1,1–1,4	—	9–26
N_2	ST, 7, opt. Reflexionsvermögen	opt. Reflexionsvermögen	1,1–1,4	320–520	6–15
Luft	WT, Temperatursonde	Temperaturprofil mit Sonde	1,78–3,91	—	$\ll 1$
CO_2 N_2O	ST, 7, opt. Reflexionsvermögen	opt. Reflexionsvermögen	1,37 1,37	377 346	— —
Azeton (flüssig)	ST, 7, opt. Reflexionsvermögen	opt. Reflexionsvermögen	—	—	$p_2 : p_1 = 9{,}3$–13,
Äthanol (flüssig)	ST, 7, opt. Reflexionsvermögen	opt. Reflexionsvermögen	—	—	$p_2 : p_1 = 13{,}1$–16
Äthyläther (flüssig)	ST, 7, opt. Reflexionsvermögen	opt. Reflexionsvermögen	—	—	$p_2 : p_1 = 9{,}3$
H_2O, CCl_4, C_6H_6, CH_2OHCH_2OH (flüssig)	ST, 7, opt. Reflexionsvermögen	opt. Reflexionsvermögen	—	—	$p_2 : p_1 = 16{,}7$

[1]) Wegen der Abkürzungen vergleiche dazu Tabelle 15.
[2]) $\bar{l}_1$ ist eine MAXWELLsche freie Weglänge (vgl. Kap. IV) im Gas vor der Stoßfront.

in Gasen und Flüssigkeiten[1])

Dicke der Stoßfront in cm bei $p_1 = 1\,\text{atm}$	Reziproke Dicke der Stoßfront in Einheiten von $\bar{l}_1$[2])	Ergebnisse	Bemerkungen	Literatur[3])
— —	~ 0,2 0,10–0,18	Form und Dicke stimmen überein mit Berechnungen nach NAVIER-STOKES-Gleichungen	Verteilungsfunktion angenommen	1 2
6,3–15,6 × 10^{-5}	0,04–0,11	Dicke stimmt überein mit MOTT-SMITH	Form der Front angenommen	3
4,6–11, 2 × 10^{-5}	0,04–0,15	Dicke stimmt überein mit ZOLLER	3 Formen mit Experiment verglichen	4
6,1 × 10^{-5}	—	—	—	5
13,4 × 10^{-5}	0,09	Keine Relaxation der Rotation in der Front	Form angenommen	4
9 × 10^{-5}	—	Teilweise Relaxation, mindestens zwei Relaxationszeiten	Form angenommen	4
1,7 × 10^{-5}	—	Größer als nach der Theorie von THOMAS zu erwarten	Erste Messung mit einer Anordnung zur Messung des Reflexionsvermögens	6
6–21 × 10^{-5}	0,03–0,11	Anhaltspunkte für teilweise Relaxation	Form angenommen	3
4–21 × 10^{-5}	0,03–0,06	Fast vollständige Relaxation verschiedene Relaxationszeiten	Form angenommen	3
—	~ 0,2–0,3	Form und Dicke stimmen überein mit Berechnungen nach NAVIER-STOCKES-Gleichungen	Verteilungsfunktion angenommen	1
4 × 10^{-5} 4 × 10^{-5}	— —	Beitrag der Volumenviskosität klein	Dichteprofil angenommen	5
1,4–0,8 × 10^{-4} 1,16–1,11 × 10^{-4} 0,85 × 10^{-4} > 1,1 × 10^{-4}	— — — —	Dicke größer als nach der Theorie zu erwarten; deutet auf größere Volumen- oder Scherviskosität	Die theoretisch ermittelten Werte erscheinen fraglich	7

[3]) Literaturhinweise zu Tabelle 11 am Schluß des Kap. VII.

Tabelle 12. Untersuchung von

Gas	Versuchsanordnung	Meßgröße zusätzlich zur Geschwindigkeit	T_2 in °K
Cl_2	ST 8×4 MZI	$\varrho_2(t)$	600–1500
$9 Cl_2$–He	ST 8×4 MZI	$\varrho_2(t)$	600–1100
Cl_2	Kanone mit 0,8 cm ∅ Kugellagerkugeln FS	Beugungswelle, Berührungsabstand	—
O_2	ST, sich verjüngend, 1×10, MZI	$\varrho_2(t)$	800–2700
N_2	ST, sich verjüngend, 1×10, MZI	$\varrho_2(t)$	3500–5400
N_2	ST 5 TRC	$u_5(t)$	4000–6000
N_2–O_2-Gemische	ST, sich verjüngend, 1×10, MZI	$\varrho_2(t)$	1700–2500
CO	ST 5 TRC	$u_5(t)$	1400–6300
CO	ST MZI	$\varrho_2(t)$	2200–3500
CO	ST PbS-Zelle	Infrarotemission	T_5: 1500 K
CO_2	ST FS	$u_5(t)$	T_5: 800–2500
CO_2	ST 8×4 MZI	$\varrho_2(t)$	400–1000
CO_2–H_2O (3–10% H_2O)	ST 8×4 MZI	$\varrho_2(t)$	450
CO_2	ST 10×45 MZI	$\varrho_2(t)$	300–1300
CO_2	ST MZI	$\varrho_2(t)$	1000–2500
CO_2	ST 2,5×2,5 SPMO	$\varrho_2(t)$	350–540
N_2O	ST 10×45 MZI	$\varrho_2(t)$	300–900

[1]) Wegen der Abkürzungen vergleiche dazu Tabelle 15.
[2]) Die angegebenen Relaxationszeiten sind auf eine Atmosphäre umgerechnet.

Schwingungsrelaxation mit Stoßwellen[1])

Druck in mm Hg	Ergebnisse (T in °K)[2]	Bemerkungen	Literatur[3])
p_1 = 0,5–50	τ = 0,7 μsec (600) τ = 0,08 μsec (1500)	Werte auf akustisch gemessene (bei niedriger Temperatur) extrapoliert	1
p_1 = 0,5–50	τ = 0,015 μsec (600) τ = 0,010 μsec (1100)	Werte auf akustisch gemessene (bei niedriger Temperatur) extrapoliert	1
p_1 = 4–20	Beobachtet Schwingungsrelaxationszeiten in Übereinstimmung mit Ref. 1	Zeigt, daß Versuchsmethodik brauchbar ist	2
p_1 = 10–50	τ = 50 μsec (800) τ = 1,5 μsec (2700)	—	3
p_1 = 4–25	τ = 20 μsec (3500) τ = 5 μsec (5400)	—	3
p_1 = 0,6–10	Ähnliche wie bei BLACKMAN	Absolutwerte unsicher	4
p_1 = 5–25	O_2–N_2-Zusammenstöße sind nur 40% so wirksam wie O_2–O_2-Stöße	—	3
p_1 = 1–40	$\sim 1/5$ der Zeit wie in N_2	—	5
—	τ = 10 μsec (2200) τ = 2,7 μsec (3500)	—	6
p_5 = 190	τ = 19 μsec (1470)	Ansprechzeit des Empfängers $\approx$ 30 μsec	10
—	—	Hinter reflektierter Stoßwelle Relaxation; daher wird sie langsamer	7
p_1 = 0,5–50	τ = 4 μsec (400) τ = 0,1 μsec (1000)	Die sich einstellenden Enddichten stimmten mit der für Gleichgewicht berechneten überein. Verunreinigungen bei CO_2 sehr wirksam.	1
p_1 = 0,5–50	τ = 5 × 10^{-3} μsec (150)	Dichte war konstant bis zurück zur Kontaktfläche	1
—	τ = 5 μsec (300) τ = 1 μsec (1300)	ϱ_2/ϱ_1 Exp < ϱ_2/ϱ_1 Theor. Valenzschwingung hundertmal langsamer. Wasser vielleicht selektiver Katalysator	8
—	—	Verschiedene Relaxationszeiten für verschiedene Schwingungen beobachtet	6
p_1 = 380–760	$\tau \simeq$ 1 μsec	Nicht wasserfrei	9
—	τ = 1,3 μsec (300) τ = 0,35 μsec (900)	ϱ_2/ϱ_1 Exp < ϱ_2/ϱ_1 Theor. weniger Schwierigkeiten mit Verunreinigungen als in CO_2	8

[3]) Literaturhinweise zu Tabelle 12 am Schluß des Kap. VII.

Tabelle 13. Untersuchung der Kinetik

Reaktion	Versuchs-anordnung	Meßgröße zusätzlich zur Geschwindigkeit	T_2 in °K	Druck	Verwendetes Gasgemisch
$Ar \rightarrow Ar^+ + e^-$	ST 4 FPMO DPP	Induktionszeit von Potential und kontinuierlicher Emission in der einfallenden Stoßwelle	9000–18000	p_1 = 2–50 mm	Ar, rein
$Ar \rightarrow Ar^+ + e^-$	ST 5 FPMO	Induktionszeit der kontinuierlichen Emission in der reflektierten Stoßwelle	T_5: 8000–13000	p_1 = 1–20 mm	Ar, rein
$Xe \rightarrow Xe^+ + e^-$	ST 4×7 TRC	Induktionszeit der Emission in der reflektierten Stoßwelle	(M_1 = 8,5–11,0)	p_1 = 5–20 mm	Xe, rein
$N_2O_4 + M \rightarrow 2NO_2 + M$	ST 5 FPMO	$[NO_2](t)$; 4047–4358 Å	253–301	p_2 = 0,5–7 atm	1% N_2O_4 in N
$Br_2 + M \rightarrow 2Br + M$	ST 15 FPMO	$[Br_2](t)$; 4360, 4870 Å	1400–2700	p_1 = 8–57 mm	2–10% Br_2 in A
$Br_2 + M \rightarrow 2Br + M$	ST 2,5 FPMO	$[Br_2](t)$; 4390 Å	1200–2225	p_1 = 10–40 mm	10% Br_2 in Ar, 100% Br_2:
$J_2 + M \rightarrow 2J + M$	ST 15 FPMO	$[I_2](t)$; 4840, 4870, 4360 Å	1000–1600	p_1 = 8–57 mm	0,2–2% I_2 in A He, N_2, O_2 un CO_2
$N_2 + O_2 \rightarrow 2NO$	ST 8 modifiziertes Stoßrohr	Endkonzentration von NO	T_5: = 2000–3000	p_1 = 75–300 mm	Luft und Mischungen vo Luft mit Kr Ar und He
$N_2O_5 \rightarrow NO_2 + NO_3$	ST FPMO	—	—	—	—

[1]) Abkürzungen vergleiche Tabelle 15.
[2]) Literaturhinweise zu Tabelle 13 am Schluß des Kap. VII.

endothermer Reaktionen mit Stoßwellen[1])

Reaktionsgeschwindigkeitskonstanten Hinreaktion (k^+)	Rückreaktion (k^-)	Andere Ergebnisse	Bemerkungen	Literatur[2])
—	—	0,3–30 μsec Induktionszeit	Vergleichen Ergebnisse mit Theorie	1, 2
—	—	Induktionszeit 10–20 μsec	3–4mal länger als im einfallenden Stoß	3
—	—	Induktionszeit 5–120 μsec	—	4
Niedriger Druck 2. Ordnung: $2{,}0 \times 10^{14} \exp\left(\frac{-11\,000}{\mathfrak{R}T}\right)$ liter mol^{-1} sec^{-1} Hoher Druck 1. Ordnung: $1{,}0 \times 10^{16} \exp\left(\frac{-13\,100}{\mathfrak{R}T}\right)$ sec^{-1}		CO_2 etwa so wirksam wie N_2	—	5
—	$2{,}1 \times 10^{8} \exp\left(\frac{1450}{\mathfrak{R}T}\right)$ liter^2 mol^{-2} sec^{-1}	$k^-_{Br_2}/k^-_{Ar} < 8$ (1600 K°)	Ergebnisse innerhalb der Fehlergrenzen wie bei J_2	6
$1{,}39 \times 10^{11}\, T^{1/2}\left(\frac{\mathfrak{D}^*}{\mathfrak{R}T}\right)^{1,97} \exp\left(\frac{-\mathfrak{D}}{\mathfrak{R}T}\right)$ cm^3 mol^{-1} sec^{-1} $2{,}40 \times 10^{16}\, T^{1/2}\left(\frac{\mathfrak{D}}{\mathfrak{R}T}\right)^{3,0} \exp\left(\frac{-\mathfrak{D}}{\mathfrak{R}T}\right)$ cm^3 mol^{-1} sec^{-1}		$k^+_{Br_2}/k^+_{Ar} = 1{,}5 - 2{,}4$ bei $T = 1600$–1200	Alle inneren Freiheitsgrade liefern Beitrag zur Aktivierungsenergie	7
—	$2{,}7 \times 10^{8} \exp\left(\frac{1330}{\mathfrak{R}T}\right)$ liter^2 mol^{-2} sec^{-1}	relative Wirksamkeit der Verunreinigungen	Keine Korrektur für Dämpfung	8, 9
$E_{akt} = 74$ Kcal/mole	$E_{akt} = 92$ Kcal/mole	—	Übereinstimmung mit Kettenmechanismus nach ZELDOVICH	10
—	—	—	Einzelheiten sind noch nicht veröffentlicht	11

*) $\mathfrak{D}$ ist die Dissoziationsenergie von Brom
$\mathfrak{R}$ in cal/Mol.

Tabelle 14. Untersuchung exothermer

Reaktion	Versuchs-anordnung	Meßgröße zusätzlich zur Geschwindigkeit	Temperatur T_2 °K	Druck	Verwendete Gasgemische
$H_2 + Br_2 \rightarrow HBr$	ST 2,1 FPMO	$[Br_2](t)$ 4100–4200 Å	$T_5 = 800$–1000	$p_5 = 0{,}8$–$1{,}5$ atm	$3H_2 + Br_2$, $H_2 + Br_2 + 2Ar$, $H_2 + Br_2 + 2He$, $3H_2 + Br_2 + 4Ar$, $H_2 + Br_2 + 6Ar$, $3H_2 + Br_2 + 12Ar$
$C_2H_2 \rightarrow$ Ruß $+ H_2$	ST 7 FPMO	Lichtstreuung und absorption bei verschiedenen Wellenlängen	900–1700	$p_1 = 2$–30 mm	Reines C_2H_2
Entzündung von Kohlenwasserstoff-Luftgemischen	ST 5 PC PMO	Druck- und Licht-Emission	$T_5 = 800$–1100	$p_5 = 6$–18 atm	Stöchiometrische Propan, n-Heptan-, n-Butan-Luftgemische
Entzündung von Kohlenwasserstoff u. H_2-Luft-Gemischen	ST 1,5 × 1,5	Lichtemission	400–800	—	—
Entzündung von Kohlenwasserstoff-O_2-Gemischen	ST 2,5 TRSC TRC	Leuchten durch Entzündung	370–570	$p_2 = 3$–6 atm	Verschiedene Methan- und Äthylen-O_2-Gemische
Einleitung von H_2-O_2-Detonationen	DDST 10 PG	—	657–1114	$p_1 = 1$ atm	Verschiedene H_2-O_2-Gemische
Einleitung von H_2-O_2-Detonationen	DDST 12 PP	—	—	—	Verschiedene H_2-O_2-Ar-Gemische
Einleitung von H_2-O_2-Detonationen	ST 7,5 TRC	—	T_2 u. $T_5 \sim 400$ bis 950	$p_1 = 1$ atm	$2H_2$–O_2
Entzündung explosibler Gemische	ST 5 × 5 PMO	—	T_2 u. $T_5 \sim 700$ bis 1600	$p_2 \sim 5$–20 atm	$2H_2$–O_2; H_2–O_2 und Propan-O_2 Gemische
Entzündung explosibler Gemische	ST 1,5 × 1,5	Leuchten durch Entzündung	—	—	n-Hexan, n-Heptan, Äther mit Luft $2H_2 + O_2$, $CS_2 + 2O_2$

[1]) Abkürzungen vergleiche Tabelle 15.

Reaktionen mit Stoßwellen[1])

Zündtemperatur °K	Zünddruck atm	Ergebnisse	Bemerkungen	Literatur[2])
—	—	Die bekannten Reaktionsgeschwindigkeiten bei niedrigen Temperaturen können extrapoliert werden, wenn man die Abweichung vom stationären Zustand berücksichtigt	Atmosphäre als Treibgas	1
	—	$k^{+} = 4 \times 10^7 \exp\left(\frac{-29\,000}{\Re T}\right)$ liter mol^{-1} sec^{-1}	Nehmen Reaktion zweiter Ordnung an	2
—	—	n-Butan 2. Ordnung, E_{akt} = 17 Kcal/Mol. Aufnahmen der Reaktionszone	n-Butan: Übereinstimmung mit Ergebnissen bei adiabatischer Kompression	3
--	—	—	—	9
390–520	> 3,4	Ausgezeichnete Trommelkamera-Aufnahmen	Auffänger für Membran verwendet. Zündtemperaturen niedriger als bei adiabatischer Kompression	4
T_2 < 1114° K	—	Abstand, wo Entzündung einsetzt, hängt ab von der Stoßstärke	Zündtemperatur höher als bei adiabatischer Kompression. Stoß stark gedämpft	5
—	—	Druckverlauf	Stoßwelle stark gedämpft	6
400–630	—	—	Zündtemperaturen niedriger als bei adiabatischer Kompression. Tz = 816° K	7
$2\,H_2$–O_2: 800 C_3H_8-O_2: 1200–1100	5–7,5 7–20	Induktionszeiten 0–500 μsec, die früher gefundenen niedrigen Zündtemperaturen werden auf Unebenheiten der Oberfläche der Stoßrohre zurückgeführt	Zündtemperaturen in Übereinstimmung mit den bei adiabatischer Kompression gefundenen	8
—	—	Zündtemperaturen ähnlich wie bei adiabatischer Kompression	—	9

[2]) Literaturhinweise zu Tabelle 14 am Schluß des Kap. VII.

Tabelle 15

Bedeutung der Abkürzungen in den Tabellen über Stoßwellenuntersuchungen

Abkürzung	Bedeutung
DD	Von einer Detonation erzeugte Stoßwelle wird direkt auf die zu untersuchende Substanz übertragen[1])
DDP	Die von einer Detonation erzeugte Stoßwelle wird durch eine dazwischengelegte Platte auf die zu untersuchende Substanz übertragen[1])
DDST	Stoßwelle wird in einem Stoßrohr durch eine Detonation erzeugt[1])
DPP	Sonden zur Messung des Diffusionspotentials
FPMO	Anordnung mit Filter (oder Monochromator), Sekundärelektronenvervielfacher, Oszillograph
FS	Schlieren-Funken-Anordnung
FXR	Röntgenblitz
MZI	MACH-ZEHNDER-Interferometer
PC	Stift-Kontakt
PMO	Anordnung mit Sekundärelektronenvervielfacher und Oszillograph
PG	Druckmeßgerät
SPECT	Spektrograph
SPMO	Schlierenanordnung mit Sekundärelektronenvervielfacher und Oszillograph als Empfänger
ST	Stoßrohr[1])
TRC	Zeitauflösende Kamera
TRS	Spektrograph mit zeitauflösender Kamera an Stelle der Fotoplatte
TRSC	Zeitauflösende Schlierenkamera
u_{FS}	Geschwindigkeit der freien Oberfläche
VSS	Geschwindigkeitssynchronisierter Spektrograph
WT	Windkanal

[1]) Die Zahlen nach den Abkürzungen geben den Durchmesser des Stoßrohres oder der die Stoßwelle übertragenden Platte in Zentimeter an. Sind zwei Zahlen angegeben, dann geben sie die Seitenlänge eines Stoßrohres oder einer Übertragungsplatte von rechteckigem Querschnitt an.

Literatur zu Tabelle 7, Kap. VII

1. Griffith, W., D. Brickl und V. Blackman, Phys. Rev. **102**, 1209 (1956).
2. Griffith, W. C. und W. Bleakney, Amer. J. Phys. **22**, 597 (1954).
3. Blackman, V., J. Fluid Mechanics **1**, 61 (1956).
4. Christian, R. H. und F. L. Yarger, J. Chem. Phys. **23**, 2042 (1955).
5. Toennies, J. P. und E. F. Greene, J. Chem. Phys. **26**, 655 (1957).
6. Turner, E. B., The Production of Very High Temperatures in the Shock Tube with an Application to the Study of Spectral Line Broadening, Engineering Research Institute, University of Michigan, 1956.
7. Petschek, H. E., P. H. Rose, H. S. Glick, A. Kane und A. Kantrowitz, J. Appl. Phys. **26**, 83 (1955).
8. Lin, S.-C., E. L. Resler und A. Kantrowitz, J. Appl. Phys. **26**, 95 (1955).
9. Christian, R. H., R. E. Duff und F. L. Yarger, J. Chem. Phys. **23**, 2045 (1955).
10. Wray, K. L. und D. F. Hornig, J. Chem. Phys. **24**, 1271 (1956).
11. Wray, K. L., Dissertation, Brown Univ., 1955.
12. Hikita, T., T. Asaba und K. Yoneda, Sixth Symposium on Combustion (Pittsburgh 1956).
13. Duff, R. E., Dissertation, University of Michigan, 1951.
14. Lamb, L. und S. C. Lin, J. Appl. Phys. **28**, 754 (1957).
15. Deal, W. E., J. Appl. Phys. **28**, 783 (1957).

Literatur zu Tabelle 8, Kap. VII

1. Mallory, H. D., J. Appl. Phys. **26**, 555 (1955).
2. Lawton, H. und I. C. Skidmore, Discussions Faraday Soc. **22**, 188 (1956).
3. Goranson, R. W., D. Bancroft, B. L. Burton, T. Blechar, E. E. Houston, E. F. Gittings und S. A. Landeen, J. Appl. Phys. **26**, 1472 (1955).
4. Walsh, J. M. und R. H. Christian, Phys. Rev. **97**, 1544 (1955).
5. Pack, D. C., W. H. Evans und H. J. James, Proc. Phys. Soc. (London) **60**, 1 (1948).
6. Minshall, S., J. Appl. Phys. **26**, 463 (1955).
7. Bancroft, D., E. L. Peterson und S. Minshall, J. Appl. Phys. **27**, 291 (1956).
8. Alder, B. J. und R. H. Christian, Phys. Rev. **104**, 550 (1956).
9. Walsh, J. M., M. H. Rice, R. G. McQueen und F. L. Yarger, Phys. Rev. **108**, 196 (1957).

Literatur zu Tabelle 9, Kap. VII

1. Schall, R., Z. angew. Phys. **2**, 252 (1950).
2. Dapoigny, J., J. Kieffer und B. Vodar, J. rech. centre nat. recherche sci. **6**, 260 (1955); Compt. rend. acad. sci. **238**, 215 (1954).
3. Rice, M. H. und J. M. Walsh, J. Chem. Phys. **26**, 824 (1957).

4. BERGEON, R., J. KIEFFER und B. VODAR, J. phys. radium **16**, 813 (1955); DAPOIGNY, J., J. KIEFFER und B. VODAR, J. phys. radium **16**, 733 (1955).
5. SCHALL, R. und G. THOMER, Z. angew. Phys. **3**, 41 (1951).
6. WALSH, J. M. und M. H. RICE, J. Chem. Phys. **26**, 815 (1957).
7. DAPOIGNY, J., J. KIEFFER und B. VODAR, J. phys. radium **17**, 607 (1956).

Literatur zu Tabelle 10, Kap. VII

1. HERPIN, A., Rev. sci. **85**, 817 (1947).
2. MICHEL-LÉVY, A., H. MURAOUR und E. VASSY, Rev. optique **20**, 149 (1941).
3. HOLLYER, R. N., A. C. HUNTING, O. LAPORTE und E. B. TURNER, Nature **171**, 395 (1953).
4. PETSCHEK, H. E., P. H. ROSE, H. S. GLICK, A. KANE und A. KANTROWITZ, J. Appl. Phys. **26**, 83 (1955).
5. TURNER, E. B., Phys. Rev. **99**, 633 (1955) und The Production of Very High Temperatures in the Shock Tube with an Application to the Study of Spectral Line Broadening, Engineering Research Institute, University of Michigan, 1956.
6. ROSA, R. J., Phys. Rev. **99**, 633 (1955).
7. PALMER, H. B., J. Chem. Phys. **26**, 648 (1957).
8. GREENE, E. F., J. Amer. Chem. Soc. **76**, 2127 (1954).
9. BRITTON, D. und N. DAVIDSON, J. Chem. Phys. **25**, 810 (1956).
10. PALMER, H. B. und D. F. HORNIG, J. Chem. Phys. **26**, 98 (1957).
11. BRITTON, D., N. DAVIDSON, W. GEHMAN und G. SCHOTT, J. Chem. Phys. **25**, 804 (1956).
12. BRITTON, D., N. DAVIDSON und G. SCHOTT, Discussions Faraday Soc. **17**, 58 (1954).
13. FAIRBAIRN, A. R. und A. G. GAYDON, Proc. Roy. Soc. (London) A **239**, 464 (1957).
14. NICHOLS, R. W. und W. H. PARKINSON, J. Chem. Phys. **26**, 423 (1957).
15. CAMPBELL, C. E. und I. JOHNSON, J. Chem. Phys. **27**, 316 (1957).

Literatur zu Tabelle 11, Kap. VII

1. TALBOT, L. und F. S. SHERMAN, Structure of Weak Shock Waves in a Monatomic Gas, Institute of Eng. Res., University of California (Berkeley 1956).
2. SHERMAN, F. S., Nat. Advisory, Comm. Aeronaut., Tech. Note. 3298 (1955).
3. GREENE, E. F., G. R. COWAN and D. F. HORNIG, J. Chem. Phys. **19**, 427 (1951).
4. GREENE, E. F. und D. F. HORNIG, J. Chem. Phys. **21**, 617 (1953).
5. ANDERSEN, W. H. und D. F. HORNIG, J. Chem. Phys. **24**, 767 (1956).
6. COWAN, G. R. und D. F. HORNIG, J. Chem. Phys. **18**, 1008 (1950).
7. FLOOK, W. N. jr., und D. F. HORNIG, J. Chem. Phys. **23**, 816 (1955).

Literatur zu Tabelle 12, Kap. VII

1. SMILEY, E. F. und E. H. WINKLER, J. Chem. Phys. **22**, 2018 (1954).
2. SCHWARTZ, R. N. und J. ECKERMAN, J. Appl. Phys. **27**, 169 (1956).
3. BLACKMAN, V., J. Fluid Mechanics **1**, 61 (1956).
4. TOENNIES, J. P. und E. F. GREENE, J. Chem. Phys. **26**, 655 (1957).
5. TOENNIES, J. P., Dissertation Brown Univ., 1957.
6. GREENSPAN, W. D. und V. H. BLACKMAN, Bull. Am. Phys. Soc. **2**, 217 (1957).
7. DUFF, R. E., Dissertation, Univ. of Michigan, 1951.
8. GRIFFITH, W., D. BRICKL und V. BLACKMAN, Phys. Rev. **102**, 1209 (1956).
9. RESLER, E. L. und M. SCHEIBE, J. Acous. Soc. Am. **27**, 932 (1955).
10. WINDSOR, M. W., N. DAVIDSON und R. TAYLOR, J. Chem. Phys. **27**, 315 (1957).

Literatur zu Tabelle 13, Kap. VII

1. PETSCHEK, H. und S. BYRON, Approach to Equilibrium Ionization behind Strong Shock Waves in Argon, Graduate School of Aeronautical Engineering, Cornell University, 1956. Annals Phys. **1**, 270 (1957).
2. PETSCHEK, H. E., Dissertation Cornell Univ., 1955.
3. TOENNIES, J. P., Dissertation, Brown Univ., 1957.
4. TURNER, E. B., The Production of Very High Temperatures in the Shock Tube with an Application to the Study of Spectral Line Broadening, Engineering Research Institute, University of Michigan, 1956.
5. CARRINGTON, T. und N. DAVIDSON, J. Phys. Chem. **57**, 418 (1953).
6. BRITTON, D. und N. DAVIDSON, J. Chem. Phys. **25**, 810 (1956).
7. PALMER, H. B. und D. F. HORNIG, J. Chem. Phys. **26**, 98 (1957).
8. BRITTON, D., N. DAVIDSON, W. GEHMAN und G. SCHOTT, J. Chem. Phys. **25**, 804 (1956).
9. BRITTON, D., N. DAVIDSON und G. SCHOTT, Disc. Faraday Soc. **17**, 58 (1954).
10. GLICK, H. S., J. J. KLEIN und W. SQUIRE, Single Pulse Shock Tube Studies of the Kinetics of the Reaction $N_2 + O_2 \leftrightharpoons 2NO$ between 2000–3000°K. Cornell Aeronautical Laboratory (Buffalo 1956). J. Chem. Phys. **27**, 850 (1957).
11. SCHOTT, G. und N. DAVIDSON, J. Chem. Phys. **27**, 318 (1957).

Literatur zu Tabelle 14, Kap. VII

1. PLOOSTER, M. N. und D. GARVIN, J. Am. Chem. Soc. **78**, 6003 (1956).
2. ATEN, C. F. and E. F. GREENE, Discussions Faraday Soc. **22**, 162 (1956).
3. WU, P. C. K., Dissertation, (Cambridge/Mass. 1957).
4. SHEPHERD, W. C. F., Third Symposium on Combustion, Flame and Explosion Phenomena (Baltimore 1949).

5. BERETS, D. J., E. F. GREENE und G. B. KISTIAKOWSKY, J. Amer. Chem. Soc. **72**, 1087 (1950).
6. MOORADIAN, A. J. und W. E. GORDON, J. Chem. Phys. **19**, 1166 (1951).
7. FAY, J., Fourth Symposium (International) on Combustiom (Baltimore 1953).
8. STEINBERG, M. und W. E. KASKAN, Fifth Symposium (International) on Combustion (New York 1955).
9. SPENER, G. Dissertation (Göttingen 1955).

Namenverzeichnis

Sachverzeichnis

GPSR Compliance

The European Union's (EU) General Product Safety Regulation (GPSR) is a set of rules that requires consumer products to be safe and our obligations to ensure this.

If you have any concerns about our products, you can contact us on ProductSafety@springernature.com

In case Publisher is established outside the EU, the EU authorized representative is:

Springer Nature Customer Service Center GmbH
Europaplatz 3
69115 Heidelberg, Germany

Batch number: 10577876

Printed by Printforce, the Netherlands